水产动物染色体分析技术及应用

Chromosome Analysis Technology and Application of Aquatic Animals

周　贺　魏　杰　蔡明夷　著

中国农业出版社
农村设物出版社
北　京

图书在版编目（CIP）数据

水产动物染色体分析技术及应用 / 周贺，魏杰，蔡明夷著. —北京：中国农业出版社，2022.10

ISBN 978-7-109-30097-2

Ⅰ.①水… Ⅱ.①周… ②魏… ③蔡… Ⅲ.①水产动物—染色体—分析 Ⅳ.①S96

中国版本图书馆 CIP 数据核字（2022）第 182556 号

中国农业出版社出版

地址：北京市朝阳区麦子店街 18 号楼

邮编：100125

责任编辑：肖　邦

版式设计：王　晨　　责任校对：周丽芳

印刷：北京通州皇家印刷厂

版次：2022 年 10 月第 1 版

印次：2022 年 10 月北京第 1 次印刷

发行：新华书店北京发行所

开本：700mm×1000mm　1/16

印张：13.25

字数：253 千字

定价：75.00 元

前　言

染色体是生物体内的遗传物质、基因的载体，是细胞中遗传物质存在的形式，是生物细胞遗传学的主要研究对象。各种生物的染色体形态结构是相对稳定的，每种生物体细胞都有相对恒定的染色体数目。对水产动物染色体进行分析，不仅对认识和了解水产动物遗传组成、遗传变异规律具有重要的科学意义，而且对于预测并鉴定种间杂交和多倍体育种的结果，了解性别遗传机制，确定水产动物的基因组数目，研究物种起源及相互间亲缘关系、进化地位、分类和种族关系等也具有重要的参考价值。水产动物染色体研究还能为杂交育种，多倍体育种，雌、雄核生殖等提供直接的细胞遗传学证据，具有一定的应用价值。

本书是一部水产动物染色体分析理论、技术及应用相结合的专著，也是我们廿余载在水产动物遗传与育种领域研究的部分成果的总结，既有基本理论，又有关键技术。全书共12章，包含绪论、水产动物染色体分析技术、库页岛鲟染色体倍性的分子细胞遗传学分析、西藏特有鱼类纳木错裸鲤染色体组构成及倍性分析、同源三倍体泥鳅的染色体组构成、自然四倍体泥鳅雄核发育二倍体染色体组构成研究、同源三倍体泥鳅减数分裂行为及配子染色体分析、温度介导红鳍东方鲀雄核发育单倍体的染色体倍性分析、GISH技术体系优化及其在泥鳅与大鳞副泥鳅杂交子代中的应用、棘头梅童鱼性染色体发生机制的初步研究、杂交鲍染色体GISH的优化、四种鲍18S rDNA的染色体定位。第1章由周贺撰写，第2章由周贺、魏杰撰写，第3～9章由周贺撰写，第10～12章由蔡明夷撰写，参考文献和彩图由魏杰整理。相信本书将对从事水产动物遗传育种研究的工作者有所帮助，可供有关研究人员和研究生学习和参考。

本书是以大连海洋大学硕士研究生徐其征、庄子昕、高养春、陈琦、王梦婷、陈小慧、山谷；集美大学硕士研究生张寿康、刘富江、张健鹏等部分研究结果为基础，加上最新研究成果编写成。研究工作得到日本北海道大学荒井克俊教授和大连海洋大学李雅娟教授、常亚青教授、杨大佐教授和赵欢教授的帮助和指导，其出版得到国家重点研发计划“蓝色粮仓科技创新”重点专项（2018YFD0900200）项目的资助。在此表示衷心的感谢！

由于笔者对相关领域的理论认识不足，欠妥之处在所难免，恳请各位专家和同志批评指正。

周　贺

2022年6月

目　　录

1 绪　论

染色体（chromosome）是指在细胞分裂期出现的一种能被碱性染料染色较深的，具有一定形态、结构特征的物体。它是细胞在有丝分裂时遗传物质存在的特定形式，是间期细胞染色质结构紧密包装的结果。染色体最早是由 W. Hofmeister 在 1848 年对紫鸭跖草（*Commelina purpurea*）花粉母细胞的观察中发现的，但直到 40 年后的 1888 年才由 W. Waldeyer 将它正式命名为“染色体”。染色质是细胞分裂间期能被碱性染料染色的纤细网状物。染色质属于细胞形态学名词，其构成本质与染色体一样，是同一种物质的不同形态。在细胞分裂间期表现为染色质，在细胞分裂过程中表现为染色体。这两种形态之间的变换是渐进的、连续的，而不是突然的、中断的。各种生物在世代交替中，染色体都具有相对的稳定性，每种生物体细胞都有相对恒定的染色体数目。在无性繁殖物种中，生物体内所有细胞的染色体数目都一样；而在有性繁殖大部分物种中，生物体的体细胞染色体成对分布，含有两个染色体组，称为二倍体。性细胞如精子、卵子等是单倍体，染色体数目只是体细胞的一半。例如，黄颡鱼（*Pelteobagrus fulvidraco*）体细胞的染色体数为 $2n=52$，性细胞染色体数为 $n=26$；皱纹盘鲍（*Haliotis discus hannai*）体细胞的染色体数为 $2n=36$，性细胞染色体数为 $n=18$；栉孔扇贝（*Chlamys farreri*）体细胞染色体数为 $2n=38$，性细胞染色体数为 $n=19$。由此可知，不同水产动物的遗传物质、遗传性状互不相同，其染色体数目和染色体形态也不尽相同，同种生物的染色体数目和形态则完全相同，所以染色体的数目和组型是生物种属的特征，可以作为分类学的依据。染色体有种属特异性，随生物种类、细胞类型及发育阶段不同，其数量、大小和形态存在差异。

1.1 染色体形态特征

1.1.1 染色体的形态

染色体的形态在整个细胞周期中是不断变化的，染色体在有丝分裂中期和早后期的形态表现最为明显和典型。因为在该时期染色体已最大限度地收缩，并且从细胞极面观察，可以看到它们分散排列在赤道板上，因此，一般在此期进行染色体形态的识别和研究（图 1-1）。

典型的中期染色体由以下五部分组成：着丝粒（主缢痕）（centromere）、染色体臂（chromosome arm）、次缢痕（secondary constriction）、随体（satellite）以及端粒（telomere）（图1-2）。但是并非所有的染色体都具有上述结构。同种细胞内染色体形态、相对大小、着丝粒位置、有无次缢痕和随体等，都是相对固定的，因此，可作为识别染色体的标记。

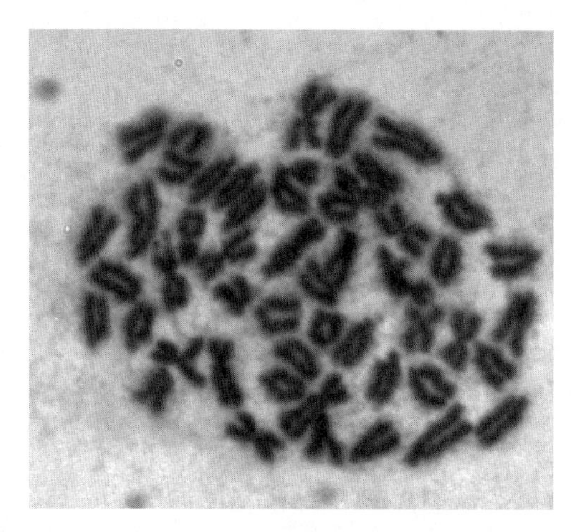

图1-1　二倍体泥鳅（*Misgurnus anguillicaudatus*）染色体中期分裂象（$2n=50$）

端粒
随体
次缢痕
短臂
着丝粒
（主缢痕）
长臂
端粒

图1-2　中期染色体形态模式图

（1）着丝粒　是指中期染色单体两条臂相交接的地方，成分是DNA，在细胞分裂前期和中期，把两个姐妹染色单体连在一起，到后期两个染色单体的着丝粒分开，为染色体最显著的特征。长期以来，着丝粒和着丝点（kinetochore）这两个术语是作为染色体上纺锤体附着区域的同义语使用的。遗传学文献中多用着丝粒一词，而细胞学家多用着丝点一词。在电子显微镜下研究哺乳类染色体超微结构时发现，着丝粒和着丝点（kinetochore）是两个不同的概念。着丝点是指纺锤丝附着的地方，成分是蛋白质，属于外层结构。位于染色体缢缩处或染色体端部，是连接染色体两个臂的区域，也是染色体在细胞分裂过程中与纺锤丝发生联结的区域。着丝点与染色体的移动有关，在细胞分裂的前、中及后期，纺锤体的纺锤丝微管就附着在着丝点上，并牵引染色体移动。该区域在光学显微镜下，中期染色体被碱性染料染色较浅而缢缩，又称为主缢痕（primary constriction）。染色体在主缢痕处能够弯曲，这是区别于次缢痕的主要特点。

（2）染色体臂　位于主缢痕的两侧，着丝粒将每条染色体分成两个臂，即长臂（q）和短臂（p）。二者之比称臂比（q/p）或臂率。根据染色体臂的形态特征可识别各种染色体。各物种的染色体臂比都不相同，即使在同种生物中，每条染色体的臂比也不相同。在水产动物中大多数染色体仅有一个臂。

(3) 次缢痕　为染色体上染色线螺旋化程度低或无螺旋化的部位，是指某些染色体臂上除了主缢痕区之外，还有一个不着色或着色很淡的缢痕区域。次缢痕的位置和大小也是相对恒定的，通常位于短臂上，染色体在次缢痕处不能弯曲，以此与主缢痕相区别。在细胞分裂末期，通常核仁在出现次缢痕的地方重新形成，又称为核仁组织中心（nucleolar organizing region，NOR）。但并非所有的次缢痕都是核仁组织区。如果核仁处于染色体的末端，就不会形成次缢痕，但用银染的方法，仍可确定核仁组织区在某些特定染色体的末端。例如，二倍体泥鳅染色体经银染在 M1 染色体的短臂端部具有核仁组织中心（图 1-3）。

(4) 随体　是次缢痕末端具有圆形或略呈长形的染色体区段。带有随体的染色体称为随体染色体（satellite chromosome）。随体主要由异染色质组成，是高度重复的 DNA 序列，不能转录。随体的有无及大小也是识别某一特定染色体的重要标志。例如，太平洋鳕（*Gadus macrocephalus*）第 12 对同源染色体中有 1 个亚端部着丝点染色体带有明显的次缢痕（图 1-4）。

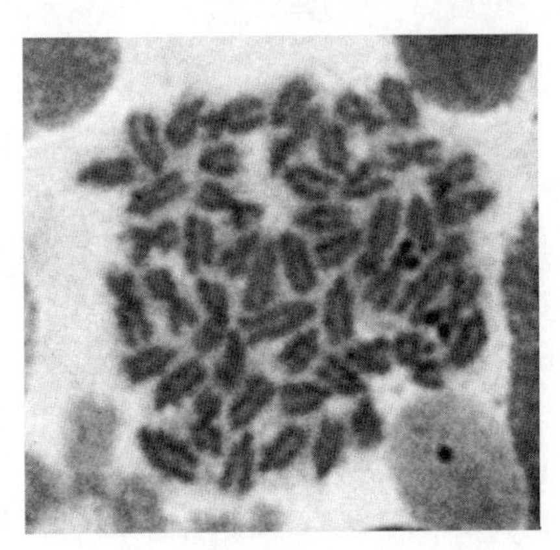

图 1-3　二倍体泥鳅染色体 NOR 带

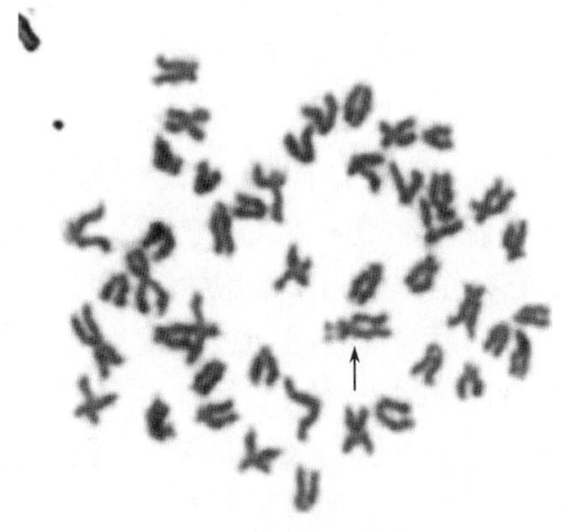

图 1-4　太平洋鳕染色体中期分裂象（$2n=46$，箭头示次缢痕）

（引自范瑞等，2014）

(5) 端粒　为染色体两端的特化部分，是真核生物染色体末端的一种特殊结构。是一条完整染色体不可缺少的，就像套在染色体末端的一顶帽子，对染色体起封口作用。其作用是可以保证正常染色体端部间不发生融合，保证每条染色体的完整性和独立性。又可视为细胞的生命钟和衰老的标志。端粒在染色体中没有明显的外部形态特征，但往往表现对碱性染料着色较深。如图 1-5 所示，端粒 FISH 信号出现在所有染色体的端部区域。

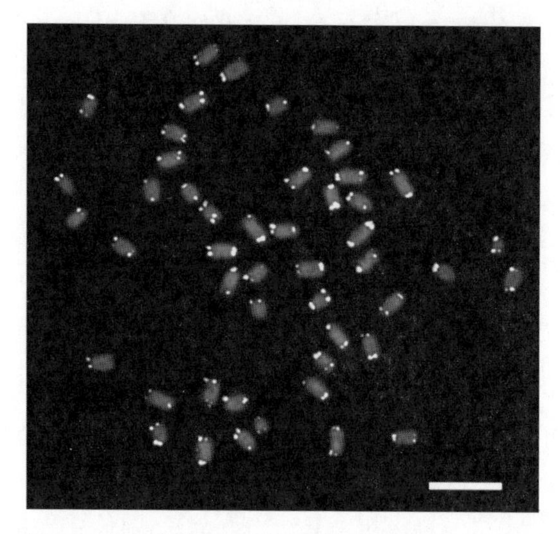

图-5　黄姑鱼荧光原位杂交显示端粒（标尺=5μm）
（引自 Liao et al，2017）

1.1.2　染色体的特殊形态

多线染色体（polytene chromosome）是一种缆状的巨大染色体，是由于核内 DNA 多次复制产生的染色线并行排列，且体细胞内同源染色体配对，紧密结合在一起，从而阻止染色线进一步聚缩而形成的。多线化的细胞处于永久间期，体积也相应增大，它存在于双翅目昆虫的幼虫组织内，如唾液腺、气管等。它是由意大利的细胞学家巴尔比尼（Balbiani）在 1881 年首先在双翅目摇蚊幼虫的唾腺细胞间期核中发现的一种巨大的染色体，由于存在于唾腺细胞中，所以又称为唾腺染色体，但未引起注意。直到 1933 年，美国学者贝恩特（Painter）等又在果蝇和其他双翅目昆虫的幼虫唾腺细胞间期核中发现了巨大染色体。E. 海茨和 H. 鲍尔等在毛蚊属（*Bibio*）再次看到这种染色体后，人们才予以重视。此后在昆虫的多种组织如肠、气管、脂肪体细胞和马氏管上皮细胞内，以及在其他动植物的一些高度特化细胞如某些原生动物及附子属（*Aconitum*）植物的反足细胞里也发现了这种巨大染色体。最典型的是果蝇唾腺染色体，经有丝分裂可形成 1 024 条、2 048 条染色线的多线染色体（图 1-6），它比同种有丝分裂期的染色体长 200 倍以上。多线染色体特点：① DNA 复制，染色体不分离；②染色体上有许多带纹，其数目和大小在同一物种的不同细胞中是相对稳定的，这对于研究染色体结构及数目变异具有重要价值；③所有染色体的着丝粒都集中在一个点上；④同源染色体体细胞联会。经过染色处理，在多线染色体上可呈现出许多深浅明显不同的横纹或条带，其数目和大小在同一物种的不同细胞中是相对稳定的，这对于研究染色体的结构变异具有重要价值。

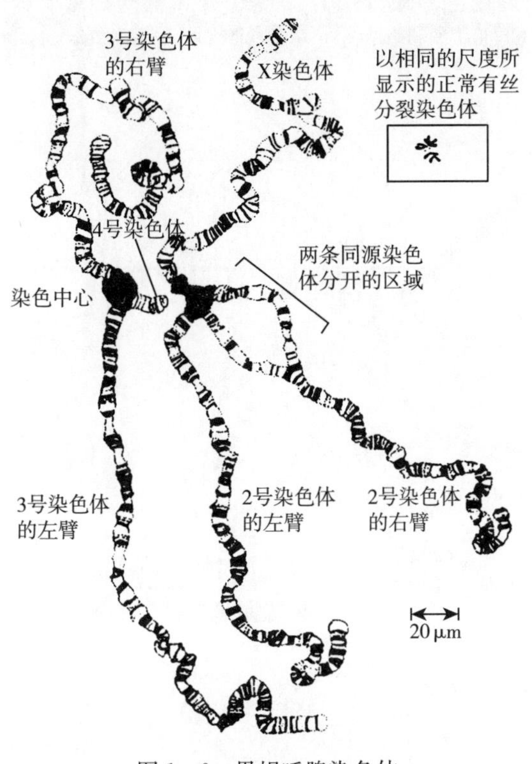

图 1-6 果蝇唾腺染色体
(引自 T. S. Painter)

灯刷染色体（lampbrush chromosome）是由 1882 年，费莱明（Flemming）在研究美西螈卵巢切片时首次报道的。1892 年 Rukert 研究鲨卵母细胞时才对其正式命名。灯刷染色体的特点是在染色丝两侧产生无数突起，呈灯刷状，故称灯刷染色体（图 1-7）。它也是由于 DNA 多次复制而不分离形成的。由轴和侧丝组成，形似灯刷。是一类处于伸展状态具有正在转录的环状突起的巨大染色体。目前发现灯刷染色体几乎普遍存在于动物界的卵母细胞中，其中两栖类动物卵母细胞中的灯刷染色体最为典型，研究也最为深入。有证据表明，存在于灯刷染色体上的环形结构可能与基因的活性有关。灯刷染色体是研究基因表达极为理想的试验材料。

B 染色体（B-chromosome）又称为辅助染色体（accessory chromosome）、超数染色体（supernumerary chromosome）或额外染色体（extra chromosome）。是首先由 Randolph（1928）从玉米（*Zea mays*）过剩染色体的研究中发现，

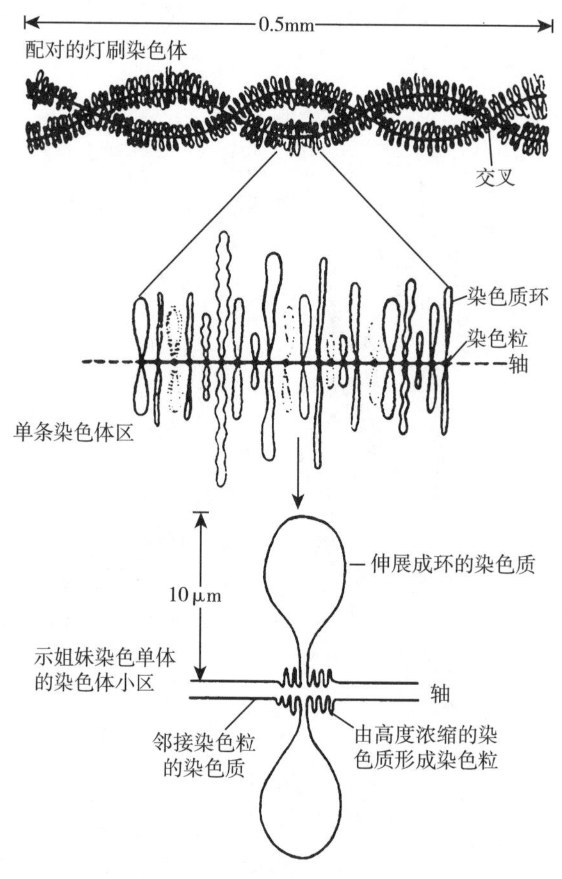

图 1-7　灯刷染色体的结构

（引自刘凌云，2002）

为了与常染色体（即 A-染色体）区别而命名的。每个真核生物都有一套基本染色体，即常染色体（autosome，A）。A 染色体结构、数目的变化往往给生物带来不利效应。但在许多动植物体内，还有一些额外的，比正常染色体小，主要由异染色质组成的染色体，称之为 B 染色体。B 染色体与 A 染色体的主要区别：①B 染色体比 A 染色体小；②在不同细胞、组织、器官、个体、群体及世代中表现数量变异，并有多态性；③B 染色体的有无和多少不影响个体的繁殖和生活能力；④B 染色体在减数分裂象中比体细胞分裂象中多；⑤B 染色体在有丝分裂中的行为基本上是正常的，但在减数分裂时不与任何 A 染色体配对，B 染色体之间的配对也缺乏规律。在减数第二次分裂时两个 B 染色体常不分离，移向同一极；⑥B 染色体与 A 染色体在结构上也不同，多为端部着丝粒、异染色质。

B染色体常见于同一物种的不同类群，如云南的高背鲫（*C. auratus*）含有10条B染色体（昝瑞光，1982）。B染色体也常见于同一种群的不同个体或同一个体的不同细胞，如湖北沙市的大鳞副泥鳅同一个体中存在两种染色体数目，一半细胞的 $2n=48$，另一半细胞 $2n=49$（李渝成等，1987）。B染色体在鲤、两栖类也有发现（吴政安等，1980），泥鳅的生殖腺及鳃细胞的分裂象中均发现了B染色体（Zhang et al，2003）（图1-8）。

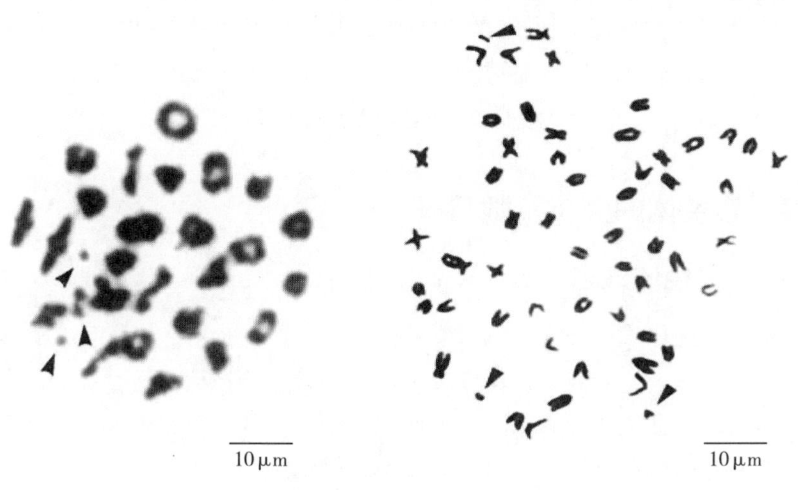

图1-8 泥鳅生殖腺细胞（左图）、鳃细胞（右图）中的B染色体
（引自 Zhang et al，2003）

1.1.3 染色体类型

中期染色体的两条姊妹染色单体以着丝粒相连，因此根据着丝粒在染色体上的位置和两条染色体臂的长度可将染色体划分为4种类型。

（1）中部着丝粒染色体（metacentric chromosome，m） 着丝粒位于染色体的中部，两臂长度相等或大致相等，臂比为1.00～1.70。细胞分裂后期移动时呈V形，故又称V形染色体。

（2）亚中部着丝粒染色体（submetacentric chromosome，sm） 着丝粒略偏中央，两臂长短不一，臂比为1.70～3.00。细胞分裂后期移动时呈L形。

（3）亚端部着丝粒染色体（subtelocentric chromosome，st） 着丝粒靠近染色体末端，有非常短或几乎难以察觉的短臂，臂比为3.00～7.00。细胞分裂后期移动时近似于棒形。

（4）端部着丝粒染色体（telocentric chromosome，t） 着丝粒位于染色体末端，只有一条能明确辨别出来的臂，臂比为7.00以上。细胞分裂后期移动时呈棒形。此外，某些染色体的两个臂都极其粗短，则呈颗粒状（图1-9）。

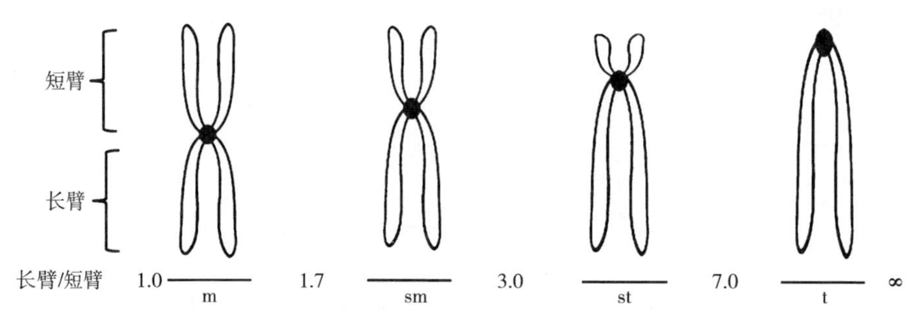

图 1-9　染色体类型模式图

1.1.4　染色体的大小及数目

1.1.4.1　染色体大小

一般染色体长度变动于 0.2～50.0μm，宽度变动于 0.2～2.0μm。因此，染色体大小主要指长度而言，在宽度上同一物种的染色体大致是相同的。试验证明，不同物种染色体大小不同。即使同一个个体的不同组织其染色体大小也不同，如人外周血淋巴细胞染色体大，而纤维细胞的染色体小。一般染色体数目多的物种，染色体就较小；而染色体数目较少的物种，染色体通常较大。一般来说，植物的染色体较大，动物的染色体较小。水产动物中鱼类染色体较小，数目偏多。

1.1.4.2　染色体数目

各种生物的染色体形态结构不仅是相对稳定的，而且数目是恒定的。二倍体（diploid）生物中，染色体在体细胞中通常是成对存在的，即形态、结构和功能相似的染色体都有 2 条，它们一个来自父方，一个来自母方，在减数分裂时发生联会现象，这样成对的染色体称同源染色体（homologous chromosome）；形态、结构和功能彼此不同的染色体互称为非同源染色体（nonhomologous chromosome）。通常用 $2n$ 表示体细胞的染色体数目，而在性细胞中，染色体数目是体细胞的一半，用 n 表示性细胞的染色体数目。

在不同物种之间，染色体数目往往差异很大。少的只有 1 对染色体，多的可达数百对。例如，染色体数目最少的动物是蚂蚁（$2n=2$），植物是雏菊（$2n=4$）；数目最多的植物是棕榈（$2n=596$），水产动物是鲟（$2n=200$～500）。染色体数目多少与物种进化程度一般没有关系，但染色体的数目和形态特征对于鉴定系统发育过程中物种的亲缘关系，特别是对于近缘物种的分类具有重要意义。

1.2　染色体的化学组成及分子结构

1.2.1　真核生物染色体的化学组成

主要由DNA、蛋白质和少量RNA以及脂类和无机盐组成。其中DNA是构成染色体的主要成分，约占其重量的33%。每条染色体包含1个双链DNA分子，是遗传信息的载体，即所谓的遗传物质。染色体上的蛋白质有两类：一类是低分子量的碱性蛋白即组蛋白；另一类是酸性蛋白质，即非组蛋白蛋白质。非组蛋白质的种类和含量不十分恒定，而组蛋白的种类和含量都很恒定，其含量大致与DNA相等。其中组蛋白共有5种即H_1、H_2A、H_2B、H_3、H_4，它们都为碱性蛋白，富含精氨酸或赖氨酸。除H_1以外，其余四种组蛋白的氨基酸序列在真核生物中都是十分相似的，在进化上是高度保守的。例如，小牛与海胆组织的H_3组蛋白的氨基酸序列间只有一个氨基酸不同；小牛与豌豆H_3组蛋白之间135个氨基酸中只有4个不同，小牛和豌豆的H_4组蛋白之间102个氨基酸中只有2个不同，而进化上两者分歧的年代约为3亿年。

1.2.2　真核生物的染色体分子结构

在真核细胞间期核内，染色质到染色体是同一种物质在细胞周期中不同阶段所表现出来的不同形态。1975年和1977年由Baldwin和Bak提出从DNA染色质到染色体的四级结构模型。

(1) 一级结构核小体链　是染色体结构的最基本单位。由核小体（nucleosome）和连接丝（linker）组成。染色体就是由若干重复单位的核小体组成。每个核小体由八个组蛋白分子（$2H_2A$、$2H_2B$、$2H_3$、$2H_4$）折叠成球形的八聚体。八聚体的外面缠绕着大约140bp的DNA，DNA在其外周绕1.75圈，其直径约11nm。两个相邻的核小体之间由连接丝连接，连接丝是由50～60bp的DNA与组蛋白H_1结合所组成，H_1组蛋白在两个核小体之间起稳固作用。一个核小体和连接丝大约包含200bp。就像成串的珠子一样，DNA为绳，组蛋白为珠，被称作染色体的“绳珠模型”。DNA的长度被压缩了大约85.7%。

(2) 二级结构螺线体（solenoid）　核小体链进一步呈螺旋形缠绕，每6个核小体绕一圈，这样反复盘绕，形成一个中空的管状结构，即为螺线体。螺线体的直径约为30nm，内径10nm，螺距11nm。由于螺线体的每一周螺旋含有6个核小体，所以DNA的长度被压缩了大约83.3%。

(3) 三级结构超螺线体（super solenoid）　螺线体再进一步螺旋化，形成一条直径为 400nm 的圆管，人们把这种圆管状结构称为超螺线体。DNA 的长度被压缩了大约 97.5%。

(4) 四级结构染色体 超螺线体再进一步折叠，盘绕就形成了染色体（实际上是染色单体)。染色体又比原来的超螺线体缩短了 80%。DNA 长度最终被压缩至原有的大约 1/8 400。图 1-10 展示了从 DNA 到染色体长度的压缩过程及染色体的四级结构。

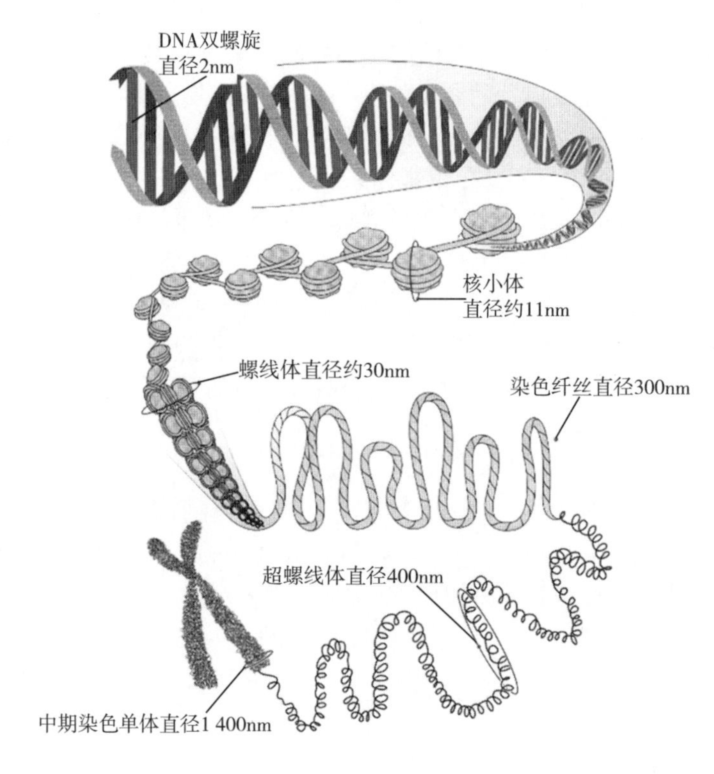

图 1-10 染色体四级结构模型
（引自 Daniel L，2005）

1.3 染色体在有丝分裂和减数分裂中的行为

在细胞分裂的过程中染色体通过一系列有规律的变化，保证了遗传物质从细胞到细胞以及世代之间传递的连续性和稳定性，也保证了生物的正常生长、发育和物种的稳定性。染色体在细胞分裂中的重组与交换，是遗传变异的基础，是生物多样性的重要源泉。细胞分裂是实现生物体的生长、繁殖和世代之间遗传物质连续性的必要方式。细胞分裂方式主要有两种即有丝分裂

(mitosis) 和减数分裂 (meiosis)。

1.3.1 染色体在有丝分裂中的行为

有丝分裂是细胞分裂的基本形式。也称间接分裂。是指一种真核细胞分裂产生体细胞的过程。1880 年由 E. Strasburger 在植物中发现，1882 年由 W. Fleming 在动物中发现。在有丝分裂过程中，细胞核内染色体能准确地复制，并能有规律地、均匀地分配到两个子细胞中去，使子细胞遗传组成与母细胞完全一样，从而保证了性状的发育和遗传的稳定性。

分裂具有周期性，即连续分裂的细胞从上一次分裂结束到下一次分裂结束所经历的时期，称为一个细胞周期 (cell cycle)。有丝分裂周期是一个连续的动态变化过程，一个细胞周期包括分裂间期 (interphase) 和分裂期 (mitosis, M) 两个时期 (图 1-11)。

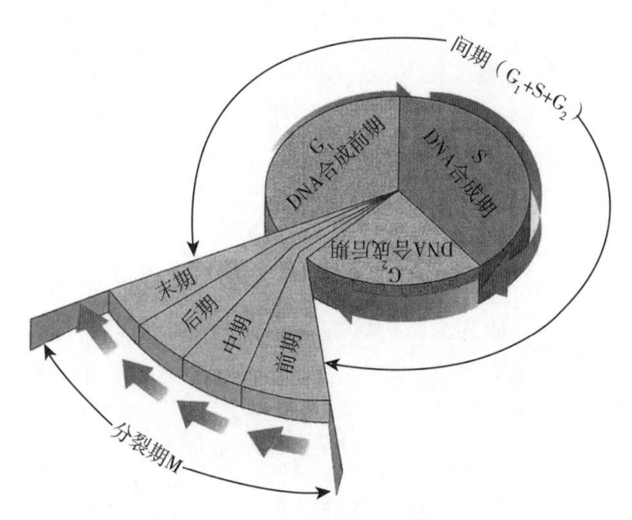

图 1-11　细胞分裂周期

分裂间期是指在两次连续细胞分裂之间的一段间隔时期，或是从一次细胞分裂结束到下一次细胞分裂开始之前的一段时间。光学显微镜下观察，活体细胞核均匀一致，看不见染色体，只是看到许多染色质，这是当时染色体伸展到最大程度，处于高度水合的、膨胀的凝胶状态，折射率大体上与核液相似的缘故。因此，这时从细胞外表来看似乎是静止的。但实际上，细胞化学的研究证明，间期的核是处于高度活跃的生理、生化的代谢状态。在间期不仅进行遗传物质的复制，而且与 DNA 相结合的组蛋白在间期也是加倍合成。有证据说明，核在间期的呼吸作用很低，这有利于在有丝分裂发生之前储备足够多的易于利用的能量。同时，细胞在间期进行生长，使核体积和细胞质体积的比例达到最适的平衡状态，有利于细胞的分裂。

根据分裂间期细胞内染色体的形态和DNA合成情况，又把分裂间期分为三个时期，即DNA合成前期G_1（per-DNA synthesis，Gap_1）、DNA合成期S（period of DNA synthesis，S）和DNA合成后期G_2（post DNA synthesis，Gap_2）。G_1是细胞分裂周期的第一个间隙，是决定细胞是继续分裂还是走向分化的时期，继续分裂的细胞在G_1期极活跃地合成RNA、蛋白质和磷脂等，染色体含量水平2C，不分裂细胞则停留在G_1期，也称为G_0期。S期是DNA合成时期，主要进行DNA和组蛋白的复制，染色体含量水平2C～4C。G_2是DNA合成后至细胞分裂开始之前的第二个间隙，为细胞分裂做准备，染色体含量水平4C。在整个细胞周期中，分裂期占的时间很短，大部分时间处于分裂间期。分裂间期中3个时期持续时间的长短因物种而异，即使同一物种的不同组织之间也不相同。一般S期时间较长，也较稳定；G_1和G_2期持续时间较短，变化也较大。

细胞分裂期由核分裂（karyokinesis）和胞质分裂（cytokinesis）两个阶段构成，核分裂是指细胞核一分为二，产生两个在形态和遗传上相同子核的过程；胞质分裂是指两个新的子核之间形成新的细胞膜，把一个母细胞分隔成两个子细胞的过程。

（1）核分裂 为了便于研究，人们又将核分裂划分为4个时期：前期（prophase）、中期（metaphase）、后期（anaphase）和末期（telophase）。

①前期 核内染色质逐渐浓缩为细长而卷曲的染色体，染色体出现是进入前期的标志。每一染色体含有两个染色单体。它们具有一个共同的着丝点，核仁和核膜逐渐模糊不明显。这是前期结束的标志。

②中期 纺锤体形成，核仁和核膜消失，各染色体排列在赤道板上，从两极出现纺锤丝，分别与各染色体的着丝点相连，形成纺锤体。在中期，染色体呈分散状态，且缩得最短最粗，是方便鉴别染色体的形态和数目的最好时期。

③后期 各染色体着丝粒一分为二，两个染色单体分离成两个子染色体，并各自随着纺锤丝的收缩而移向两极。分向两极的两组染色体，其数目分别与母细胞的染色体数目相同。

④末期 染色体到达两极后，纺锤体消失，在两极围绕着染色体出现新的核膜，染色体又变得松散细长，核仁重新出现。此时，核分裂完成，在一个母细胞内形成两个子细胞核。

（2）细胞质分裂 在动物细胞中，在赤道板位置通过缢缩形成两个子细胞。细胞板及缢缩环的位置是由纺锤体微管决定的。胞质分裂完成后，细胞又进入分裂间期（图1-12）。

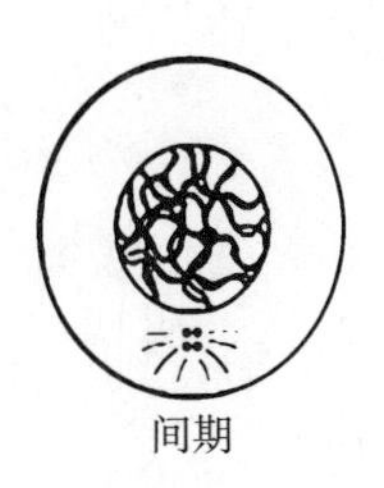

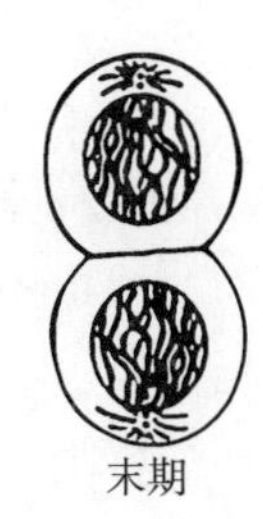

图 1-12 动物细胞有丝分裂模式图

1.3.2 染色体在减数分裂过程中的行为

减数分裂是一种特殊的有丝分裂形式，是生物细胞中染色体数目减半的分裂方式。减数分裂仅发生在生命周期的某一阶段，它是进行有性生殖的生物性母细胞成熟、形成配子的过程中出现的一种特殊分裂方式。受精时雌雄配子结合，恢复亲代染色体数，从而保持物种染色体数的恒定。减数分裂的特点是连续进行两次核分裂，而染色体只复制一次，从而形成 4 个只含单倍数染色体的生殖细胞，经过受精之后，合子中的染色体数目又恢复到二倍体水平。因此，它是维持大多数动植物品种染色体数目世代稳定遗传的根本机制。另外前期Ⅰ特别长，而且变化复杂，包括同源染色体的配对、交换及分离等。

减数分裂中染色体的行为变化与生物的遗传变异密切相关，遗传学的三个基本规律（基因的分离、自由组合及交换）的细胞学基础就是减数分裂。在进行远缘杂交、人工诱变、多倍体育种及组织培养中，除通过有丝分裂的观察，进行染色体组型分析外，还要考察减数分裂中染色体行为的变化。

减数分裂实际上由两次连续分裂构成，通常称为减数分裂Ⅰ（M1）和减数分裂Ⅱ（M2）。减数分裂Ⅰ是减数过程，染色体数目减少一半，减数分裂Ⅱ是等数分裂。减数分裂的两次分裂都可分为前期、中期、后期和末期。其中以第一次减数分裂的前期Ⅰ长而复杂，又可细分为细线期、偶线期、粗线期、双线期和终变期五个时期。减数分裂各时期染色体变化的特征简述如下：

1.3.2.1 减数分裂Ⅰ（meiotic division Ⅰ）

(1) 前期Ⅰ（prophase Ⅰ） 经历最长，变化也较复杂，故根据染色体的变化又细分为五个时期。

①细线期（leptotene stage） 染色体呈细长线状，彼此互相缠绕盘旋，紧靠核仁一侧，细线上出现着色较深、大小不等的染色粒，明显可见圆形的核仁，此时有核膜，难以辨别成双的染色体。

②偶线期（zygotene stage） 与细线期相比，这时染色体要粗些，染色也

深些，这时来自父母双方的各同源染色体均两两配对（pairing）或称联会（synapsis）。这样联会的一对同源染色体，称为二价体。看上去是一个整体。染色体仍互相缠绕在一起。

③粗线期（pachytene stage） 配对后的染色体逐渐缩短变粗，与偶线期相比，染色体要粗短得多，扭曲缠绕要放松些，但仍互相缠绕，故染色体此时计数较困难，此时每对同源染色体有四条染色单体，称为四合体（tetrad）。此时同源非姊妹染色单体间发生交换，但交换的形态特征在一般光学显微镜下均难见到。

④双线期（diplotene stage） 此时染色体进一步浓缩变短，非同源染色体彼此分开，并且扩散于细胞核中。两条同源染色体开始相互排斥。但是彼此交换的地方仍连在一起，形成明显的交叉结（chiasmata）及交叉染色体图形，呈 X、V、8、O 等形状。染色体清晰可见，可进行计数。

⑤终变期（diakinesis stage） 染色体更加浓缩粗短，分布在细胞中，同时交叉点向二价体两端移动，即出现端化现象（terminalization）呈 O 形，核仁、核膜逐渐消失，至中期完全消失，此时各二价体分散在核内，适于计数染色体。这时核内有多少个二价体，说明有多少同源染色体。例如，在自然多倍体中通过观察减数分裂中染色体联会情况，即二价体数目及多价体有无可作为判断同源多倍体还是异源多倍体，是进化多倍体还是遗传多倍体的依据之一。如图 1－13 所示，在我国特有的天然四倍体泥鳅减数分裂终变期可观察到四价体，说明有 4 个同源染色体联会，由此可证明天然四倍体是遗传四倍体，是同源四倍体。

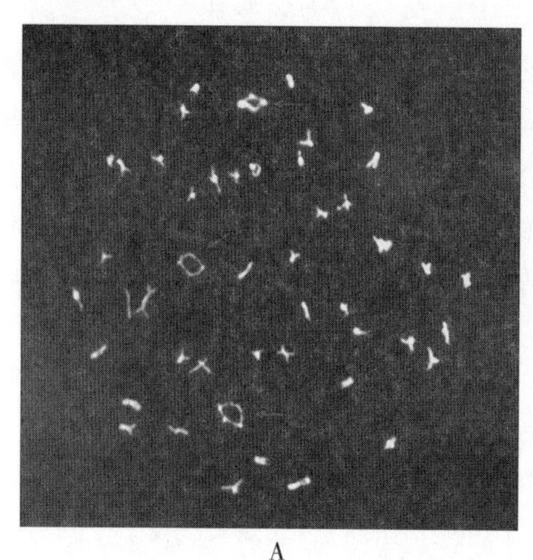

A

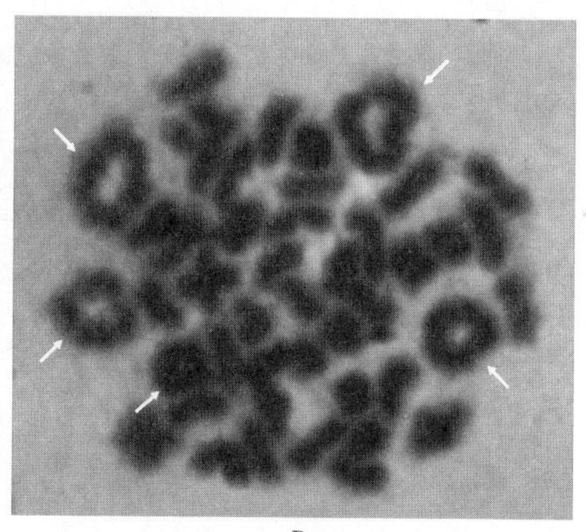

B

图 1－13 天然四倍体泥鳅卵（精）母细胞减数分裂象
（箭头示四价染色体）
A. 卵母细胞终变期染色体分裂象 B. 精母细胞终变期染色体分裂象

(2) 中期Ⅰ（metaphase Ⅰ） 核仁、核膜消失，所有二价体排列在赤道板两侧，两极纺锤丝出现，并与染色体着丝点相连形成纺锤体，此时最适于计数染色体的数目和观察各染色体的形态特征。

(3) 后期Ⅰ（anaphase Ⅰ） 二价体中的一对同源染色体分离，分别向细胞两极移动，染色体减半就发生在此时，但每条染色体的两条染色单体仍连在一起。

(4) 末期Ⅰ（telophase Ⅰ） 移动到两极的染色体，呈聚合状态，并解螺旋，核仁、核膜重新出现，在中央赤道面形成膜体，进而形成两个子细胞。

经过短暂的间期，染色体形态不变，进入减数分裂Ⅱ。

1.3.2.2 减数分裂Ⅱ（meiotic division Ⅱ）

(1) 前期Ⅱ（prophase Ⅱ） 染色体又逐渐分散缩短，而其两条姊妹染色单体彼此排斥，由一着丝粒相连清晰可见，核仁、核膜逐渐消失。

(2) 中期Ⅱ（metaphase Ⅱ） 纺锤体再次出现，每个染色体整齐排列于赤道面上。

(3) 后期Ⅱ（anaphase Ⅱ） 每个染色体的着丝粒纵裂，姊妹染色体分别移向细胞两极。

(4) 末期Ⅱ（telophase Ⅱ） 染色体到达两极，然后解螺旋化，核仁、核膜重新出现，每个细胞的细胞质又一分为二，最终形成四个子细胞，即四分体。

1.4 染色体核型及带型

随着细胞遗传学及分子细胞遗传学的深入发展，愈来愈多的生物学家认识到作为遗传物质载体的染色体，非但数目和形态结构具有物种的特征，而且其核型、带型还反映出生物进化的历史。因此，从现存物种的染色体核型及带型分析中来探讨种群的进化路线和亲缘关系，对于分类学和系统发生研究具有极其重要的意义，对于现代分子生物学中的基因定位、鉴定种间杂交和多倍体育种等方面也具有重要意义，是一种能有效鉴定水产动物新品种的分子细胞遗传学方法。

1.4.1 染色体核型

核型（karyotype）一词首先由苏联学者 Levzky 在 20 世纪 20 年代提出。它是指每种生物染色体的数目、大小及形态特征的总和。包括染色体数目（即基数）及每一条染色体所特有的形态特征（染色体大小、着丝点的位置及次缢痕、随体的有无等）。对这些特征进行定量和定性的描述，就是核型分析（karyotype analysis）。染色体核型有时也称为染色体组型，但二者有一定的区别，染色体组型（idiogram）通常指核型的模式图，将一个染色体组的全部染色体逐个按其特征绘制下来，再按长短、形态等特征排列起来的图像称为核型模式图。染色体核型是物种最稳定的性状和标志之一，通常在体细胞有丝分裂中期时进行核型的分析鉴定。染色体核型是染色体研究中的一个基本方法，对染色体进行核型分析，不仅有助于了解生物的遗传组成、遗传变异规律和发育机制，而且对预测鉴定种间杂交和多倍体育种的结果、了解性别遗传机理以及基因组数、物种起源、进化与种族关系的鉴定、远缘杂交及遗传工程中的染色体鉴别都具有重要的参考价值。

举例来说，二倍体泥鳅染色体数目为 $2n=50$，有 5 对中部着丝点染色体（m），2 对亚中部着丝点染色体（sm），18 对端部着丝点染色体（t），核型公式为 10m＋4sm＋36t（图 1-14）。

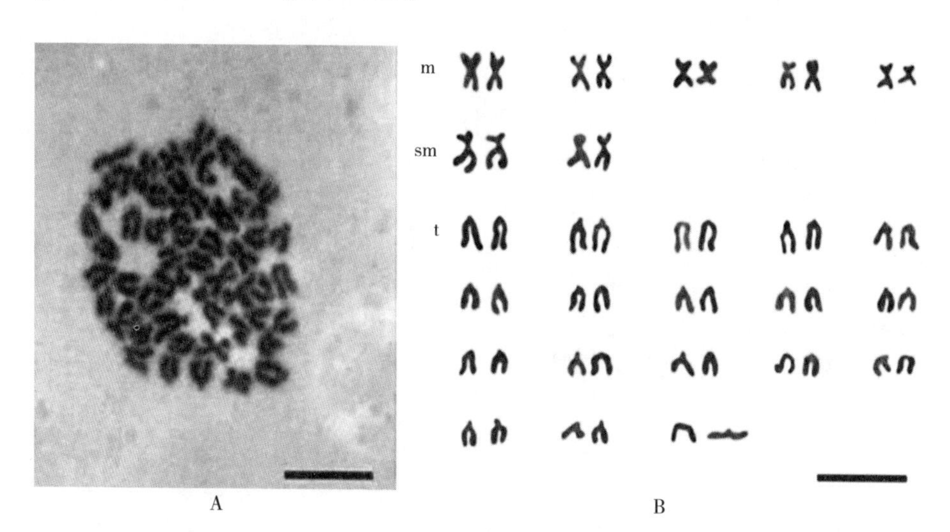

图 1-14　二倍体泥鳅染色体中期分裂象及核型（标尺＝10μm）

A. 染色体中期分裂象　B. 染色体核型

1.4.2　染色体带型

染色体的染色技术可以分为普通染色和显带染色两大类。普通染色是将普通染料直接在染色体标本上染色。由于整条染色体都均匀着色，在显微镜下只能看到染色体外形，看不清其内部结构，因此只能根据染色体的相对长度和着丝粒位置等外形特征来识别染色体。但对各条染色体的微小结构变化，如缺失、易位等不能辨别出来，对许多异常染色体的研究受到很大的限制。显带染色是将染色体经过一定程序的处理，并用特定的染料染色后，使染色体在其轴上显示出一个个明暗交替或深浅不同的横纹，这些横纹就是染色体的带。每条染色体都有一定数量、一定排列顺序、一定宽窄和染色深浅或明暗不同的带，这就构成了每条染色体的带型。

染色体带型（chromosome banding）是20世纪60年代后期发展起来的一项细胞学技术，所谓带型，即借助于某些物理、化学处理使中期染色体显现出深浅不同的带纹，各物种的每一条染色体其带纹的数目、位置、宽度及深浅都有相对的恒定性，所以每一条染色体都有固定的分带模式，即称带型。染色体带型是鉴别染色体的重要依据。通过分带机理的研究，可获得染色体在成分、结构、行为和功能等方面的许多信息。有了显带技术，不仅能更准确地进行同源染色体的配对和核型排列，而且能精确地辨认染色体的结构变化，并能正确地识别特定的染色体以及追溯标记性染色体或超数染色体的来源，探讨生物种属染色体的进化与分化等问题，是细胞遗传学研究的重要工具。目前，人类的染色体已有国际标准化带型，而鱼类与贝类的染色体分析技术相对落后。

染色体显带技术根据其产生带型的分布特点，将其分为两大类：一类是产生的染色带遍及整条染色体长度上，包括Q带技术（采用荧光染料喹吖因英文单词quinacrine的第一个字母表示）、G带技术（采用吉姆萨染料英文单词Giemsa的第一个字母表示）以及R带技术（采用相反英文单词reverse的第一个字母表示）；另一类是只能使少数特定染色体区段或结构显带，包括显示着丝粒的C带技术（采用着丝粒英文单词centromere的第一个字母表示）、显示端粒的T带技术（采用末端英文单词terminal的第一个字母表示）以及显示核仁组织区的N带或NOR带技术（采用核仁组织区英文单词nucleolar organizers的第一个字母表示或再加上第二个单词的前两个字母表示）。1975年以后，又发展了染色体高分辨显带技术（high-resolution banding），利用细胞分裂中期、晚前期的染色体可获得更多的分裂象和带型。随后又相继发展了限制性内切酶显带以及DNA探针荧光原位杂交（fluorescence *in situ* hybridization，FISH）染色体显带技术。

(1) Q带 是1969年瑞典细胞学家卡斯珀松（T. Caspersson）等人首次使用荧光染料氮芥喹吖因（quinacrine mustard，QM）处理染色体标本，结果发现，经处理后的染色体上显现宽窄和亮度不同的条纹，后来经过验证可知，亮带区表示为DNA分子中AT含量丰富区，暗带则表示为GC含量丰富区。与其他带型相比主要有以下两个方面的优点：①受制片过程和热处理的影响较小，制片效果较好，带型鲜明；②简便、快速、灵敏和专一，现已广泛用于染色体分析等众多的生物学研究领域。缺点是必须有荧光显微镜（UV）才能进行观察，另外Q带制作成的标本难以永久存放。

根据荧光染料与染色体结合原理的不同，目前用于染色体研究的荧光染料主要分为两类：第一类是GC特异性荧光染料，即在试验处理时此种染料仅与

DNA 分子中 GC 碱基特异性结合，如色霉素 A（chromomycin A_3，CMA_3）、光神霉素（mithramycin，MM）及橄榄霉素（olivomycin）等。第二类是 AT 碱基特异性荧光染料，主要与 DNA 分子中 AT 碱基特异性结合，如喹吖因（quinacrine）、4，6－二脒基－2－苯基吲哚（4，6－diamidino－2－phenylindole，DAPI）及柔毛霉素（daunomycin）。国内外已有的资料证明，CMA_3 能特异地显示鱼类染色体的 NORs。CMA_3 与 NORs 处的 rDNA 结合，而不是与 NORs 结合的酸性蛋白结合，因而不论 NORs 失活与否，用 CMA_3 染色都可使其显示出来，从而可用于研究 NORs 的多态性及活性，鉴定实际 NORs 的数目。另外，CMA_3 可用于鉴别性染色体。DAPI 是一种双链 DNA 特异的染料，与 DNA 作用至少有两种不同的机制，在 AT 碱基对丰富区域，DAPI 与 DNA 双链的小沟结合，其结合量大而发出较强的荧光，而在 GC 丰富区域，DAPI 则插入双链的碱基之间而产生较弱的荧光或不发荧光，而富含 AT 碱基对的区域也就是重复顺序含量高的异染色质区域。染色体的荧光显带技术发展很快，其中一个重要方面就是多种荧光染料的联合使用。通常首先使用和 DNA 相结合的荧光染料，然后以另一种荧光或非荧光染料复染。组合使用的优点是：①选用适当的组合，当单一染料显示的带纹不够清晰时，以另一种染料复染常可使带纹或多态区更为清晰，反差更为强烈；②一些组合可以显示特定的染色体多态区，如强荧光的异染色质区，利用这种染料组合的方法，Li et al（2010）以 CMA_3/DA/DAPI 三重荧光染色，结果显示，自然二倍体泥鳅鳃细胞最大的中部着丝粒染色体短臂端部上有 2 个 NORs（图 1－15）。

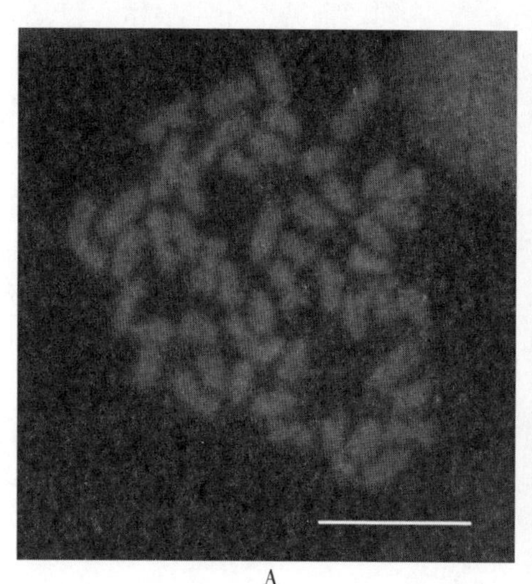

A

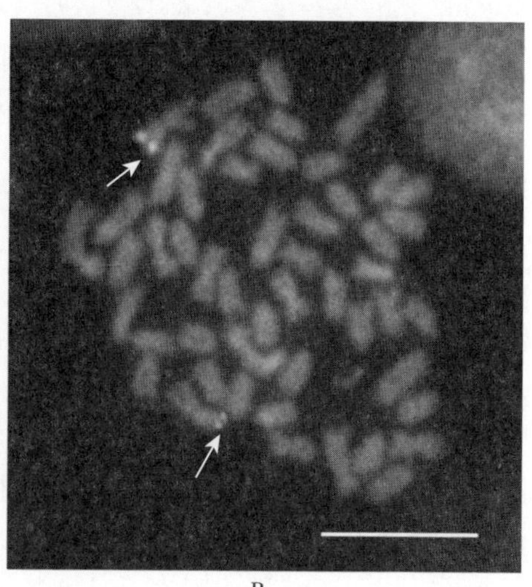

B

图 1－15　二倍体泥鳅 CMA_3/DA/DAPI 三重荧光染色

（引自 Li et al，2010）

(2) G带 是最常用的方法之一。G带是先用碱-盐溶液对染色体制片进行预处理，有时也用胰酶或蛋白酶进行处理，再用Giemsa染液染色、镜检、分析。显示深染和浅染相间的带纹。G带深染带富含AT，富含长分散DNA序列，是DNA的重复区域，不编码表达基因；浅染带富含GC，含有许多转录基因。这种DNA在间期中呈现较为伸展状态。除转录基因之外，它含有短分散DNA序列，染色体大多数断裂点和重排被认为发生在浅染带。G带显示的带纹多而细，分布在整个染色体上，一般认为G带显示的是常染色质构成的染色粒。一般G带和Q带相符，但也有例外，如Q带显示的人Y染色体的特异荧光，在G带带型上并不出现。此方法简单易行，带纹清晰，标本可长期保存，普通显微镜可以观察。

(3) R带 是中期染色体经磷酸盐缓冲液高温处理，以吖啶橙或Giemsa染色后所呈现的带型，一般与G带正好相反，所以又称反带。G带和R带两种方法并用可确定染色体的缺失部分。在G带染色体的两末端都不显示深染，而在R带中则被染上深色，因此R带有利于测定染色体长度以及末端区域结构的变化。

(4) C带 C带是能使着丝粒区域的异染色质着色，这种异染色质通常位于着丝粒周围并常含有高度重复序列的DNA。关于产生C带的机制，一般认为在用盐酸、氢氧化钡和盐类处理染色体的过程中，60%～80%DNA从染色体中被优先提取出去了（丢失），这些DNA位于常染色质区，结果染色体臂着色浅而着丝粒异染色质着色深。仅与组蛋白结合的染色质比含有大量非组蛋白的染色质结构紧密得多，也就是这种紧密的结构保护着丝粒的异染色质免受酸、碱和盐类的破坏，从而产生C带，如皱纹盘鲍C带（图1-16）。

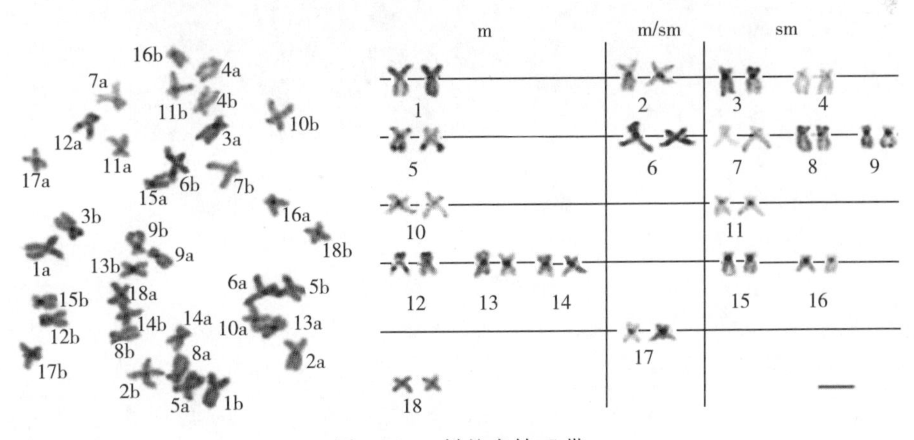

图1-16 皱纹盘鲍C带

（引自蔡明夷，2013）

(5) T带 T带是指染色体的端粒部位经吉姆萨和吖啶橙染色后所呈现的区带，典型的T带呈绿色，又称端粒带。在分析染色体末端的缺失、添加和易位方面有利用价值。

(6) N带 N带是由Goodpasture和Bloom（1975年）创立的对核仁组织区的特殊显带方法。核仁组织区位于染色体的次缢痕部位，NOR是基因组中*18S*和*28S rRNA*基因所在的位置。具有转录活性或已转录过的*rRNA*基因部位伴有丰富的酸性蛋白质。Ag-NOR带研究表明，银染并不是染rDNA，而是染核仁组织区所结合的酸性蛋白，主要的银染蛋白有2种：C_{23}（核仁素，nucleolin）和B_{23}（核基质素，numatrix）。C_{23}和B_{23}都是酸性蛋白，银染时酸性蛋白的羧基与银离子作用，但很不稳定，易被还原形成黑色的银颗粒。故有活性的NOR常被$AgNO_3$镀上银颗粒而呈现黑色；而无转录活性的NOR则不被着色。C_{23}蛋白和B_{23}蛋白在细胞周期的间期和有丝分裂的分布和含量不同。在间期，这两种蛋白主要分布在核仁部位，所以可观察到间期细胞中核仁部位有黑色的银粒。而进入有丝分裂中期时核仁完全解体，C_{23}蛋白主要分布在染色体的核仁组织区，这时可观察到染色体NOR有黑色银粒存在（这时期B_{23}蛋白）。

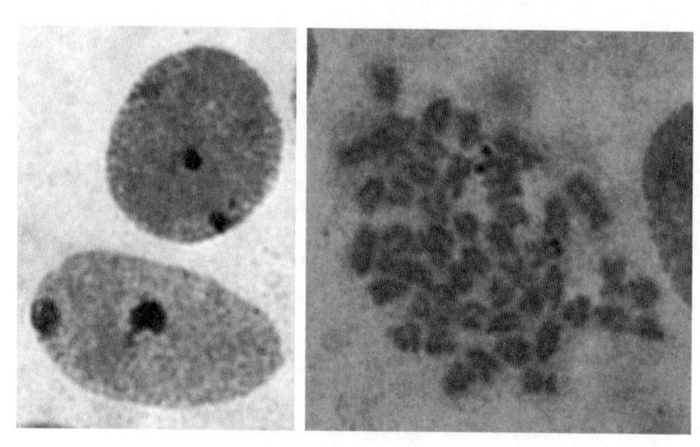

图1-17　二倍体泥鳅间期核及染色体NOR带

Ag-NORs法被广泛地应用于鱼类染色体研究中，获得了可靠的结果，并以此作为研究物种间的亲缘关系和染色体进化的一个指标。多态性是动物染色体Ag-NORs的一个重要特征，动物Ag-NORs多态性表现为以下4个方面：①每个基因组中所具有的NORs的绝对数目；②NORs在染色体上的位置；③每个NORs的相对大小；④每个细胞中具转录活性NORs的数目。前两者主要存在于种间，后两者存在于种内，而动物（包括鱼类）物种内的Ag-NORs一般只呈现数目多态和形态多态两种表现形式，有些研究认为鱼类的这两种多态现象无个体特异性。Ag-NORs多态性可以作为核型进化的指标来探讨近缘物种间或物种内不同地理居群间关系。

细胞的核仁数目与倍性有关，许多物种单倍体细胞含一个核仁，二、三、四倍体细胞分别含二、三、四个核仁。在多倍体鱼类的倍性鉴定中，银染核仁组织区法与其他多倍体鱼类的倍性检测方法相比，不但快捷准确而且省时省力，无需特殊的仪器，在条件相当简陋的实验室就可以进行操作，是值得推广的一种好方法。如图1-17所示，二倍体泥鳅间期核及中期染色体进行了N带研究，可观察到2个银染点，与倍性呈正比。

1.5 荧光原位杂交（fluorescence *in situ* hybridization FISH）

1.5.1 染色体荧光原位杂交

FISH是指通过杂交和荧光显微镜进行特定DNA序列检测的技术。该技术是20世纪80年代末期在原有的放射性原位杂交技术的基础上发展起来的一种非放射性分子生物学和细胞遗传学结合的新技术，是以荧光标记取代同位素标记而形成的一种新的原位杂交方法。它采用特殊荧光素标记核酸（DNA）探针，可在染色体、细胞核组织切片标本上进行DNA杂交，用以检测细胞内特定序列DNA或RNA的存在。FISH是细胞学方法与分子杂交技术相结合的产物，其原理是利用荧光标记的核酸片段为探针，与中期细胞的染色体或间期细胞核的DNA进行分子杂交，再用与荧光素分子偶联的抗体与探针分子特异结合，经荧光检测体系（荧光显微镜）对杂交信号即与探针同源的DNA片段在染色体上或核中进行定位等各种分析（图1-18）。FISH的优点：①不需要放射性同位素标记，荧光试剂和探针更经济、安全；②操作简便、探针稳定、一次标记后可在两年内使用；③方法敏感、试验周期短、能迅速得到结果，特异性好、定位准确；④FISH可定位长度在1kb的DNA序列，其灵敏度与放射性探针相当；⑤多色FISH通过在同一个核中显示不同的颜色可同时检测多种序列；⑥不仅可用于分裂期细胞染色体数量或结构变化的研究，而且还可用于间期细胞的染色体数量及基因改变的研究。缺点：不能达到100%杂交，特别是在应用较短的cDNA探针时，效率明显下降。

FISH是目前进行细胞遗传学研究最为有效的手段之一，不仅可以研究分析染色体减数分裂过程的行为和不同基因组染色体交叉互换的现象，也是研究基因组分化的重要工具，甚至可以筛选出染色体标记的种特异性重复序列。FISH技术在鱼类基因定位中的应用主要集中在rDNA的定位上，这方面的研究对于鱼类染色体的进化很有意义。例如，以人的5.8S+28S rDNA为探针对

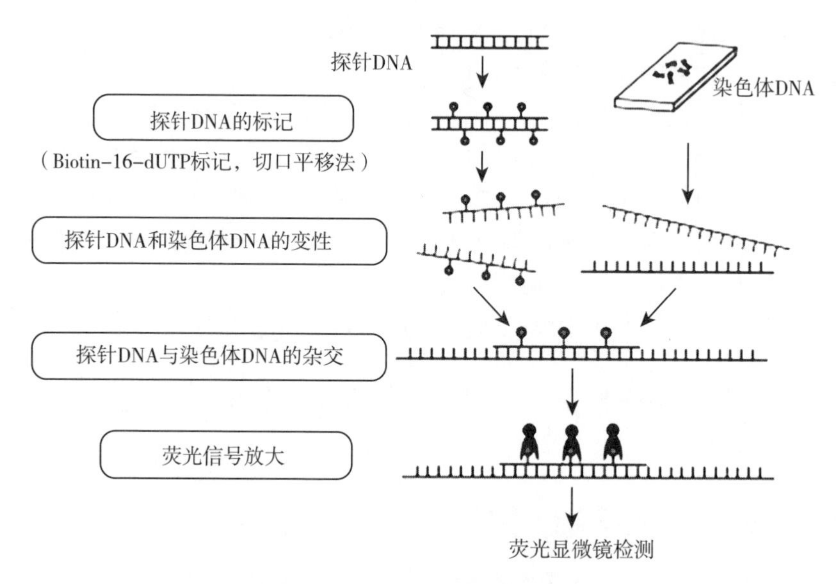

图 1-18　荧光原位杂交基本原理

（引自 Fujiwara et al，1998）

自然四倍体泥鳅进行了 FISH 定位研究，可观察到 4 个 FISH 杂交信号（图 1-19），从细胞遗传学角度阐明了自然四倍体泥鳅是含有 4 套染色体组的遗传四倍体。

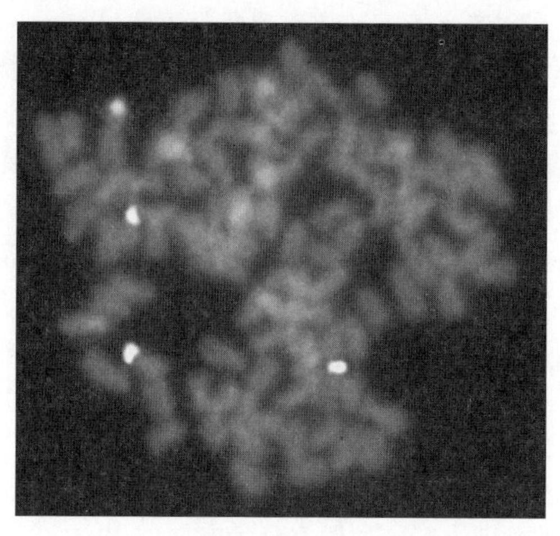

图 1-19　自然四倍体泥鳅荧光原位杂交（标尺＝10μm）

1.5.2　基因组原位杂交（GISH）与多色原位杂交（M-FISH）

基因组原位杂交技术（Genomic *in situ* hybridization，GISH）与多色原

位杂交（M－FISH）是荧光原位杂交技术的两种衍生技术。GISH 技术是 20 世纪 80 年代末发展起来的一种原位杂交技术。其特点是安全、精确、直观、信息丰富。在分子细胞遗传学领域发挥着重要作用。GISH 技术基本原理与 FISH 类似，通过将所提取的一个亲本全基因组 DNA 片段化之后利用荧光素标记，再将另一亲本的全基因组 DNA 也片段化，利用二者与处于分裂中期或者处于分裂间期的后代染色体标本进行杂交，在染色体上显示与两亲本的杂交状态和杂交位置，从而直接鉴别与量化后代基因成分与基因来源等信息。GISH 技术基本流程也同 FISH 类似，两者的最大不同之处在于采用不同序列的探针。GISH 中使用的探针为物种的全基因组 DNA 标记制备，探针片段基本可以覆盖物种整个基因组，探针长度较短，同物种染色体没有特异性，检测到的荧光信号通常为涂抹状。而 FISH 技术所使用的探针通常只是基因组中的某一基因克隆或一段 DNA 序列的单拷贝或多拷贝，不会包含整个基因组序列；探针需要一定的长度以提高灵敏度，在染色体上的杂交具有特异性，检测到的信号多为单一或者有限个信号，信号呈现为点状或带状且不同信号间可以明确区分。由于 GISH 技术具有直观可靠等特点，目前已被广泛应用于以下几个方面：第一，分析物种的基因组结构；第二，鉴别物种染色体上是否存在外源染色体的片段；第三，对物种染色体上插入的外源染色体片段进行位置分析和定量分析；第四，分析杂交种中染色体的遗传来源；第五，对物种的基因组进行比较研究。通过 GISH 分析，可以为生物物种的起源、进化以及分类提供分子细胞遗传学水平的试验证据。

多色原位杂交（M－FISH），M 代表了英文单词“Multicolor”“Multiplex”和“Multitarget”三种类型，最早是由 Nederlof 等人于 1990 年创建。M－FISH 是用于精确评估分析复杂染色体重排的技术。M－FISH 的原理是将多种不同荧光素标记的寡聚核苷酸探针按照碱基互补配对原则，与细胞学制片的特异核苷酸序列进行原位杂交，杂交后经洗涤处理，应用配备一组不同波段光谱滤光片的荧光显微镜以及高度灵敏的成像仪捕获杂交信号，最终获得染色体的信息。由于使用了多种荧光素组合，因此在一次检测中可对多种探针信号进行检测成像。探针可使用一种荧光素或多种荧光素按相同比例标记，有些探针的靶标是单色探针杂交上的，有些靶标是不同荧光素标记的探针同时杂交上的。每个靶序列由于杂交了不同标记的探针而呈现不同的颜色，故称为多色荧光原位杂交。与其他原位杂交技术相比，M－FISH 的优点是：易于多靶杂交，可对同一个细胞学制片进行多个探针杂交；能够一次性揭示全部的染色体数目和结构异常；能检测传统显带方法不易发现的亚纤维染色体畸变：不仅能够鉴定隐藏的易位和复杂的重排，而且可以分析与肿瘤发生相关的重要标记染色体及其基因。

部分水产动物染色体数目及核型见表 1－1。

表 1-1　部分水产动物染色体数目与核型

物种名称	染色体数目	核型公式	参考文献
脊椎动物			
海水鱼			
鳗鲡目			
星康吉鳗 *Conger myriaster*	38	8m+10sm+20t	喻子牛等，1995
	38	13m+4sm+21t（雌）	王金星等，1993
	38	14m+4sm+20t（雄）	
海鳝科			
均斑裸胸鳝 *Gymnothorax reevesi*	42	34m，sm+8t	容寿柏等，1991
黑点裸胸鳝 *G. melanospilus*	42	10m+6sm+26t	申屠根，2009
海鳗科			
海鳗 *Muraenesox cinereu*	38	12m+4sm+6st+16t	泮蔚明，1991
鲻形目			
鲻科			
鲻 *Mugil cephalus*	48	48t	喻子牛等，1995； 刘静等，1996
梭鱼 *Liza haematocheila*	48	48t	喻子牛等，1995
鲈形目			
鮨科			
斑带石斑鱼 *Epinephelus fasciatomaculatus*	48	48t	李锡强等，1994
黑边石斑鱼 *E. fasciatus*	48	48t	李锡强等，1994
六带石斑鱼 *E. sexfasciatus*	48	2sm+46t	陈毅恒等，1990
	48	2st+46t	吉华松等，2011
鲑点石斑鱼 *E. fario*	48	14m，sm+34st，t	陈毅恒等，1990
青石斑鱼 *E. awoara*	48	48t	杨俊慧，1988
斜带石斑鱼 *E. coioides*	48	2sm+46t	丁少雄等，2004； 舒琥等，2012
布氏石斑鱼 *E. bleekeri*	48	48t	蔡岩等，2012
点带石斑鱼 *E. malabaricus*	48	48t	邹记兴等，2004； 郑莲等，2005
	48	2sm+46t	吴晓菲，2008
蜂巢石斑鱼 *E. merra*	48	4m+6sm+4st+34t	郑莲等，2005
黑边石斑鱼 *E. fasciatus*	48	48t	郑莲等，2005

（续）

物种名称	染色体数目	核型公式	参考文献
赤点石斑鱼 *E. akaara*	48	5st+43t	王云新等，2004
云纹石斑鱼 *E. moara*	48	2st+46t	郭丰等，2006
褐点石斑鱼 *E. fuscoguttatus*	48	2sm+46t	廖经球等，2006
橙点石斑鱼 *E. bleekeri*	48	48t	吴晓菲，2008； 蔡岩等，2012
七带石斑鱼 *E. septemfasciatus*	48	48t	钟声平等，2010
三斑石斑鱼 *E. trimaculatus*	48	48t	蔡岩等，2011
	48	2sm+2st+44t	舒琥等，2012
棕点石斑鱼 *E. fuscoguttatus*	48	48t	舒琥等，2012
鞍带石斑鱼 *E. lanceolatus*	48	2sm+6st+40t	舒琥等，2012
宽额鲈 *Promicrops lanceolatus*	48	4st+44t	王德祥等，2003
驼背鲈 *Chromileptes altivelis*	48	48t	区又君等，2007
银鲈科			
银鲈 *Bidyanus bidyanus*	48	2m+2sm+6st	王昌留等，2003
石首鱼科			
皮氏叫姑鱼 *Johnius belengen*	48	48t	王金星等，1994
黄姑鱼 *Nibea albiflora*	48	48t	王金星等，1994； 喻子牛等，1995； 耿智等，2012； 王晓艳，2012
浅色黄姑鱼 *N. coibor*	48	48t	王小丽，2007
鮸状黄姑鱼 *Nibea miichtheoides*	48	48t	王德祥等，2002
日本黄姑鱼 *N. japonica*	48	48t	耿智等，2012
双棘黄姑鱼 *Nibea diacanthus*	48	48t	王世锋等，2003
小黄鱼 *Pseudosciaena polyactis*	48	48t	王金星等，1994
大黄鱼 *Pseudosciaena crocea*	48	48t	吴建绍等，2001； 邹曙明等，2003
	48	2st+46t	全成干等，2000
	48	6st+42t	王德祥等，2006； 王晓艳，2012
	48	6m+6sm+36t	王德祥等，2006
眼斑拟石首鱼 *Sciaenops ocellatus*	48	48t	朱齐春等，2017

（续）

物种名称	染色体数目	核型公式	参考文献
棘头梅童鱼 *Collichthys lucidus*	48	48t	梁述章等，2019
鮸 *Miichthys miiuy*	48	48t	阳芳等，2016
美国红鱼 *Sciaenops ocellatus*	48	48t	尤锋等，1998；王晓艳，2012
笛鲷科			
红鳍笛鲷 *Lutjanus erythopterus*	48	48t	曹伏君等，2002；舒琥等，2003
紫红笛鲷 *Lutjanus argentimaculatus*	48	48t	曹伏君等，2002
白斑笛鲷 *Lutjanus bohar*	48	48t	曹伏君等，2002
约氏笛鲷 *Lutjanus johni*	48	48t	李长玲等，2005
勒氏笛鲷 *Lutjanus russellibleeker*	48	48t	李长玲等，2005
画眉笛鲷 *Lutjanus vitta*	48	48t	李长玲等，2005
千年笛鲷（川纹笛鲷）*Lutjanus sebae*	48	2sm+46t	王小丽，2007
	48	48t	郭明兰等，2011
鲷科			
真鲷 *Pagrosmus major*	48	2st+46t	喻子牛等，1993；喻子牛等，1995
黑鲷 *Sparus macrocephalus*	48	4m+4sm+2st+38t	喻子牛等，1993；喻子牛等，1995
黄鳍鲷 *S. lanus*	48	4m+2sm+4st+38t	林加涵等，1989；王金星等，1994
平鲷 *Rhabolosargus sarba*	48	4m+44t	王小丽，2007
		4m+2sm+4st+38t	牛文涛等，2014
石鲷科			
条石鲷 *Oplegnathus fasciatus*	48	2m+2st+44t	周伯春等，2009
	48	2m+46t（雌）	徐冬冬等，2012
	47	3m+44t（雄）	
斑石鲷 *O. punctatus*	48	2sm+46t（雌）	薛蕊等，2016
	47	1m+2sm+44t（雄）	
裸颊鲷科			
星斑裸颊鲷 *Lethrinus nebulosus*	48	48t	梁军等，2006；周伯春等，2009

（续）

物种名称	染色体数目	核型公式	参考文献
石鲈科			
横带髭鲷 *Hapalogenys mucronatus*	48	2m+8sm+14st+24t	喻子牛等，1995
斜带髭鲷 *Hapalogenys nitens*	48	2m+8sm+2st+36t	喻子牛等，1995；陈晓峰等，2005
胡椒鲷 *Plectorhynchus pictus*	48	48t	曹伏君等，2008
花尾胡椒鲷 *P. cinctus*	46	46t	曹伏君等，2001
	48	48t	覃映雪等，2003；曹伏君等，2008
真鲈科			
花鲈 *L. japonicus*	48	48t	王金星等，1994
暖鲈科			
条纹石鮨*Morone saxatilis*	48	2sm+46t	彭昌迪等，1995
鯻科			
条纹鯻*Terapon theraps*	48	48t	舒琥等，2013
细鳞鯻*T. jarbua*	48	48t	舒琥等，2013
尖吻鯻*Rhynchopelates oxyrhynchus*	48	4m+2sm+42t	舒琥等，2013
叉牙鯻*Helotes sexlineatus*	48	48t	舒琥等，2013
列牙鯻*Pelates quadrilineatus*	48	48t	舒琥等，2013
锦鳚科			
云鳚 *Encdrias nebulosus*	26	26m	毛连菊等，1994
线鳚科			
鸡冠鳚 *Alectrias benjamini*	48	18m+18sm+12t	毛连菊等，1996
繸鳚 *Azuma emmnion*	56	6m+10sm+40t	毛连菊等，2002
六线鳚 *Ernogrammus hexagrammus*	48	48t	毛连菊等，1993
短颌小绵鳚 *Zoarchias microstomus*	28	24m+4t	毛连菊等，2002
绵鳚科			
绵鳚 *Zoarces elongates* Kner	48	30m+14sm+4t	毛连菊等，2002
金枪鱼科			
长鳍金枪鱼 *Thunnus alalunga*	48	6m，sm+42st，t	宋运淳，1987
黄鳍金枪鱼 *T. albacares*	48	6m，sm+42st，t	宋运淳，1987
鲣 *Katsuwonus pelamis*	48	48st，t	宋运淳，1987

（续）

物种名称	染色体数目	核型公式	参考文献
鲹科			
黄带拟鲹 *Pseudocaranx dentex*	48	48t	马青等，2021
卵形鲳鲹 *Trachinotus ovatus*	48	6m+2sm+40t	舒琥等，2007
	48	8m+40t	王小丽，2007
塘鳢科			
中华乌塘鳢 *Bostrichthys sinensis*	48	4sm+2st+42st	费志清等，1987
	46	46t	沈亦平等，1994
黄条鰤 *Seriola aureovittata*	48	6sm+4st+38t	史宝等，2017
鲳科			
银鲳 *Pampus argenteus*	48	2sm+10st+36t	刘琨等，2017
弹涂鱼科			
大弹涂鱼 *Boleophthalmus pectinirotris*	46	2st+44t	费志清等，1987
虾虎鱼科			
纹缟虾虎鱼 *Tridentiner trigonceph-alus*	44	10m+28sm+2st+4t	费志清等，1987
	44	20m+12s+12t	毛连菊等，1993
	44	4m+26sm+4st+10t	周宸，2010
竿虾虎鱼 *Luciogobius guttatus*	44	14m+14sm+16t	毛连菊等，1993
矛尾复虾虎鱼 *Synechogobius hasta*	44	2m+42st，t	喻子牛等，1995
	44	4m+40t	王晓华，2012
黄鳍刺虾虎鱼 *Acanthogobius flavimanus*	44	44t	王金星等，1994
犬牙缰虾虎鱼 *Amoya caninus*	50	16m+14sm+4st+16t	何丽斌等，2010
尾纹裸头虾虎鱼 *Chaenogobius annularis*	44	20m+22st+2t	毛连菊等，1999
拟丝虾虎鱼 *Cryptocentroides insignis*	50	18m+26sm+4st+2t	周宸，2010
项斑舌虾虎鱼 *Glossogobius olivaceus*	46	16sm+6st+24t	费志清等，1987
诸氏鲻虾虎鱼 *Mugilogobius chulae*	44	10m+10sm+4st+20t	陈小曲等，2013

（续）

物种名称	染色体数目	核型公式	参考文献
斑尾复虾虎鱼 *Synechogobius ommaturus*	44	2m+2sm+4st+34t+X+Y	王金星等，1994
髭缟虾虎鱼 *Tridentiger barbatus*	44	10m+12sm+2st+20t	何丽斌等，2010
鳗虾虎鱼科			
红狼牙虾虎鱼 *Odontamblyopus rubicundus*	38	20m+18sm	毛连菊等，2002
盖刺鱼科			
主刺盖鱼 *Pomacanthus imperator*	48	48t	游欣欣等，2008
隆头鱼科			
波纹唇鱼 *Cheilinus undulatus*	48	6m+42t	霍蕊等，2009
	48	4m+10sm+32st+2t	周丽青等，2010
金钱鱼科			
金钱鱼 *Scatophagus argus*	48	48t	周伯春等，2009
篮子鱼科			
长鳍篮子鱼 *Siganus canaliculatus*	48	48t	舒琥等，2010
点篮子鱼 *Siganus guttatus*	48	4sm+10st+34t	周剑光等，2019
鲉形目			
鲉科			
许氏平鲉 *Sebastes schlegeli*	48	2m+2sm+44t	张庆恒等，1991
	48	2m+46t	喻子牛等，1992；王金星等，1994
褐菖鲉 *Sebastes marmoratus*	48	2m+46t	潘蔚明，1996
铠平鲉 *S. hubbsi*	48	3m+2st+43t	郑家声等，1997
黑平鲉 *S. nigricans*	48	2m+46t	王梅林等，2000
六线鱼科			
欧氏六线鱼 *Hexagrammus otakii*	48	6m+20sm+16st+6t	王金星等，1994
	48	6m+8sm+12st+22t	喻子牛等，1992
大泷六线鱼 *H. otakii*	48	6m+16sm+20st+6t	李霞等，2013
斑头鱼 *Agrammmus agrammus*	48	8m+26sm+14st	张庆恒等，1991
	48	8m+32sm+8st（雌）	郑家声等，1997
	48	7m+33sm+8st（雄）	

（续）

物种名称	染色体数目	核型公式	参考文献
鲬科			
鲬 *Playcephalus indicus*	48	2m+8sm+2st+36t	孔晓瑜等，1994
	48	4m+6sm+2st+36t	喻子牛等，1995
杜父鱼科			
绒杜父鱼 *Hemitripterus villosus*	46	20m+16sm+10t	毛连菊等，2002
鳉形目			
花鳉科			
茉莉花鳉 *Poecilia latipinna*	46	46t	王琳超等，2016
鲽形目			
牙鲆科			
牙鲆 *Paralichuhys olivaceus*	48	48t	喻子牛等，1995； 刘静，1995； 尤锋，1995
漠斑牙鲆 *Paralichuhys lethostigma*	48	48t	李鹏飞，2006
桂皮斑鲆 *Pseudorhombus cinnamomeus*	48	48t	喻子牛等，1995
菱鲆科			
大菱鲆 *Scophthalmus maximus*	44	4m+2sm+10st+28t	Bouza C，1994
鲽科			
木叶鲽 *Pleuronichthys cornutus*	48	12sm+2sm+34t	喻子牛等，1995
星斑川鲽 *Platichthys stellatus*	48	48t	徐冬冬等，2008
黄盖鲽 *Pseudopleurnectes yokohamae*	48	48t	喻子牛等，1995
星突江鲽 *Platichthys stellatus*	48	2sm+46t	李迪，2009
石鲽 *Kareius bicoloratus*	48	48t	张庆恒等，1991； 赵小凡等，1994； 喻子牛等，1995
油鲽 *Microstomus achne*	48	48t	喻子牛等，1995
圆斑星鲽 *Verasper variegatus* Temminck et Schlegel	46	46t	沙珍霞等，2007
	44	44t	陈四清，2005

（续）

物种名称	染色体数目	核型公式	参考文献
条斑星鲽 *V. moseri*	46	2sm+44t	Okumura et al, 2006；王妍妍，2009
舌鳎科			
半滑舌鳎 *Cynoglossus semilaevis* Gunther	42	42t	吴迪，2010
鲀形目			
革鲀科			
丝背细鳞鲀 *Sephanolpis cirrhifer*	33	1m+32t	王金星等，1993
绿鳍马面鲀 *Navodon septentrionalis*	40	40t	王金星等，1993；喻子牛等，1995
鲀科			
红鳍东方鲀 *Takifugu rubripes*	44	12m+6sm+26t	王金星等，1993
	44	14m+6sm+24t	舒琥等，2010
黄鳍东方鲀 *T. xanthopterus*	44	12m+8sm+24t	舒琥等，2010
假睛东方鲀 *T. pseudommus*	44	12m+8sm+24t	赵小凡等，1994
菊黄东方鲀 *T. flavidus*	44	14+6sm+24t	范立民等，2005
中华单角鲀 *Monacanthus chinensis*	34	34t	舒琥等，2010
须鲨科			
条纹斑竹鲨 *Chiloscyllium plagiosum*	102	40m+24sm+10st+28t	马骞等，2008
鳕形目			
鳕科			
太平洋鳕 *Gadus macrocephalus*	46	8m+6sm+20st+12t	范瑞等，2014
淡水鱼			
鲟形目			
鲟科			
中华鲟 *Acipenser sinensis*	264±	78m+20sm+26st+140±mc	杨德国等，2017
	237±6	76m+80sm+20t+64mc	许克圣等，1986
施氏鲟 *A. schrencki* Brandt	238±8	78m+12sm+28st，t+120±mc	宋永祥等，1997

（续）

物种名称	染色体数目	核型公式	参考文献
俄罗斯鲟 *A. gueldenstaedti* Brandt	236±2	80m+16sm+24st，t+116mc	尹洪滨等，2006
匙吻鲟 *Polyodon spathula*	120	44m+32sm+44st，t	薛淑群，2009
小体鲟 *A. dabryanus*	116±4	40m+34sm+26st+16t±mc	尹洪滨等，2009
库页岛鲟 *Acipenser mikadoi*	268	80m，sm+48t+140mc	Zhou et al，2012
	402	120m，sm+72t+210mc	Zhou et al，2012
鲱形目			
鲱科			
短颌鲚 *Coilia brachygnathus*	47	47t（雌，ZO）	洪云汉等，1984c
	48	48t（雄，ZZ）	
刀鲚 *C. nasus*	47	47t（雌）	许世杰等，2014
	48	48t（雄）	
美洲鲥 *Alosasa pidissima*	48	4sm+44t	洪孝友，2011
银鲑 *Oncorhynchus kisutch*	60	44m+10sm+6st	熊银林，2015
青鳞小沙丁鱼 *Sardinella zunasi*	48	48t	王金星等，1994
斑鰶 *Clupanodon punctatus*	48	2m+46t	王金星等，1994
鳀科			
凤鲚 *Coilia mystus*	47	47t（雄）	蒋俊等，2020
	48	48t（雌）	蒋俊等，2020
刀鲚 *Coilia nasus*	48	48t	蒋俊等，2022
鲇形目			
鲇科			
鲇 *Silurus asotus*	58	20m+24sm+10st+4t	洪云汉等，1983
大口鲇 *S. meridionalis*	58	28m+20sm+6st+4t	皱桂伟等，1997
鲿科			
黄颡鱼	52	22m+24sm，st+6t	凌均秀，1982
	52	28m+12sm+12st	沈俊宝等，1983
	52	24m+14sm+10st+4t	黄琳等，2002
	52	20m+12sm+10st+10t	刘良国等，2011
鳗鲡目			
鳗鲡科			
鳗鲡 *Anguilla japonica*	38	10m+10sm+18st	余先觉等，1989

（续）

物种名称	染色体数目	核型公式	参考文献
鲤形目			
鲤科			
墨脱新光唇鱼 *Neolissochilus hexagonolepis*	100	42m+20sm+8st+30t	Nongrum R & Bhuyan R N，2021
萨尔温江新光唇鱼 *Neolissochilus hexastichus*	100	32m+22sm+4st+42t	Nongrum R & Bhuyan R N，2021
王后德瓦 *Devario regina*	50	6m+12sm+32a	Aiumsumang S et al，2021
老挝德瓦 *Devario laoensis*	50	6m+10sm+34a	Aiumsumang S et al，2021
帕氏波鱼 *Rasbora paviana*	50	8m+16sm+24a+2t	Aiumsumang S et al，2021
金带波鱼 *Rasbora aurotaenia*	50	8m+16sm+24a+2t	Aiumsumang S et al，2021
金长须 *Esomus metallicus*	50	8m+10sm+30a+2t	Aiumsumang S et al，2021
扁圆吻鲴 *Distoechodon compressus*	48	18m+18sm+8st+4t	陈元元等，2021
雅罗鱼亚科			
草鱼 *Ctenopharyngodon idellus*	48	18m+24sm+6st	李渝成等，1985；黄永强等，2010
	48	18m+22sm+8st	昝瑞光等，1979；杨晓芬，2007
	48	16m+32sm	刘凌云，1980
	48	20m+24sm+4st	苏泽古等，1983；黎玉元，2014
鳡 *Elopichthus bambusa*	48	10m+24sm+12st+2t	李渝成等，1985
贝加尔雅罗鱼 *Leuciscus baicalensis*	50	8m+16sm+26t	张丽萍，1997
东北雅罗鱼 *L. waleckii*	50	18m+20sm+6st+6t	罗旭光，2006
圆腹雅罗鱼 *L. idus*	50	18m+22sm+4st+6t	金万昆等，2009
准噶尔雅罗鱼 *L. merzbacheri*	50	18m+14sm+6st+12t	王佳君等，2010
鯮 *Luciobrana macrocephalus*	48	12m+22sm+12st+2t	李渝成等，1985

（续）

物种名称	染色体数目	核型公式	参考文献
青鱼 *Mylopharyngodon piceus*	48	14m+34sm，st	周暾等，1980b
	48	18m+24sm+6st	余先觉等，1989
鳤 *Ochetobius elongatus*	48	10m+16sm+22st	李渝成等，1985
马口鱼 *Opsariichthysuncirostris bidens*	74	6m+6sm+4st+58t	余先觉等，1989；黄永强等，2010
	76	4m+6sm+4st+62t	李渝成等，1985
山西鲅 *Phoxinus lagowskii chorensis*	48	24m+4st+20t	赵守诚，1982
拉氏鲅 *P. lagowskii*	50	24sm+14st+12t	张帅，2016
赤眼鳟 *Squailobarbus curriculus*	48	14m+30sm+4st	李渝成等，1985；黎玉元，2014
宽鳍鱲 *Zacco platypus*	78	4m+4sm+4st+66t	李渝成等，1985
鲌亚科			
安氏白鱼 *Anabarilius andersoni*	48	12m+24sm+12st	昝瑞光等，1980b
银白鱼 *A. alburnops*	48	14m+20sm+14st	昝瑞光等，1980b
	48	12m+24sm+12st	昝瑞光等，1980b
鱇白鱼 *A. grahami*	48	14m+20sm+14st	昝瑞光等，1980b
大鳞白鱼 *A. macrolepis*	48	12m+24sm+12st	昝瑞光等，1980b
高体近红鲌 *Ancherythroculter kurematui*	48	18m+24sm+6st	余先觉等，1989
黑尾近红鲌 *A. nigrocauda*	48	20m+24sm+4st	李康等，1986
汪氏近红鲌 *A. wangi*	48	18m+26sm+4st	李康等，1986
咸海卡拉白鱼 *Chalcalburnus chalcoides aralensis*	50	28m+14sm+4st+4t	耿龙武等，2004
红鳍鲌 *Culter erythropterus*	48	16m+26sm+6st	李渝成等，1983a；刘春华，2006；罗旭光，2006
戴氏红鲌 *Erythroculter dabryi*	48	16m+28sm+4st	李渝成等，1983a
大眼红鲌 *E. hypselontus*	48	16m+24sm+8st	李康等，1986
翘嘴红鲌 *E. illshaeformis*	48	16m+26sm+6st	李渝成等，1983a；杨晓芬，2007；李敏等，2009
	48	20m+28sm，st	凌均秀，1982
	48	20m+24sm+4t	张伟明等，2003

（续）

物种名称	染色体数目	核型公式	参考文献
蒙古红鲌 *E. mongolicus*	48	14m+28sm+6st	李渝成等，1983a
	48	20m+28sm，st	凌均秀，1982
	48	26m+22sm	沈俊宝等，1984c
拟尖头红鲌 *E. oxycephaloides*	48	20m+24sm+4st	李渝成等，1983a
贝氏䱗条 *Hemiculter bleekeri bleekeri*	48	16m+26sm+6st	李渝成等，1983a
䱗鲦 *H. leucisculus*	48	16m+26sm+6st	李渝成等，1983a；杨晓芬，2007
黑尾䱗鲦 *H. nigromarginis*	48	18m+26sm+4st	李康等，1986
四川半䱗 *Hemiculterella sauvagei*	48	18m+24sm+6st	李康等，1986
团头鲂 *Megalobrama amblycephala*	48	18m+26sm+4st	李渝成等，1983a
	48	20m+24sm+4st	昝瑞光等，1979
	48	26m+22sm	林义浩，1984
	46	16m+24sm+6st	陆仁后等，1984
	48	24m+20sm+4st	吴成宾等，2015
三角鲂 *M. terminalis*	48	14m+26sm+8st	李渝成等，1983a
	48	24m+20sm+4st	吴成宾等，2015
黑龙江鲂 *M. skolkovii* Dybowsky	48	20m+18sm+10st	马旭洲，2002
广东鲂 *M. hoffmanni*	48	26m+18sm+4st	吴成宾等，2015
厚颌鲂 *M. pellegrini*	48	26m+18sm+4st	吴成宾等，2015
长春鳊 *Parabramis pekinensis*	48	26m+22sm	林义浩，1984；吴成宾等，2015
银飘 *Parapelecus argenteus*	48	18m+22sm+8st	余先觉等，1989
寡鳞飘鱼 *P. engraulis*	48	18m+24sm+6st	李康等，1986
南方拟䱗 *Pseudohemiculter dispar*	48	18m+24sm+6st	李康等，1986
张氏华鳊 *Sinibrama changi*	48	14m+26sm+8st	李康等，1986
大眼华鳊 *S. macrops*	48	22m+20sm+6st	余先觉等，1989
南方华鳊 *S. melrosei*	48	20m+24sm+4st	李康等，1986
鲸浪白鱼 *Schizothorax grahami*	48	14m+20sm+14t	孔令富等，2012
爬鳅科			
髭低唇鱼 *Ellopostoma mystax*	48	6m+38sm，st+4a	Petr Ráb et al，2021

（续）

物种名称	染色体数目	核型公式	参考文献
胭脂鱼科			
中国胭脂鱼 *Myxucyprinus asiaticus*	100	10m+4sm+86st，t	李树深等，1983
	100	10m+4sm+12st+74t	祝东梅等，2013
鲴亚科			
逆鱼 *Acanthobrama simoni*	48	18m+26sm+4st	李康等，1983c
圆吻鲴 *Distoechodon tumirostris*	48	18m+26sm+4st	李康等，1983c
细鳞斜颌鲴 *Plagiognathops microlepis*	48	18m+26sm+4st	李康等，1983c
银鲴 *Xenocypris argentea*	48	20m+26sm+2st	李康等，1983c
黄尾鲴 *X. davidi*	48	18m+26sm+4st	李康等，1983c
方氏鲴 *X. fangi*	48	16m+28sm+4st	余先觉等，1989
四川鲴 *X. sechuanensis*	48	18m+26sm+4st	余先觉等，1989
裂腹鱼亚科			
重唇鱼 *Diptychus*	98	28m+32sm+38st，t	昝瑞光等，1985
新疆裸重唇鱼 *Gymnodiptychus dybowskii* Kessler	98	28m+30sm+12st+28t	孔磊，2010
重口裂腹鱼 *Schizothorax dacidi*	98	20m+34sm+24st+20t	余先觉等，1989
大理裂腹鱼 *S. taliensis*	148	48m+30sm+70st，t	昝瑞光等，1985
昆明裂腹鱼 *S. grahami*	148	52m+30sm+6st，t	昝瑞光等，1985
四川裂腹鱼 *S. kozlovi*	128	26m+22sm+24st+56t	邹习俊，2009
	96	36m+16sm+10st+34t	陈永祥，2013
齐口裂腹鱼 *S. prenanti*	148	28m+40sm+36st+44t	余先觉等，1989
	132	34m+30sm+24st+44t	李晓莉等，2010
裂腹鱼 *Schizothorax*	148	50m+28sm+70st，t	昝瑞光等，1985
异齿裂腹鱼 *S. oconnori*	92	30m+26sm+20st+16t	余祥勇等，1990
	106	24m+26sm+30st+25t	武云飞等，1999
拉萨裂腹鱼 *S. waltoni*	92	26m+28sm+22st+16t	余祥勇等，1990
	112	26m+24sm+28st+34t	武云飞等，1999
巨须裂腹鱼 *S. macropogon*	102	20m+28sm+22st+16t	武云飞等，1999
花斑裸鲤 *Gymnocypris eckloni* Herzenstein	94	26m+28sm+22st+18t	余祥勇等，1990

（续）

物种名称	染色体数目	核型公式	参考文献
高原裸鲤 *G. waddellii*	94	22m+14sm+22st+34t	武云飞等，1999
青海湖裸鲤 *G. przewalskii*	92	18m+18sm+16st+40t	祁得林，2002
尖裸鲤 *Oxygymnocypris stewarti*	92	26m+30sm+22st+14t	余祥勇等，1990
	86	24m+12sm+12st+18t	武云飞等，1999
	92	26m+28sm+20st+18t	马凯等，2021
黄河裸裂尻鱼 *Schizopygopsis pylzovi* Kessler	92	32m+26sm+20st+14t	余祥勇等，1990
	92	24m+24sm+22st+22t	唐文家，2008
	90	26m+28sm+20st+16t	阮庆国等，1996
拉萨裸裂尻鱼 *S. younghusbandi younghusbandi*	90	26m+28sm+20st+16t	余祥勇等，1990
	94	22m+9sm+46st+18t	武云飞等，1999
纳木错裸鲤 *Gymnocypris namensis*	92	40m+20sm+32t	山谷等，2022
骨唇黄河鱼 *Chuanchia labiosa*	92	32m+26sm+18st+16t	余祥勇等，1990
扁咽齿鱼 *Platypharodon extremus*	90	24m+30sm+20st+16t	余祥勇等，1990
鳑鲏亚科			
兴凯刺鳑鲏 *Acanthorhodeus chankaensis*	44	14m+14sm+16st	洪云汉等，1983a
大鳍刺鳑鲏 *A. macropterus*	44	14m+18sm+12st，t	洪云汉等，1983a
白河刺鳑鲏 *A. peihoensis*	44	14m+12sm+8st+10t	余先觉等，1989
越南刺鳑鲏 *A. tonkinensis*	44	14m+14sm+16st，t	余先觉等，1989
无须鱊 *Acheilognathus gracilis*	42	16m+12sm+14st	洪云汉等，1985b
彩副鱊 *Paracheilognathus imberbis*	44	14m+18sm+12st	洪云汉等，1983a
彩石鲋 *Pseudoperilampus lighti*	48	12m+22sm+8st+6t	余先觉等，1989
高体鳑鲏 *Rhodeus ocellatus*	48	10m+24sm+14st	洪云汉等，1983a
中华鳑鲏 *R. sinensis*	48	12m+28sm+8st，t	吴政安等，1981
鲢亚科			
鳙 *Aristichthys nobilis*	48	6m+36sm+6st	周暾等，1980a
	48	18m+22sm+8st	余先觉等，1989
	48	14m+24sm+10st	昝瑞光等，1980a
	48	26m+20sm+2st	刘凌云，1981a

（续）

物种名称	染色体数目	核型公式	参考文献
	48	30m+14sm+2st+2t	孔庆亮等，2006
鲢 *Hypophthalmichthys molitrix*	48	10m+26sm，st+12t	长江水产研究所等，1975
	48	14m+24sm+10st	昝瑞光等，1980a
	48	24m+16sm+8st	刘凌云，1981b
	48	20m+24sm+4st	苏泽古等，1984
	48	18m+22sm+8st	余先觉等，1989；姚红等，1994
鲃亚科			
光唇鱼 *Acrossocheilus fasciatus*	50	14m+16sm+10st+10t	桂建芳等，1986b
	50	14m+16sm+6st+14t	蒋进，2009
珠江虹彩光唇鱼 *A. iridescens zhujiangensis*	50	14m+16sm+10st+10t	桂建芳等，1986b
云南光唇鱼 *A. yunnanensis*	50	18m+16sm+16st，t	昝瑞光等，1984
	50	10m+18sm+12st+10t	李渝成等，1986
吉首光唇鱼 *A. jishouensis*	50	14m+16sm+12st+8t	杨春英等，2014
虹彩光唇鱼 *A. ilusiridescens*	50	14m+16sm+10st+10t	杨晓芬，2007
半刺厚唇鱼 *A. hemispinus*	50	10m+16sm+8st+16t	余先觉等，1989
侧条厚唇鱼 *A. parallens*	50	14m+16sm+14st+6t	桂建芳等，1986b
北江厚唇鱼 *A. wenchowensis beijiangensis*	50	14m+16sm+14st+6t	桂建芳等，1986b
洱海四须鲃 *Barbodes daliensis*	50	10m+22sm+18st，t	昝瑞光等，1984
湖四须鲃 *B. lacustris*	50	12m+18sm+20st，t	昝瑞光等，1984
刺鲃 *B. caldwelli*	100	18m+32sm+26st+24t	桂建芳等，1985
倒刺鲃 *B. denticulatusdenticulatus*	100	18m+32sm+26st+24t	桂建芳等，1985
中华倒刺鲃 *B. sinensis*	100	18m+32sm+26st+24t	桂建芳等，1985；邴旭文，2004
大鳞鲃 *Barbus capito*	100	16m+36sm+14st+34t	朱树人等，2019
光倒刺鲃 *Spinibarbus hollandi*	100	18m+30sm+26st+26t	马莉贞，2001
条纹二须鲃 *Capoeta semifasciolata*	50	12m+14sm+14st+10t	桂建芳等，1986b
鲈鲤 *Percocypris pingi*	98	42m+30sm+26st，t	昝瑞光等，1984

（续）

物种名称	染色体数目	核型公式	参考文献
	98	42m+30sm+10st+16t	黎树等，2017
金线鲃 *Sincyclocheilus grahami*	96	22m+36sm+38st，t	李树深等，1983b
抚仙金线鲃 *S. grahamitingi*	96	20m+32sm+44st，t	李树深等，1983b
	96	18m+34sm+44st，t	昝瑞光等，1984
	96	14m+34sm+48st，t	昝瑞光等，1984
斑金线鲃 *S. maculatus*	96	18m+32sm+46st，t	昝瑞光等，1984
瓣结鱼 *Tor brevifilis*	50	14m+14sm+16st+6t	桂建芳等，1986b
细长白甲鱼 *Varicorhinus elongatus*	50	12m+12sm+14st+12t	桂建芳等，1986b
南方白甲鱼 *V. gerlachi*	50	12m+12sm+14st+12t	桂建芳等，1986b
白甲鱼 *V. simus*	50	10m+16sm+16st+8t	李渝成等，1986
小口白甲鱼 *Onychostoma lini*	50	12m+8sm+4st+26t	韩雪，2009
稀有白甲鱼 *O. rara*	50	12m+16sm+10st+12t	冉光鑫等，2014
赤鳞鱼 *Varicorhinus macrolepis*	50	16m+14sm+20t	庞秋香等，2012
鲤亚科			
须鲫 *Carassioides cantonensis*	100	18m+32sm+18st+32t	桂建芳等，1985
鲫 *Carassius auratus*	100	12m+40sm+48st，t	吴政安等，1980
	100	12m+44sm+44st，t（XX−XY）	张任培等，1985
	100	22m+30sm+48st，t（XX−XY）	昝瑞光等，1980a
	100	30m+34sm+36st，t	沈俊宝等，1983a
	104	24m+34sm+46st，t	王春元等，1982
	100	22m+34sm+22st+22t	余先觉等，1989
	102	32m+34sm+18st+18t	王咏星等，1995
	100	28m+22sm+28st+22t	刘良国等，2012；杨春英，2012
	150	42m+33sm+42st+33t	刘良国等，2012；杨春英，2012
银鲫 *C. auratus gibelio*	156	42m+74sm+40st，t	沈俊宝等，1983a
	91	38m+28sm+18st+7t	罗旭光，2006
	162	34m+58sm+42st+28t	余先觉等，1989

（续）

物种名称	染色体数目	核型公式	参考文献
高背型（*C. auratus*）	162	33m+53sm+76st，t（XX-XY）	昝瑞光等，1982
鲤 *Cyprinus carpio*	100	22m+34sm+22st+22t	余先觉等，1989；罗旭光，2006
	100	12m+40sm+48st	吴政安等，1980
	100	28m+22sm+50st，t	王蕊芳等，1985
	90	20m+28sm+20st+22t	卢红，2013
德国镜鲤 *Cyprinus carpio*	100	30m+26sm+30st+14t	李雅娟，2012
锦鲤 *C. carpio*	100	22m+34sm+22st+22t	梁拥军等，2010
金鱼	100	24m+30sm+46st，t	王春元等，1982
杞麓鲤 *C. carpiochilia*	100	22m+30sm+48st，t	昝瑞光等，1980a
华南鲤 *C. carpiorubrofuscus*	100	22m+30sm+48st，t	昝瑞光等，1980a
春鲤 *C. longipectorails*	100	22m+30sm+48st，t	昝瑞光等，1980b
大眼鲤 *C. megalophthalmus*	100	22m+30sm+48st，t	昝瑞光等，1980b
洱海大头鲤 *C. pellegrrini barbatus*	100	22m+30sm+48st，t	昝瑞光等，1980b
抚仙湖小鲤 *C. micristius fuxianensis*	100	22m+30sm+48st，t	昝瑞光等，1980b
岩原鲤 *Procypris rabaudi*	100	22m+26sm+22st+30t	余先觉等，1989；徐滨等，2014
斑马鱼 *Brachydanio rerio*	50	10m+30sm+10st	易梅生等，1997
稀有鮈鲫 *Gobiocypris rarus*	50	18m+22sm+10st	张小艳，2005
鮈亚科			
似鲮棒花鱼 *Abbottina labeoides*	50	24m+24sm+2st	余先觉等，1989
突吻鮈 *Rostrogobio amurensis*	50	18m+24sm+6st+2t	余先觉等，1989；王雪等，1989
棒花鱼 *A. rivularis*	50	24m+24sm+2st	李康等，1984
	50	22m+24sm+4st	王雪等，1989
	50	28m+20sm+2st	邓玲慧等，2016
似鮈 *Belligobio nummifer*	50	18m+20sm+10st+2t	李渝成等，1986
圆口铜鱼 *Coreius guichenoti*	50	16m+22sm+10st+2t	李康等，1984
铜鱼 *C. heterodon*	50	16m+22sm+10st+2t	李康等，1984
银色颌须鮈 *Gnathpopgon argentatus*	50	22m+26sm+2st	李康等，1984

（续）

物种名称	染色体数目	核型公式	参考文献
短须颌须鮈 *G. imberbis*	50	22m+24sm+4st	李渝成等，1986
西湖颌须鮈 *G. sihuensis*	50	22m+24sm+4st	李康等，1984
兴凯颌须鮈 *G. chankaensis*	50	22m+24sm+4st	王雪等，1989
高体鮈 *Gobio soldatovi*	50	18m+26sm+4st+2t	王雪等，1989
细体鮈 *G. tenuicorpus*	50	18m+26sm+4st+2t	王雪等，1989
唇䱻 *Hemibarbus labeo*	50	16m+16sm+14st+4t	李康等，1984
	51	16m+16sm+18st+1t	薛淑群，2011
长吻䱻 *H. longirostris*	50	18m+18sm+10st+4t	李康等，1984
花䱻 *H. maculatus*	50	16m+14sm+16st+4t	李康等，1984； 邓玲慧等，2016
嵊县胡鮈 *Huigobio chenhsienensis*	50	24m+24sm+2st	洪云汉等，1984d
似刺鳊鮈 *Paraacanthobrama guichenoti*	50	18m+20sm+10st+2t	李康等，1984
	50	18m+20sm+8st+4t	顾若波等，2009
花棘似刺鳊鮈 *P. umbrifer*	50	20m+12sm+4st+14t	余先觉等，1989
片唇鮈 *Platysmacheilu sexiguus*	50	24m+14sm+12t	余先觉等，1989
条纹似白鮈 *Paraleucogobio strigatus*	50	14m+16sm+20st	王雪等，1989
桂林似鮈 *Pseudogobio vaillanti guilinensis*	50	18m+18sm+12st+2t	李渝成等，1986
似鮈 *P. vaillanti*	50	18m+22sm+8st+2t	洪云汉等，1984d
麦穗鱼 *Pseudorasbora parva*	50	18m+22sm+10st	李康等，1984； 王雪等，1989； 杨坤等，2012
	50	20m+26sm+4st	李树深等，1983b
圆筒吻鮈 *Rhinogobio cylindricus*	50	14m+22sm+12st+2t	洪云汉等，1984d
吻鮈 *R. typus*	50	14m+22sm+12st+2t	洪云汉等，1984d
长鳍吻鮈 *R. ventralis*	50	12m+24sm+12st+2t	李渝成等，1986
江西鳈 *Sarcocheilichthys kiangsiensis*	50	18m+22sm+8st+2t	洪云汉等，1984d
黑鳍鳈 *S. nigripinnis*	50	18m+22sm+10st	洪云汉等，1984d
小鳈 *S. parvus*	50	18m+22sm+8st+2t	洪云汉等，1984d
华鳈 *S. sinensis*	50	18m+22sm+8st+2t	洪云汉等，1984d
东北鳈 *S. lacustris*	50	18m+22sm+8st+2t	王雪等，1989

（续）

物种名称	染色体数目	核型公式	参考文献
东北黑鳍鳈 *S. nigripinnisczerskii*	50	18m+22sm+10st	王雪等，1989；邓玲慧等，2016
蛇鮈 *Saurogobio dabryi*	50	18m+26sm+6st	洪云汉等，1984d
长蛇鮈 *S. dumerili*	50	18m+26sm+6st	洪云汉等，1984d
光唇蛇鮈 *S. gymnocheilus*	50	18m+24sm+8st	洪云汉等，1984d
鳅鮀亚科			
宜昌鳅鮀 *Gobiobotia ichangensis*	50	32m+12sm+6st，t	李树深等，1983b
南方长须鳅鮀 *G. longibarbameridionalis*	50	22m+18sm+10st	余先觉等，1989
短身鳅鮀 *G. abbreviata*	50	22m+22sm+6st	余先觉等，1989
异鳔鳅鮀 *G. boulengeri*	50	24m+14sm+12t，t	李树深等，1983b
野鲮亚科			
鲮 *Cirrhinus molitorella*	50	16m+24sm+10st	桂建芳等，1986b；黄永强等，2010
	50	20m+26sm+2st+2t	张锦霞等，1986b
	50	18m+22sm+10st	邬国民等，1989
麦瑞加拉鲮 *Cirrhinus mrigala*	50	10m+16sm+12st+12t	邬国民等，1989
四须盘鮈 *Discogobio tetrabarbatus*	50	10m+18sm+12st+10t	桂建芳等，1986b
东方墨头鱼 *Garra oritentalis*	50	16m+12sm+14st+8t	桂建芳等，1986b
墨头鱼 *G. pingipingi*	50	14m+20sm+12st+4t	李渝成等，1986
	50	18m+20sm+12st，t	昝瑞光等，1984
露斯塔野鲮 *Labeo rohita*	50	10m+16sm+12st+12t	桂建芳等，1986b；邬国民等，1989
异华鲮 *Parasinilabeo assimilis*	50	16m+12sm+18st+4t	桂建芳等，1986b
卷口鱼 *Ptychidio jordani* Myers	50	12m+16sm+18st+4t	刘毅辉等，2007
唇鱼 *Semilabeo notabilis*	50	8m+10sm+12st+20t	桂建芳等，1986b；安苗等，2008
泉水鱼 *S. prochilus*	50	16m+18sm+14st+2t	李渝成等，1986；邹远超等，2016
	50	16m+20sm+14st	王蕊芳等，1997
桂华鲮 *Sinilabeo decorus decorus*	50	10m+18sm+10st+12t	桂建芳等，1986b
湘华鲮 *S. decorus tungting*	50	12m+16sm+10st+12t	张锦霞等，1984

（续）

物种名称	染色体数目	核型公式	参考文献
华鲮 *S. rendahlirendahli*	50	10m+14sm+18st+8t	李渝成等，1986
平鳍鳅科			
平舟原缨口鳅 *Vanmanenia pingchowensis*	50	8m+6sm+6st+30t	武汉大学生物学，1985
鲮科			
沙鳅亚科			
广西沙鳅 *Botia kwangsiensis*	50	10m+6sm+4st+30t	余先觉等，1989
美丽沙鳅 *B. pulchra*	100	10m+12sm+14st+64t	余先觉等，1989
长薄鳅 *Leptobotia elongata*	50	6m+12sm+18st+14t	余先觉等，1989
桂林薄鳅 *L. guilinensis*	50	6m+8sm+8st+28t	余先觉等，1989
薄鳅 *L. pellegrini*	50	8m+8sm+12st+22t	余先觉等，1989
紫薄鳅 *L. taeniops*	50	6m+10sm+12st+22t	余先觉等，1989
	50	6m+10sm+8st+26t	孟妍，2011
斑纹薄鳅 *L. zebra*	50	6m+10sm+12st+22t	余先觉等，1989
花斑副沙鳅 *Parabotia fasciata*	50	10m+8sm+14st+18t	余先觉等，1989
	50	8m+8sm+16st+18t	王雪等，1990
漓江副沙鳅 *P. lijiangensis*	50	8m+8sm+10st+24t	余先觉等，1989
点面副沙鳅 *P. maculosa*	50	8m+8sm+14st+20t	余先觉等，1989
宽体沙鳅 *Sinibotia reevesae*	96	36m+14sm+20st+26t	邹远超等，2017
中华沙鳅 *S. superciliaris*	96	8m+12sm+20st+56t	岳兴建等，2013
花鳅亚科			
中华花鳅 *Cobitis sinensis*	40	20m+8sm+4st+8t	余先觉等，1989
	40	20m+10sm+2st+8t	胡克坚，2006
	90	26m+18sm+16st+30t	余先觉等，1989
泥鳅 *Misgurnus anguillicaudatus*	100	16m+12sm+72t	李康等，1983a；印杰等，2005；周小云，2009
	100	20m+8sm+72t	李雅娟等，2009
	75	15m+6sm+54t	李雅娟等，2009
	50	10m+4sm+36t	李雅娟等，2009

（续）

物种名称	染色体数目	核型公式	参考文献
	50	8m+6sm+36t	余先觉等，1989；印杰等，2005；周小云，2009；王雨辰等，2015
	50	6m+8sm+36t	王军萍等，1993
	150	24m+18sm+108t	周小云，2009
黑龙江泥鳅 *M. mohoity*	50	8m+6sm+36t	王雪等，1990
大鳞副泥鳅 *Paramisgurnus dabryanus*	48	12m+4sm+32t	李康等，1983a
	48	16m+32t	凌均秀，1982
	49	12m+4sm+33t	李康等，1983a
	48	11m+5sm+32t（雌）	常重杰等，1997
	48	12m+4sm+32t（雄）	常重杰等，1997
条鳅亚科			
美丽小条鳅 *Micronemacheilus pulcher*	50	10m+12sm+12st+16t	余先觉等，1989
花带条鳅 *Nemacheilus fasciolatus*	44	10m+8sm+10st+16t	余先觉等，1989
	50	12m+14sm+14st+10t	余先觉等，1989
红鳍条鳅 *N. incertus*	50	8m+8sm+4st+30t	余先觉等，1989
短体条鳅 *N. potanini*	48	14m+26sm+6st+2t	余先觉等，1989
北方条鳅 *N. nudus*	50	6m+6sm+6st+32t	王军萍等，1993
西藏高原鳅 *T. tibetana*	50	14m+4sm+22st+10t	武云飞等，1999
小眼高原鳅 *T. microps*	50	16m+12sm+12st+10t	武云飞等，1999
叶尔羌高原鳅 *T. yarkandensis*	50	14m+8sm+10st+18t	宋勇，2013
湘西盲高原鳅 *T. xiangxiensis*	48	12m+16sm+12st+8t	贺刚，2008
脂鲤科			
玫瑰鲃脂鲤 *Hyphessobrycon rosaceus*	50	24m+12sm+10st+4t	陈友铃等，2007
鳉形目			
花鳉科			
剑尾鱼 *Xiphophorus hellerii*	48	6st+42t	高文，2004

（续）

物种名称	染色体数目	核型公式	参考文献
鲟鳉 *Belonesox belizanus*	48	2m+2sm+6st+38t	高文，2004
鲇形目			
鮠科			
粗唇鮠 *Leiocassis crassilabris*	52	24m+14sm+14st	洪云汉等，1984a
钝吻鮠 *L. crassirostrils*	52	24m+16sm+12st	余先觉等，1989
长吻鮠 *L. longirostris*	52	20m+16sm+16st	洪云汉等，1984a
长𩽾 *Mystus elongatus*	60	20m+12sm+16st+12t	余先觉等，1989
斑𩽾 *M. guttatus*	60	20m+12sm+16st+12t	余先觉等，1989； 黄永强等，2010
大鳍𩽾 *M. macropterus*	60	20m+12sm+16st+12t	洪云汉等，1984a； 文永彬等，2013
丝尾𩽾 *M. nemurus*	52	22m+6sm+24t	骆小年，2006
长须黄颡鱼 *Pelteobagrus eupogon*	50	20m+14sm+16st	洪云汉等，1984a
	50	18m+16sm+14st+2t	杨春英等，2011
黄颡鱼 *P. fulvidraco*	52	24m+14sm+10st+4t	洪云汉等，1984a； 刘文彬，2004； 黄永强等，2010
	52	22m+24sm，st+6t	凌均秀，1982
	52	28m+12sm+12st	沈俊宝等，1983b
	52	20m+14sm+14st+4t	葛欣琦，2012
	52	20m+12sm+10st+10t	杨春英，2012
光泽黄颡鱼 *P. nitidus*	52	20m+16sm+16st	洪云汉等，1984a
	52	24m+14sm+14t	杨春英等，2011
瓦氏黄颡鱼 *P. vachelli*	52	22m+16sm+14st	余先觉等，1989
	52	18m+10sm+12st+12t	杨春英，2012； 文永彬等，2013
江黄颡鱼 *Pseudobagrus vachelli* Richardson	52	22m+16sm+10st+4t	张东升，2004
长脂拟鲿 *Psudobagrus adiposalis*	50	20m+14sm+14st+2t	洪云汉等，1984a
凹尾拟鲿 *P. emarginatus*	52	24m+10sm+18st	余先觉等，1989
细体拟鲿 *P. pratti*	52	20m+14sm+8st+10t	余先觉等，1989
圆尾拟鲿 *P. tenius*	52	22m+16sm+14t	洪云汉等，1984a

（续）

物种名称	染色体数目	核型公式	参考文献
	52	24m+16sm+12st	文永彬等，2013
乌苏里拟鲿 *P. ussuriensis*	52	24m+18sm+10st	余先觉等，1989
切尾拟鲿 *P. truncatus*	52	18m+14sm+20st	邹林超等，2013
长臂鮠科			
盎鲇 *Cranoglanis sinensis*	74	8m+16sm+18st+32t	余先觉等，1989
鲇科			
鲇 *Silurus asotus*	58	20m+24sm+10st+4t	洪云汉等，1983b； 温海深等，1999； 马勇华，2005
	58	16m+22sm+16st+4t	黄永强等，2010
南方大口鲇 *S. soldatovi meridionalis*	58	20m+20sm+14st+4t	洪云汉等，1983b
兰州鲇 *S. lanzhouensis*	58	20m+18sm+16st+4t	王绿洲等，2015； 李蕾，2016
钝头鮠科			
鳗尾鉠 *Leibagrus anguillicauda*	34	20m+12sm+2st	李树深等，1983b
拟缘鉠 *L. marginatoides*	30	16m+6sm+6st+2t （雌，XX）	余先觉等，1989； 龙华等，2006
	30	16m+5sm+7st+2t （雄，XY）	
白缘鉠 *L. marginatus*	24	20m+2sm+2st （雌，XX）	李康等，1985a； 龙华等，2005； 张伟伟等，2016
	24	19m+2sm+2st+1t （雄，XY）	
	24	20m+4sm	李树深，1981a
黑尾鉠 *L. nigricauda*	30	16m+6sm+6st+2t （雌，XX）	余先觉等，1989； 龙华等，2006
	30	16m+5sm+7st+2t （雄，XY）	
鲱科			
石爬鲱 *Euchiloglanis* spp.	50	14m+6sm+30st，t	李树深等，1981b
青鲱 *Euchiloglanis davidi*	36	8m+6sm+22st，t	李树深等，1981b
福建纹胸鲱 *Glyptothorax fokiensis*	52	20m+18sm+14st	余先觉等，1989
黑斑原鲱 *Glyptosternon maculatum*	48	20m+12sm+10st+6t	武云飞等，1999

（续）

物种名称	染色体数目	核型公式	参考文献
胡子鲇科			
蟾胡子鲇 *Clarias batrachus*	100	4m+6sm+78t+12mc（雌，XX）	邬国民等，1986
	100	4m+6sm+78t+12mc（雄，XY）	
胡子鲇 *C. fuscus*	56	18m+14sm+14st+10t	余先觉等，1989
	56	18m+24sm+14st，t（雌，XX）	邬国民等，1986
	56	19m+23sm+14st，t（雄，XY）	
革胡子鲇 *C. leather*	56	22m+18sm+16st，t（雌，XX）	邬国民等，1986
	56	23m+17sm+16st，t（雄，XY）	
	56	18m+14sm+14st+10t	黄永强等，2010
	58	32m+12sm+10sm+4t	余凤玲，2005
斑点胡子鲇 *C. macrocephalus*	54	24m+20sm+10st，t（雌，XX）	邬国民等，1986
	54	24m+20sm+10st，t（雄，XY）	
银汉鱼目			
飞鱼科			
鱵亚科			
鱵 *Hemirhamphus kurumeus*	40	2m+38t	洪云汉等，1984b
合鳃目			
合鳃科			
黄鳝 *Monopterus albus*	24	24t	李渝成等，1982；刘凌云，1983；易泳兰等，1984
鲉目			
杜父鱼科			
松江鲈 *Trachidermus fasciatus*	40	6m+14sm+20t	陈建华等，1984
鲈 *Lateolabrax japonicus*	48	48t	喻子牛等，1995
鲈形目			
鮨科			
鳜 *Siniperca chuatsi*	48	22sm，st+26t	凌均秀，1982

（续）

物种名称	染色体数目	核型公式	参考文献
	48	6sm+16st+26t	余先觉等，1989
	48	24sm+24t	杨慧一，1982
	46	20sm+2st+24t	李国庆，2005
	48	6sm+12st+30t	朱健等，2009
大眼鳜 *S. kneri*	48	6sm+14st+28t	余先觉等，1989
	48	6sm+12st+30t	杨春英，2012
暗鳜 *S. obscura*	48	4sm+14st+30t	余先觉等，1989
长体鳜 *S. roulei*	48	2sm+10st+36t	余先觉等，1989
斑鳜 *S. scherzeri*	48	6sm+14st+28t	余先觉等，1989
	48	2sm+24st+22t	杨春英，2012
波纹鳜 *S. undulata*	48	2sm+16st+30t	余先觉等，1989
鳢科			
斑鳢 *Channa maculata*	42	6m+10sm+26st，t	王金星等，1986
	42	4m+2sm+18st+18t	罗阳等，2003
丽鱼科			
加俐俐罗非鱼 *Tilapia galilatus*	44	8sm+34st+2t	陈敏蓉等，1983
莫桑比克罗非鱼 *T. mossambica*	44	12sm，st+32t	凌均秀，1982
	44	8sm+34t+2t	陈敏蓉等，1983
尼罗罗非鱼 *T. nilotica*	44	8sm+34st+2t	陈敏蓉等，1983
奥尼罗非鱼 *O. nitilapia*	44	6sm+28st+10t	陈文治，2015
荷那龙罗非鱼 *O. hornorum*	44	6sm+24st+14t	陈文治，2015
奥利亚罗非鱼 *O. aurea*	48	4m（X）+12sm+12st+20t（雌）	陈友铃等，2005
	48	3m（X）+12sm+12st+21t（Y）（雄）	陈友铃等，2005
天使鱼 *Pterophyllum scalare*	44	6sm+24st+14t	朱华平等，2009
橙色莫桑比克罗非鱼 *Oreochromis mossambicus*	44	6sm+24st+14t	朱华平等，2009
拟松鲷科			
小鳞拟松鲷 *Datnioides pulcher*	48	2m+2sm+20st+24t	宋红梅等，2021
塘鳢科			
尖头塘鳢 *Eleotris oxycephala*	46	46t	桂建芳等，1984

（续）

物种名称	染色体数目	核型公式	参考文献
黄黝鱼 *Hypseleotris swinhonis*	44	44t	董元凯等，1984
沙塘鳢 *Odontobutis obscura*	44	4sm＋40t	桂建芳等，1984
	44	44t	董元凯等，1984
	34	8st＋26t	杨春英，2012
中华沙塘鳢 *O. sinensis*	44	8st＋36t	刘良国等，2013
	44	44t	许红霞，2016
线纹尖塘鳢 *Oxyeleotrrs lineolatus*	46	2sm＋8st＋36t	陈永乐等，2006
葛氏鲈塘鳢 *Perccottus glenii*	44	36sm＋2st＋6t	夏玉国等，2013
虾虎鱼科			
普栉虾虎鱼 *Ctenogobiu sgiurinus*	44	44t	桂建芳等，1984
吻虾虎鱼 *Rhinogobius giurinus*	44	44st，t	李树深等，1983b
神农栉虾虎鱼 *C. shennongensis*	44	44t	董元凯等，1984
攀鲈科			
圆尾斗鱼 *Macropodus chinensis*	46	4m＋4sm＋38t	董元凯等，1984
叉尾斗鱼 *M. opercularis*	46	4m＋10sm＋12st＋20t	
泰国斗鱼 *Betta splendens*	42	2sm＋8st＋32t	李岑等，2013
金曼龙鱼 *Trichogaster trichopters* Sumatranus	46	46t	陈友铃等，2007
尖嘴鲈科			
尼罗尖嘴鲈 *Lates niloticus*	48	2m＋4sm＋12st＋30t	朱健等，2009
鳢科			
月鳢 *Channa asiatica*	44	4m＋8sm＋32st，t	李康等，1985b
	34	6m＋6sm＋16st＋6t	杨春英等，2016
	46	2m＋8sm＋36st，t	李康等，1985b
	46	2sm＋10st＋34t	李康等，1985b
斑鳢 *C. maculata*	42	4m＋2sm＋36st，t	李康等，1985b；黄永强等，2010
	42	4m＋2sm＋6st＋30t	李康等，1985b
	42	4m＋2sm＋30st＋6t	杨四秀，2006
	42	4m＋2sm＋18st＋18t	李均祥等，2007
	42	4m＋2sm＋16st＋20t	杨春英等，2016

（续）

物种名称	染色体数目	核型公式	参考文献
纹鳢 *C. striatus*	44	4m+2sm+16st+22t	邬国民等，1994
巨鳢 *C. micropeltes*	44	2m+42t	邬国民等，1994
乌鳢 *Ophiocephalus argus*	48	20sm，st+28t	凌均秀，1982
	48	4sm+44st，t	李康等，1985b
	48	4sm+22st+22t	庄吉珊等，1982；秦伟等，2004；杨四秀，2006
	48	12st+36t	李康等，1985b
	48	4sm+24st+20t	杨春英，2012
	48	4sm+20st+24t	杨春英等，2016
白乌鳢 *O. argus* var. *Kimnra*	48	4m+22st+22t	李中等，2016
刺鳅科			
大刺鳅 *Mastacembelus armatus*	48	14m+2sm+4st+28t	余先觉等，1989
	48	36m+10sm+2M	孙延杰等，2021
刺鳅 *M. sinensi*	48	16m+4sm+2st+26t（雌，XX）	余先觉等，1989
	48	15m+4sm+3st+26t（雄，XY）	余先觉等，1989
蓝鳃太阳鱼 *Lepomis macrochirus*	48	48t	齐彩霞等，1993
绿色太阳鱼 *Lepomis cyanellus*	48	48t	齐彩霞等，1993
红耳太阳鱼 *Lepomis microlophus*	72	72t	齐彩霞等，1993
鯻科			
高体革鯻 *Scortum barcoo*	48	4m+44t	张涛等，2008
	8	2m+2sm+4t	舒琥等，2013
厚唇弱棘鯻 *Hephaestus fuliginosus*	48	4m+44t	孟庆磊等，2010
慈鲷科			
眼斑背星丽鱼 *Astronotus ocellatus*	48	2m+26sm+16st+4t	陈友铃等，2005
	48	4m+20sm+18st+6t	汪学杰等，2012
脂鲤目			
下口半脂鲤科			
韦氏囊齿脂鲤 *Saccodon wagneri*	54	32m+16sm+6st（雄）	Mauro Nirchio et al，2021

（续）

物种名称	染色体数目	核型公式	参考文献
	54	31m+16sm+7st（雌）	Mauro Nirchio et al，2021
马氏颊脂鲤 *Apareiodon machrisi*	54	52m，sm+2st	Traldi J B et al，2020
穴居颊脂鲤 *Apareiodon cavalcante*	54	52m，sm+2st	
琴脂鲤科			
月琴脂鲤 *Citharinus citharus*	40	26m+14sm	Simanovsky S A et al，2022
侧琴脂鲤 *Citharinus latus*	44	30m+14sm	Simanovsky S A et al，2022
鲑形目			
胡瓜鱼科			
池沼公鱼 *Hypomesus olidus*	56	4m+12sm+40t	王丹等，1989
香鱼 *Plecoglossus altivelis*	42	18m+2sm+22t	张春丹等，2005
银鱼科			
太湖新银鱼 *Neosalanx taihuensis* Chen	56	50m+6sm	孙帼英等，1990
鲑科			
鲑亚科			
高白鲑 *Coregonus peled*	76	20m+4sm+52t	薛淑群等，2011
虹鳟 *Oncorhynchus mykiss*	60	34m+10sm+16t	薛淑群，2009
	62	38m+6sm+2st+16t	王军萍等，1999
哲罗鱼 *Huchotaimen*	84	18m+16sm+34st+16t	张荣华等，2008
美洲红点鲑 *Salvelinus fontinalis*	56	18m+4sm+34t	虎永彪等，2010
茴鱼科			
黑龙江茴鱼 *Thymallus arcticus grubei* Dybowski	92	36m+10sm+8st+38t	薛淑群等，2011
骨舌鱼目			
骨舌鱼科			
美丽硬仆骨舌鱼 *Scleropages formosus*	50	2m+8sm+8st+32t	田媛等，2013

（续）

物种名称	染色体数目	核型公式	参考文献
象鼻鱼科			
贝比背眼长颌鱼 *Hyperopisus bebe*	40	24m+2sm+14a	Sergey Simanovsky et al，2021
伊氏矮长颌鱼 *Pollimyrus isidori*	40	26m+6sm+8a	Sergey Simanovsky et al，2021
长颌鱼 *Mormyrus caschive*	50	20m+14sm+16a	Simanovsky et al，2021
哈氏长颌鱼 *Mormyrus hasselquistii*	50	20m+14sm+16a	Simanovsky et al，2021
卡氏长颌鱼 *Mormyrus kannume*	50	20m+14sm+16a	Simanovsky et al，2021
狗鱼目			
狗鱼科			
白斑狗鱼 *Esox lucius*	50	50t	邹曙明等，2006
节肢动物			
虾蟹类			
十足目			
长臂虾科			
脊尾白虾 *Exopalaemon carinicauda*	90	56m+8sm+12st+14t	李洋等，2012
细螯沼虾 *Macrobrachium gracilirostre*	100	30m+6st+14st，t	邱高峰，1996
日本沼虾 *M. nipponense*	104	74m+8st+22t	邱高峰等，1994
罗氏沼虾 *M. rosenbergii*	118	80m，sm+10st+28t	邱高峰，1996
对虾科			
中国对虾 *Penaeus orientalis*	88	54m+20（m，sm）+10sm+4（sm，st）	戴继勋等，1989
	88	66m+16sm+6st	刘萍等，1992
太平洋白对虾 *P. vannamei*	92	14m+78st	Mayorga，1982
褐对虾 *P. aztecus*	88	18m+18sm+52st	Goswami，1985
鹰爪虾 *Trachypenaeus curvirostris*	70	42m+10sm+12st+6t	周令华等，1991
刀额新对虾 *Metapenaeus ensis*	78	40m+10sm+14st+14t	张晓军等，2002
螯虾科			
克氏原螯虾 *P. clarkii*	188	122m+38sm+14st+14t	石林林等，2019

（续）

物种名称	染色体数目	核型公式	参考文献
	188	110m+44（sm，st）+34t	张莎等，2018
梭子蟹科			
锯缘青蟹 *Scylla serrata*	98	40m+22sm+36t	王桂忠等，2002
三疣梭子蟹 *Portunus trituberculatus*	106	40m+6sm+60t	朱冬发等，2005
口足目			
虾蛄科			
口虾蛄 *Oratosquilla oratoria*	88	62m+12sm+14t	刘海映等，2016
软体动物			
原始腹足目			
鲍科			
皱纹盘鲍	36	20m+16sm	Arai et al，1982
	36	20m+16sm	王桂云等，1988
	36	14m+6m，sm+16sm	蔡明夷等，2013
红鲍 *H. fulgens*	36	16m+18sm+2st	Gallardo - Escarate C et al，2005
绿鲍 *H. rufescens*	36	16m+16sm+4st	Gallardo - Escarate C et al，2005
桃红鲍 *H. corrugate*	36	20m+14sm+2st	Gallardo - Escarate C et al，2005
杂色鲍 *H. diversicolor*	36	22m+14sm	王桂云等，1988
狭舌目			
蛾螺科			
方斑东风螺 *Babylonia areolata*	66	32m+20sm+8st+6t	陈菲等，2011
泥东风螺 *B. lutosa*	66	30m+22sm+8st+6t	陈菲等，2011
中腹足目			
田螺科			
中国圆田螺 *Cipangopaludina chinensis* Gray	18	10m+6sm+2st	周墩等，1988
中华圆田螺 *C. cahayensis*	18	10m+6sm+2st	周墩等，1988
方形环棱螺 *Bellamya quadrata*	16	4m+8sm+4st	周墩等，1988
铜锈环棱螺 *B. aeruginosa*	16	4m+8sm+4st	周墩等，1988
角形环棱螺 *B. angularia*	16	4m+8sm+4st	周墩等，1988

（续）

物种名称	染色体数目	核型公式	参考文献
觿螺科			
钉螺 *Oncomelania hupensis*	34	18m+8sm+8st	周墩等，1988
瓶螺科			
大瓶螺 *Ampullaria gigas*	28	22m+6sm	叶冰莹等，1995
新腹足目			
峨螺科			
水泡蛾螺 *Buccinum pemphigum*	30	16m+10sm+4st	王先志等，1990
香螺 *Neptunea cumingii*	60	30m+22sm+8st	王先志等，1990
珍珠贝目			
烟管螺科			
合浦珠母贝 *Pinctada martensii*	28	14m+6sm+6st+2t	姜卫国等，1986
珍珠贝科			
大珠母贝 *P. maxima*	28	16m+4sm+6st+2t	姜卫国等，1986
珠母贝 *P. margaritifera*	28	14m+6sm+8st	姜卫国等，1986
长耳珠母贝 *P. chemnitzi*	22	8m+2sm+2st+10t	姜卫国等，1986
射肋珠母贝 *P. radiata*	28	4m+4st+20t	姜卫国等，1986
黑珠母贝 *P. nigra*	28	4m+4st+20t	姜卫国等，1986
扇贝科			
栉孔扇贝	38	6m+10sm+22st	王梅林等，1990
贻贝目			
江珧科			
栉江珧 *Atrina pectinata*	34	8m+10sm+16st（雄）	周丽青等，2018
	34	6m+10sm+18st（雌）	周丽青等，2018
牡蛎科			
太平洋牡蛎 *Crassostrea gigas*	20	20m	许伟定等，1992
近江牡蛎 *C. rivularis*	20	20m	于建贤等，1993
帘蛤目			
帘蛤科			
文蛤 *Meretrix meretrix*	38	18m+14sm+6t	吴萍等，2002
菲律宾蛤仔 *Ruditapes philippinarum*	38	28m+10sm	王金星等，1998

（续）

物种名称	染色体数目	核型公式	参考文献
日本镜蛤 *Dosinia japonica*	30	10m+12sm+8st，t	阙华勇等，1999
紫石房蛤 *Saxidomus purpuratus*	38	32m+2sm+4st，t	孙振兴等，2004
等边浅蛤 *Gomphina veneriformis*	36	16m+20sm	于瑞海等，2010
波纹巴非蛤 *Paphia undulata*	38	14m+12sm+4st+8t	蔡明夷等，2012
真瓣鳃目			
蛤蜊科			
大獭蛤 *Lutraria maxima*	34	20m+12sm+2st	潘英等，2007
竹蛏科			
缢蛏 *Sinonovacula constricta*	38	26m+8sm+2st+2t	王金星等，1998
长竹蛏 *Solen gouldi*	38	30m+6sm+2t	王金星等，1998
大竹蛏 *S. grandis*	38	26m+6sm+2st+4t	孙振兴等，2003
直线竹蛏 *S. linearis*	38	28m+6sm+2st+2t	陈心等，2008
八腕目			
蛸科			
真蛸 *Octopus sinensis*	60	14m+26sm+12st+8t	李凤辉等，2020
蚌目			
蚌科			
池蝶蚌 *Hyriopsis schlegeli*	38	26m+10sm+2st	曾起，2022
棘皮动物			
拱齿目			
球海胆科			
马粪海胆 *Hemicentrotus pulcherrimus*	42	20m+20sm+2st	常亚青等，2006
拟球海胆 *Paracentrotus lividus*	36	32st+2sm+1st+1m，sm	Lipani C，1996
中间球海胆 *Strongylocentrotus intermedius*	42	20m+20sm+2st	陈小慧等，2020
有棘目			
海燕科			
海燕 *Asterina pectinifera*	44	22m+18sm+2st+2t	Saotome K，2002
柱体目			
槭海星科			
帚状槭海星 *Astropecten scoparius*	44	18m+14sm+12st	Saotome K，2002

（续）

物种名称	染色体数目	核型公式	参考文献
钳棘目			
海盘车科			
多棘海盘车 *Asterias amurensis*	44	24m+14sm+6t	Saotome K，2002
真蛇尾目			
阳遂足科			
柯氏双鳞蛇尾 *Amphipholis kochii*	44	6m+6sm+14st+16t	Saotome K，2002
楯手目			
刺参科			
刺参 *Apostichopus japonicas*	40	14m+18sm+8t	许伟定等，1997
腔肠动物			
根口水母目			
根口水母科			
海蜇 *Rhopilema esculentum*	42	10m+14sm+12st+6t	李云峰等，2020
环节动物			
无管螠目			
刺螠科			
单环刺螠 *Urechis unicintus*	146	58m+26sm+20st+42t	许星鸿等，2021

2　水产动物染色体分析技术

水产动物染色体分析方法主要包括染色体标本制备、核型分析、显带技术与分析、染色体荧光原位杂交、基因组原位杂交等。近年来，分子标记技术、原位杂交技术，特别是荧光原位杂交技术的迅速发展，使得基因定位、染色体描绘等工作进展迅速。

2.1　水产动物染色体标本制备技术

快速、简便地获得形态好、分裂指数高的高质量染色体是水产动物染色体分析的前提。水产动物中尤其是鱼类染色体具有数目多、形态小、分裂指数低的特点，制备大量分裂象且染色体图像清晰的标本难度较大，这就给染色体分析带来了诸多不便，加大了水产动物染色体的研究困难。但随着各种生物技术的不断发展，水产动物染色体的制备方法也不断完善。本部分介绍几种主要的染色体制备方法，希望对从事水产动物染色体研究的工作者有所帮助。

2.1.1　鱼类染色体标本制备技术

2.1.1.1　体细胞染色体标本制备技术

（1）原理　制备鱼类染色体标本常用的体细胞有肾和鳃组织，但成熟组织的细胞基本停止分裂，为了促进细胞分裂，常采用活体注射植物凝集素（PHA）来提高细胞分裂指数，并通过秋水仙素处理破坏纺锤体，使分裂的细胞处于有丝分裂中期，然后通过低渗、固定、染色等步骤，便可在显微镜下呈现其染色体形态。

（2）主要器材和试剂

①主要器材　显微镜（附摄像装置）、台式离心机、一次性注射器、剪刀、镊子、玻璃离心管、胶头滴管、预冷载玻片、解剖盘、酒精灯、打火机、300目筛绢。

②试剂

1）PHA溶液　配制1mg/mL的植物凝血素溶液，溶剂是鱼类生理盐水。

2）鱼类生理盐水

A. 淡水鱼用生理盐水配制　氯化钠 7.5g、氯化钾 0.2g、碳酸氢钠 0.02g，氯化钙 0.2g，用蒸馏水配成 1L。

B. 海水鱼用生理盐水配制　氯化钠 8.0g、氯化钾 0.45g、氯化钙 0.2g、碳酸氢钠 0.02g，用蒸馏水配成 1L（碳酸氢钠应在氯化钙溶解后再加入）。

3）0.1%秋水仙素溶液　秋水仙素 0.1g，灭活生理盐水 100mL 溶解，避光保存。

4）0.88%的柠檬酸溶液　柠檬酸 0.4g 加 500mL 蒸馏水溶解。

5）卡诺氏固定液　3 份甲醇兑 1 份冰醋酸，注意现用现配。

6）吉姆萨染色液

原液：0.5g 吉姆萨粉、33mL 甘油、33mL 甲醇，配制时先将 0.5g 吉姆萨粉置于研钵中，加入几滴甘油研磨至无颗粒，再加入余下的甘油，拌匀后放入 56℃温箱中保温 2h，然后取出加入 33mL 甲醇，搅拌均匀，滤纸过滤用棕色瓶密封，避光保存，一般要放置 2 周后才能使用。

使用液：原液 1 份，pH 7.4 磷酸缓冲液 9 份稀释。使用液不宜长期保存，一般是现配现用。

7）pH 7.4 磷酸缓冲液　该液可先配成 A 液和 B 液，然后混合使用。

A 液：KH_2PO_4 9.078g 加蒸馏水 1L 溶解。

B 液：Na_2HPO_4 9.467g（$Na_2HPO_4 \cdot 12H_2O$ 23.876g）加蒸馏水 1L 溶解。

使用液（pH 7.4）为 A 液∶B 液＝3∶7，该使用液也不宜久放，一般是现配现用。

（3）操作步骤

①肾细胞染色体标本制备技术

1）PHA 和秋水仙素处理　每尾鱼腹腔注射 PHA 溶液，剂量为每克体重 6μg，18～20h 后进行第二次注射 PHA（剂量同第一次），作用 4～6h 后，活体腹腔注射 0.1%秋水仙素，剂量为每克体重 6μg，作用 2～3h。

2）取材　用 0.1%的苯甲醇将鱼麻醉，在距离生殖孔 2mm 处剪尾鳍放血 5min 后沿生殖孔解剖鱼。将完整的头肾取出后置于淡水生理盐水中轻轻涮洗几次，放入盛有少量新的淡水生理盐水的小烧杯中剪碎成悬浊液，再加入几毫升生理盐水放置 3～5min 后，取上清液置于新的离心管中，1 200r/min 离心 5min，小心弃上清液。

3）低渗　加入 0.075mol/L 低渗溶液低渗 35min，其间用胶头滴管轻轻吹打，使其低渗充分。后离心 10min，再次弃去上清液。

4）固定　加入已预冷的卡诺氏固定液置于冰上固定 15min，离心，去上清液，再加入新的固定液，反复固定 3 次，每次 15min，后再次加入卡诺氏固定液于－20℃冰箱中密封冷冻过夜。

5）冷滴片　将过夜的材料拿出后，1 200r/min 离心 5min，小心去掉上清液，加入新的卡诺氏固定液，轻轻混匀。进行冷滴片，过火后，室温自然干燥。

6）染色　将自然完全干燥的染色体载玻片用体积分数为10％的 Giemsa（pH 6.8）染色液染色 45min，后用蒸馏水仔细冲洗载玻片，自然风干。

7）镜检　用中性树胶封片，干燥后放置显微镜下先在低倍镜下观察，选择染色体形态良好、分散适中的中期分裂象，然后换 100 倍油镜拍照。色林错裸鲤肾细胞中期染色体分裂象见图 2－1。

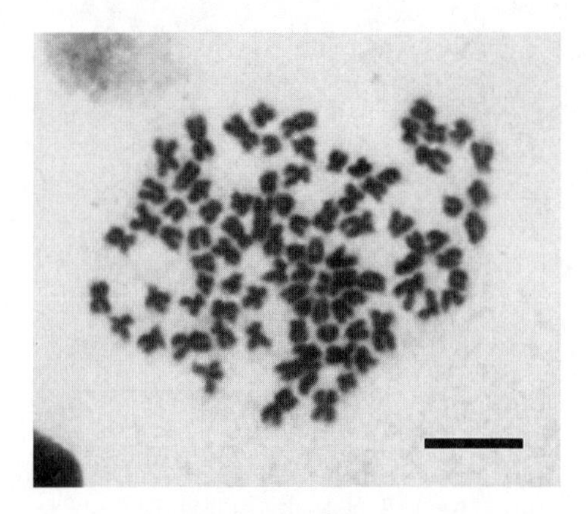

图 2－1　色林错裸鲤肾细胞中期染色体分裂象
（$4n$＝88，标尺＝10μm）

②鳃细胞染色体标本制备技术

1）PHA 和秋水仙素处理　用 2～4mg/kg 苯甲醇麻醉鱼，称重。每尾鱼活体腹腔注射 PHA 溶液，剂量为每克体重 6μg，18～20h 后第二次注射同样剂量 PHA，作用 4～6h 后，活体腹腔注射 0.1％秋水仙素溶液，剂量为每克体重 6μg，效应时间 2～3h。

2）取材　剪尾鳍放血 5～10min。取鳃放入装有淡水生理盐水中的小烧杯中，不剪碎。

3）低渗　加入 2mL 0.8％的柠檬酸溶液室温下低渗 40～45min。

4）固定　低渗后放入甲醇∶冰醋酸＝9∶1 的固定液中固定 7～10min，再转入 100％冰醋酸中处理 1～2min，再在常规甲醇∶冰醋酸＝3∶1 的固定液中固定 2～3 次，每次 15min，完毕后放入冰箱冷冻过夜。

5）滴片　将固定过的样品吸去固定液，加入 1～2 滴 50％冰醋酸，用镊子将鳃丝轻轻抖动，用手术剪将鳃剪碎，制成细胞悬液后，加少量新配置的固定液，用筛绢网过滤。取预冷湿玻片一张用吸管吸取过滤后的细胞悬液，从30cm左右的高度滴到载玻片上，用口吹散滴液，置于酒精灯上过火，看到玻片上燃烧蓝色火焰即可，最后摆放到解剖盘中室温下自然风干。

6）染色　完全干燥的染色体玻片用pH为7.4的磷酸缓冲液配制的体积分数为10%的Giemsa染色液染色1～2h，自来水冲洗，自然风干。

7）镜检，拍照　先在低倍镜下观察，选择染色体形态良好、分散适中的中期分裂象，然后换油镜拍照。二倍体泥鳅鳃细胞染色体象见图2-2。

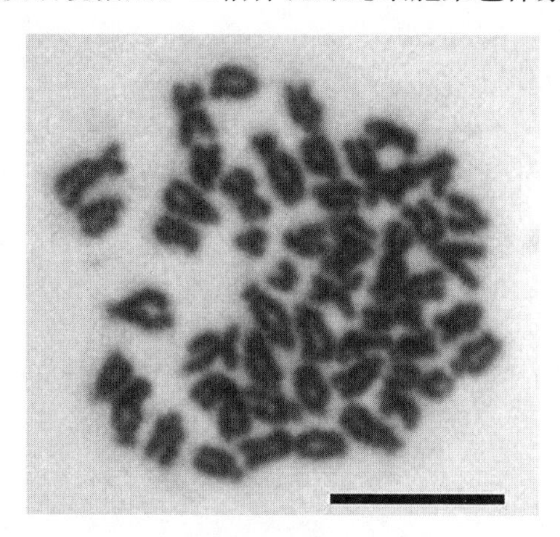

图2-2　泥鳅鳃细胞染色体中期分裂象
（$2n$=50，标尺=10μm）

2.1.1.2　胚胎染色体标本制备技术

(1) 原理　利用鱼的成熟组织（肾、鳃等）制备染色体标本，有以下几点不足：①成熟组织已停止分裂，要想获得分裂象需要注射植物凝集素来促进其分裂；②所得到的染色体标本少，而且需要将鱼致死，不适用于珍稀鱼类；③不适合用于早期倍性鉴定。利用鱼类胚胎制备染色体标本可以克服上述缺点，因胚胎具有较高的有丝分裂指数，因此采用胚胎能早期准确鉴定倍性，这方面在人工雌核发育诱导早期胚胎倍性检测及鱼类远缘杂交早期胚胎倍性检测中得到了广泛应用。胚胎制备染色体标本，不仅为染色体标本的制备提供了一种准确、快捷、高效的新方法，也为多倍体的遗传组成提供了直接证据。选择肌肉效应期到出膜前期的胚胎制备鱼类染色体标本，这个发育阶段的胚胎中期分裂象多，而且卵黄容易剥掉，剥好的完整胚胎通过秋水仙素、低渗、固定、滴片及染色等操作，便可在显微镜下观察到染色体。

(2) 主要器材与试剂

①主要器材　解剖镜、培养皿、其他用品同2.1.1.1。

②试剂

1）1%琼脂　称 1g 寒天放在烧杯中加 100mL 的生理盐水，用保鲜膜盖上，扎几个眼，在微波炉中加热溶解，注意要沸腾时就拿出来摇晃几下，反复加热直到完全溶解为止。待凉后（50℃左右）倒入培养皿中大约 1/3 高度即可。

2）0.002 5%秋水仙素溶液　先配制 0.1%秋水仙素，即称取 0.1g 秋水仙素，溶解在 100mL 灭菌生理盐水中；再用生理盐水将 0.1%秋水仙素稀释 40 倍，避光保存。

3）其他试剂　同 2.1.1.1。

(3) 操作步骤

①取受精卵　当胚胎发育至眼胞期或肌肉效应期时（不同鱼类不同）（图 2-3），取 10～15 粒于事先铺有 1%琼脂的培养皿中，培养皿中加入淡水（海水）生理盐水。

②去除卵膜　在解剖镜下，双手持尖头镊子（或是解剖针）夹住卵膜向两侧撕扯，露出胚体和卵黄，再将卵黄剥去。一般胚体可在生理盐水中保存 30～45min（图 2-4）。

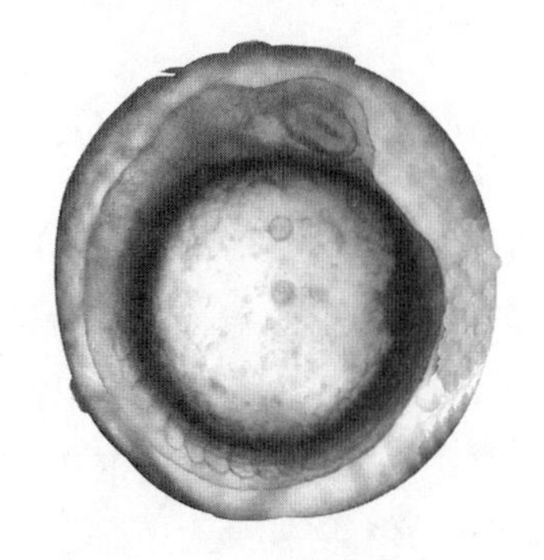

图 2-3　泥鳅胚胎

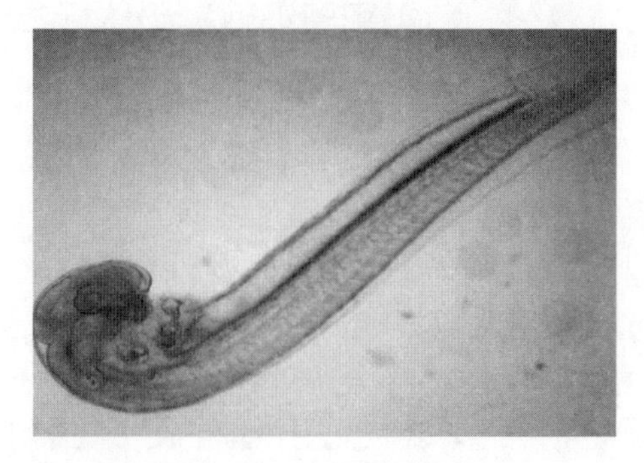

图 2-4　剥好的胚胎

③秋水仙素浸泡　将剥好的胚胎用吸管移到小烧杯中，加入 0.002 5%秋水仙素浸泡 45min。

④低渗　用吸管将秋水仙素吸出，加入低渗液，处理 15～20min。

⑤固定　吸出低渗液，加入卡诺氏固定液（甲醇∶冰醋酸=3∶1）。固定液现用现配，－18℃预冷。固定重复 3 次，每次 15～20min。之后放入冷藏室过夜（>12h）。

⑥滴片　吸出固定液，加 1～2 滴预冷的新配制的卡诺氏固定液，用黄枪头将胚体捣碎（此操作在冰上进行），至乳白色细胞悬浊液。再加 2～3 滴固定液，混匀。冷滴片自然风干。

⑦染色　扣染法，吉姆萨染色 1～2h。吉姆萨现用现配，母液：磷酸缓冲液=1：（9～10），每张片子大约 2mL 吉姆萨染液。风干，镜检。二倍体泥鳅胚胎染色体中期分裂象见图 2-5。

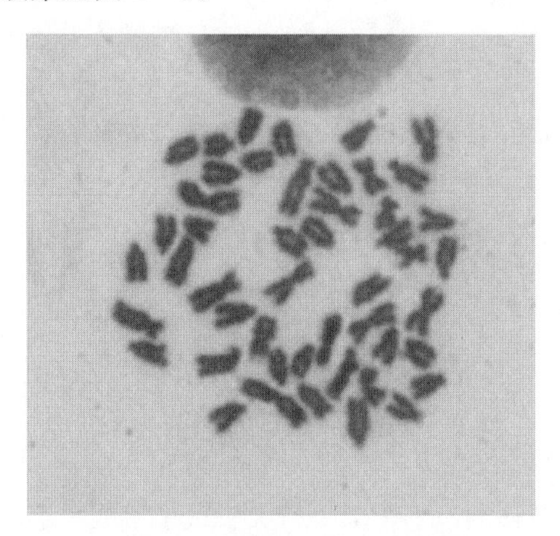

图 2-5　二倍体泥鳅胚胎染色体中期分裂象（$2n=50$）

2.1.1.3　鱼类卵母细胞染色体标本制备

（1）原理　以往报道有少数采用早期发育的卵巢，但由于大多数是卵原细胞，主要是有丝分裂，很难观察到减数分裂象；而成熟的卵巢又受卵黄及其他附属结构的干扰，给卵母细胞染色体制片带来很大困难，尤其是鱼类染色体小、数目多，雌（卵巢）、雄（精巢）减数分裂染色体标本制备困难。本方法的原理是取活体成熟卵巢置于含有 1μg/mL 雌激素（17α，20β-二羟黄体酮）的生理盐水中，待卵核移动到动物极后将卵核剥离出来，经固定、DAPI 荧光染色剂染色，在荧光显微镜下便可观察到终变期染色体分裂象。该方法操作简单、快捷，可在荧光显微镜下清晰地观察鱼类卵母细胞减数分裂时染色体数目及联会情况（图 2-6）。

（2）主要器材与试剂

①主要器材　摇床、解剖镜、显微镜、培养皿、手术刀、剪刀、滴管、小烧杯、眼科镊子等。

②试剂

1）生理盐水 1（配催产剂用）　NaCl 8.5g/L、KCl 0.2g/L、$CaCl_2$ 0.4g/L、$MgCl_2$ 0.2g/L、1L 双蒸水（pH 8.0）。

2）生理盐水 2（人工授精用）　NaCl 7.5g/L、KCl 0.2g/L、$CaCl_2$ 0.4g/L、$MgCl_2$ 0.2g/L、1L 双蒸水（pH 7.8）。

3）生理盐水 3（卵巢体外培养用）　NaCl 7.3g、KCl 0.18g、$MgSO_4$ ·

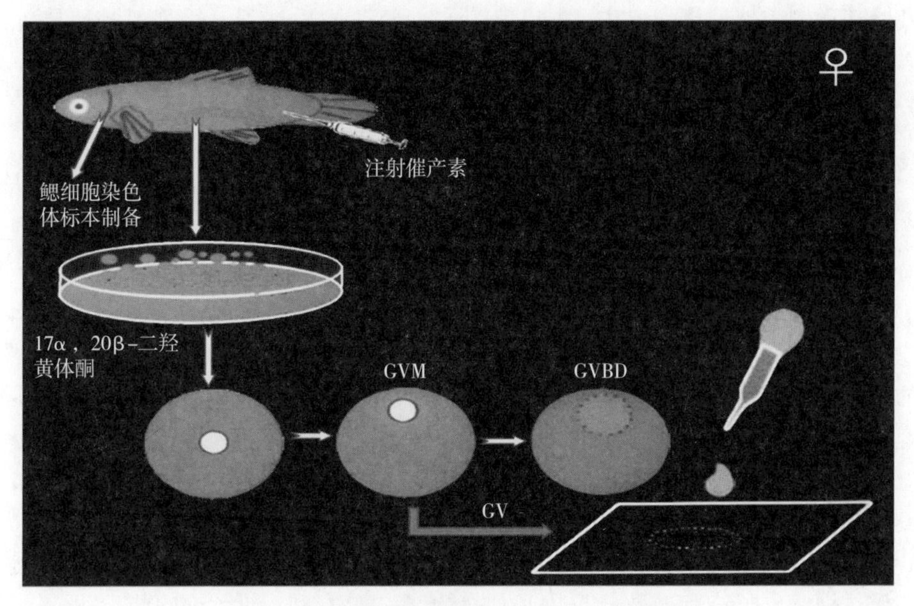

图 2-6　鱼类卵母细胞染色体标本制备原理

$7H_2O$ 0.07g、$MgCl_2 \cdot 6H_2O$ 0.18g、$CaCl_2 \cdot 2H_2O$ 0.35g、Hepes 0.95g、葡萄糖 1g、1L 双蒸水（pH 7.5）。

4）生理盐水 4（正常用）　NaCl 7.5g/L、KCl 0.2g/L、$CaCl_2$ 0.2g/L、$MgCl_2$ 0.2g/L。

5）催产剂　绒毛膜促性腺激素（HCG）1 000 IU＋1mL 生理盐水 1，每克体重 20～25IU。

6）雌激素　17α，20β-二羟黄体酮很难溶解，先溶在 1mL 的 100％酒精中然后倒入瓶中，充分混合后用锡纸包裹，放在 4℃冷藏。17α，20β-二羟黄体酮与 100％酒精的比例是 1mg∶1mL。

7）卵巢体外培养液　1 000mL 生理盐水 3 加 1 毫克的 17α，20β-二羟黄体酮。

8）麻醉剂　1L 曝气水中加 1mL 苯甲醇。

9）4％冰醋酸　用生理盐水 3 配制。

10）卡诺氏固定液　甲醇∶冰醋酸＝3∶1，冷冻储藏。

11）DAPI 染色液

B 液：10mg DAPI 溶在 1 000mL 的蒸馏水中。

A 液：Tris0.124 14g、EDTA-2Na 0.372 25g、NaCl 0.584 4g、100mL 蒸馏水（pH 7.4）。

A∶B＝50mL∶250μL，现配现用。

12）1％琼脂　称 1 克琼脂，加 100mL 的生理盐水 3，煮沸，完全溶解待其冷却后倒入玻璃培养皿中，约 1/3 即可，待凝固后加盖，培养皿翻转放置，以免有水滴滴入。放入冰箱冷藏可保存一周。

13）其他试剂　同 2.1.1.1。

(3) 操作步骤

①卵巢体外培养　每尾鱼肌内注射绒毛膜促性腺激素（HCG）（注射剂量 20～25UI/g），25℃暂养 3～4h，活体取出卵巢放入卵巢培养液中，在摇床上避光培养。

②剥取卵核　用滴管取出几粒卵放入 4%冰醋酸中观察，待卵核移动到动物极后将卵核剥离出来，去掉周围卵黄，用移液枪吸取卵核放入装有事先预冷的卡诺氏固定液的小烧杯中，直到卵核在动物极逐渐消失为止，需 3～4h。固定的卵核放入－20℃冰箱冷冻保存 12h 以上。

③染色体标本制备及观察　取卵核于载玻片上，干燥后放入装有 DAPI 的染缸中染色 30min，清水浸泡 30min，盖上载玻片，用荧光显微镜观察，Spot Cooled CCD 装置捕获图像，利用 Spot 和 Photoshop 软件进行图像处理。自然四倍体泥鳅卵母细胞减数分裂染色体分裂象，观察到有 4 个四价体（图 2－7 箭头），表明是同源四倍体。

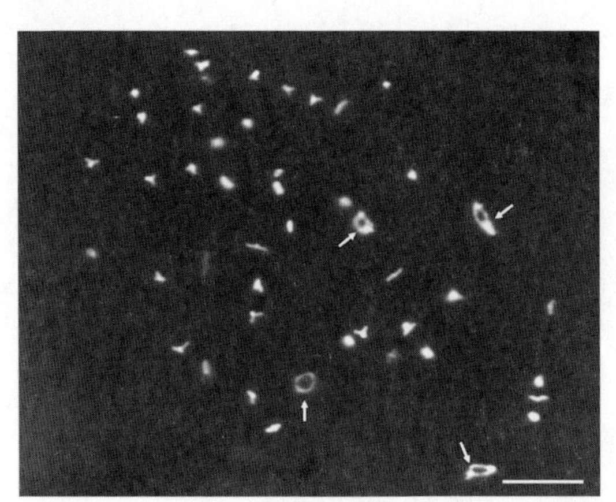

图 2－7　天然四倍体泥鳅卵母细胞减数分裂染色体分裂象（标尺＝20μm）

2.1.1.4　鱼类精母细胞染色体标本制备

(1) 原理　以往多用精巢制备染色体，显微镜下观察所得到的减数分裂染色体的质量不高。本研究室对多种鱼类进行了试验，摸索出制备高质量精母细胞染色体的方法。一般情况下，在繁殖旺盛期之前的一段时间泥鳅的精母细胞分裂比较旺盛，是制备生殖细胞染色体的理想时期。具体流程是采用活体注射植物凝集素（PHA）来提高细胞分裂指数，并通过秋水仙素处理破坏纺锤体，使分裂的细胞处于有丝分裂中期，然后通过低渗、固定、染色等步骤，便可在显微镜下呈现其减数分裂染色体构型（图 2－8）。

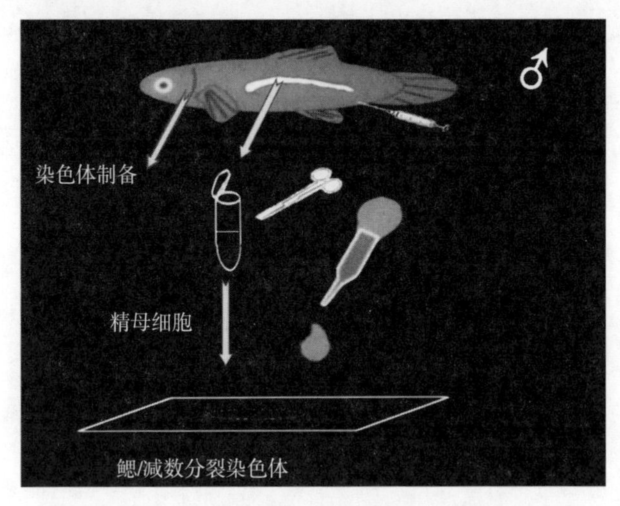

图 2－8 鱼类精母细胞染色体标本制备原理

（2）主要仪器及试剂 主要仪器及试剂同 2.1.1.1。

（3）操作步骤

①PHA 和秋水仙素处理 每尾鱼活体腹腔注射 PHA 溶液，剂量为每克体重 6μg，18～20h 后第二次注射同样剂量 PHA，作用 4～6h 后，活体腹腔注射 0.1%秋水仙素，剂量为每克体重 6μg，效应时间 2～3h。

②取材与低渗 配制 2～4mg/kg 的麻醉剂将鱼麻醉，剪尾鳍放血 5～10min，取性腺于淡水生理盐水中，用 0.075mol/L 的 KCl 低渗 20min。

③固定 低渗后放入甲醇∶冰醋酸＝9∶1 的固定液中固定 7～10min，再转入 100%冰醋酸中处理 1～2min，再在常规甲醇∶冰醋酸＝3∶1 的固定液中固定 3 次，每次 15min，固定完毕用封口膜封口放入冰箱冷冻过夜。

④制片 次日取固定过的精巢组织放入小烧杯中，并加入 1～2 滴 50%冰醋酸溶液解离精巢组织，用手术剪刀将精巢组织剪成细胞悬液，并加入适量新配制的卡诺氏固定液，于 300 目的筛绢网上过滤，将制成的悬液滴于预先冰冻过的载玻片上，过火，室温下自然干燥。

⑤染色 完全干燥的染色体玻片用 pH 为 6.8 或 7.4 的磷酸缓冲液稀释的体积分数为 10%的 Giemsa 染色液染色 1～2h，自来水冲洗，自然干燥。

⑥镜检拍照 干燥后的载玻片放于 Leica DM2000 显微镜下观察，选取分散状态良好，染色清晰的精母细胞染色体第一次减数分裂（M1）终变期的分

裂象于 Leica DF 450C CCD 装置捕获图像，并用 Leica 及 Photoshop CS5 软件进行图像处理（图 2-9）。

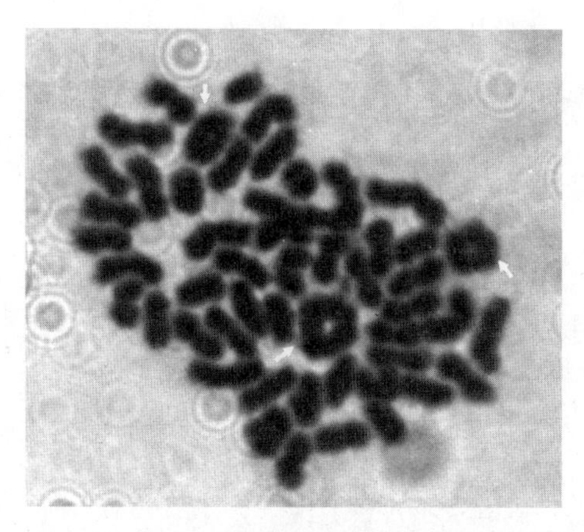

图 2-9 天然四倍体泥鳅精母细胞减数分裂染色体分裂象（箭头示四价体）

2.1.1.5 鳍细胞培养制备染色体标本技术

（1）原理 目前，常用的染色体制备方法是解剖法，活体取组织进行处理，无论哪种方法前提都是要把鱼处死。这对于需要进行种质资源保存和珍稀濒危的物种不适合；对于不易繁殖或成活率低的物种也不适合。由于试验材料稀少，后续研究无法进行，急需一种可以重复利用的，并且不伤害鱼体本身的方法，活体制备染色体标本就显得十分必要。采用短期培养的鱼类细胞能迅速、方便地制备高质量的染色体标本，是研究鱼类染色体常用的方法。鱼的鳍细胞在体外培养时进行大量的有丝分裂，经秋水仙素处理、低渗和固定，就可获得大量有丝分裂染色体分裂象。

（2）主要器材与试剂

①主要器材 超净工作台、倒置显微镜、恒温培养箱、电热干燥器、低温冰箱、恒温水浴槽、离心机、真空泵、青霉素小瓶、镊子、弯头手术剪刀、眼科剪刀、培养瓶（25mL、100mL）、移液管、酒精等、脱脂棉等。

②试验试剂

1）D-Hank's 液 称取 NaCl 8.0g、KCl 0.4g、$Na_2HPO_4 \cdot 2H_2O$ 0.06g、$NaHCO_3$ 0.35g、酚红 0.02g、KH_2PO_4 0.06g 溶于超纯水，定容 1L，充分混匀，调整 pH 为 7.4，分装，高压灭菌。

2）PBS 液 称取 NaCl 8.0g、KCl 0.2g、$Na_2HPO_4 \cdot 2H_2O$ 1.56g、KH_2PO_4 0.2g 溶于超纯水，定容 1L，充分混匀，调 pH 至 7.4，分装，高压灭菌。

3）基本培养基　在烧杯中将 1 袋 M199 培养基干粉溶于约 300mL 的水中，加入 2.2g $NaHCO_3$，加水至 850mL，调 pH 至 7.2～7.4，定容 1L。过滤除菌，分装 100mL 无菌盐水瓶中，4℃冰箱中贮存。

4）完全培养基　取 1 瓶基本培养基，在超净工作工作台上按 10%的体积比加入小牛血清，摇匀。4℃冰箱中贮存。

5）0.25%胰蛋白酶溶液　先用少量的 PBS 溶解胰蛋白酶粉末，然后再将余液加入，待溶液全部透彻清亮为止，调 pH 至 7.2～7.4，过滤除菌，无菌条件下分装于青霉素小瓶中，－20℃保存。

6）双抗溶液　使用市售的 10 000IU/mL 青霉素、10 000μg/mL 链霉素的混合液。使用时用 PBS 稀释 10 倍。

7）小（胎）牛血清　使用前将血清放置 56℃水浴锅或培养箱中 30min，经常晃动防止沉淀析出，自然冷却后分装，4℃冰箱中贮存。

8）1mol/L HCL　浓盐酸约 8.3mL，加超纯水至 100mL。

9）10%的碘附。

10）染色体标本制备试剂同鳃细胞染色体标本制备试验。

(3) 操作步骤

①原代培养

1）试验前 1d 将鲜活的泥鳅浸泡于含双抗混合液曝气水中暂养 16～24h。

2）用 0.1%苯甲醇麻醉后，在超净工作台中剪取鳍组织。将鳍组织先用质量浓度为 10%的碘附浸泡 15min；后用双抗混合液浸泡 30min；再用 PBS 和培养基各漂洗一次。留少许培养基在瓶底。

3）用灭菌的眼科剪刀将组织块剪成 $1mm^3$ 左右的小块，使组织块成糊状。

4）用培养基充分吹打成细胞悬液后，种植于 $25cm^2$ 的培养瓶中。16～24h 之后补加培养基到 3mL/瓶。将种植好的细胞在 25℃、CO_2（5%）培养箱中培养，每隔 5d 在 Olympus 倒置显微镜下观察拍照。

②传代培养　4～8 周的时间细胞可以长满一层并且铺满整个培养瓶的瓶底。此时，吸出培养基，加入 1mL 左右 0.25%胰酶作用 2min，在倒置显微镜下观察，待细胞变圆后，用吸管轻轻弃掉胰酶，加入含胎牛血清的新鲜培养基，血清用弯头吸管吹打成细胞悬液，然后平均分装于两个培养瓶内，补加培养基到 3mL。置于 25℃、CO_2（5%）培养箱中继续培养。

③染色体标本制备　细胞传代培养至 2 代以后，选择进入指数生长期的细胞为材料进行染色体标本制备。于终止培养前添加秋水仙素溶液至终浓度分别为 1.5μg/mL，25℃、CO_2（5%）培养箱中培养 3h。用 0.25%胰酶消化法收集细胞于锥形离心管中，离心、弃上清，取沉淀，低渗处理 40min，固定、制片、镜检。自然四倍体泥鳅鳍组织细胞染色体中期分裂象如图 2-10 所示。

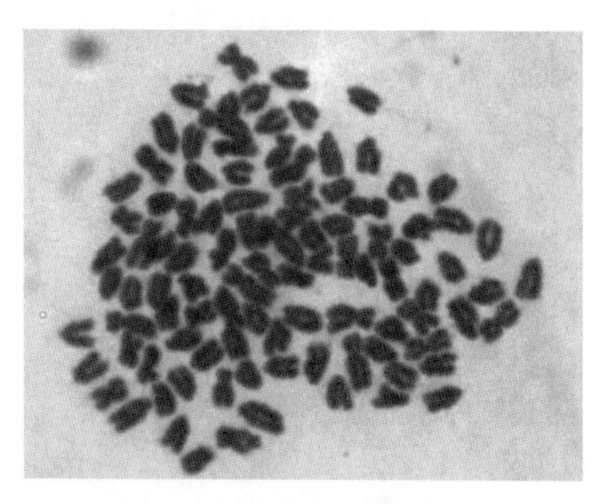

图 2-10　天然四倍体泥鳅鳍组织细胞染色体中期分裂象（$4n=100$）

2.1.2　贝类染色体标本制备技术

2.1.2.1　担轮幼虫染色体标本制备技术（以太平洋牡蛎为例）

取上浮担轮幼虫，用0.01%的秋水仙碱溶液浸泡处理2～3h；离心5min（1 000r/min）；用0.075mol/L的KCl预低渗10min，离心5min，再用0.075mol/L KCl低渗40min，离心5min（1 000r/min），用卡诺氏固定液预固定15min，离心5min，重复固定四次（每次15min）；置于－18℃冰箱中储存过夜（>12h）；离心5min（1 000r/min）；加50%冰醋酸1～2滴解离1～2min；滴片前用固定液（甲醇：冰醋酸＝1：1）固定；在50℃灯箱上进行热滴片；自然干燥后，用Giemsa染液染色1h，用蒸馏水冲洗后，在空气中干燥，镜检拍照（图2-11）。

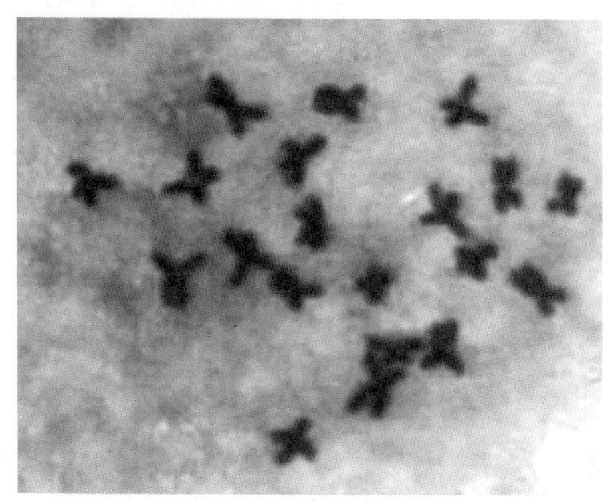

图 2-11　二倍体太平洋牡蛎（*Crassostrea gigas*）染色体中期分裂象（$2n=20$）

2.1.2.2 用鳃组织制备染色体标本（以栉孔扇贝为例）

挑选活力强的栉孔扇贝，洗净外壳，活体解剖立即取鳃（1～3mm³），用过滤海水迅速冲洗；将鳃移入盛有用50%海水配制的0.04%秋水仙素溶液的培养皿中，培养处理30min；然后用0.075mol/L的KCl低渗30～60min；用新配制的卡诺氏固定液反复固定四次（每次15min），密封置冰箱冷冻室（−18℃）中保存12h以上；加1～2滴50%的冰醋酸解离1～2min，后将鳃剪成细胞悬浊液，加入新的卡诺氏固定液3～5滴，热滴片，空气干燥，用Giemsa染液扣染2h，蒸馏水冲洗，空气干燥，镜检。

2.1.2.3 用上足触手、外套膜制备染色体标本（以皱纹盘鲍为例）

在不处死鲍的前提下，取1～3mm³的上足触手和外套膜放入0.2%秋水仙素和1%的PHA混合液中浸泡处理3h，用0.075mol/L的KCl低渗90～100min，用新配制的卡诺氏固定液反复固定四次（每次15min），密封置冰箱冷冻室（−18℃）中保存12h以上。加1～2滴50%的冰醋酸解离1～2min，后将培养的组织剪成细胞悬浊液，加入新的卡诺氏固定液3～5滴，热滴片，空气干燥，用Giemsa染液扣染2h，蒸馏水冲洗，空气干燥，镜检（图2-12）。

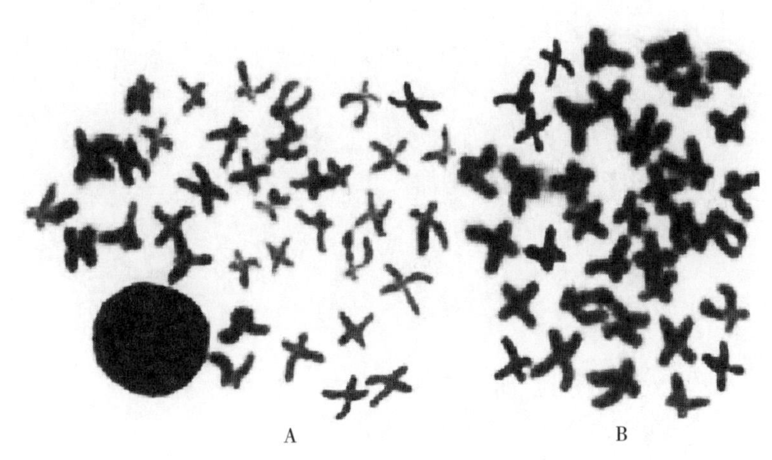

图2-12 细胞中期分裂象（$2n=36$）
A. 外套膜 B. 上足触手

2.1.2.4 用血液制备染色体标本（以皱纹盘鲍为例）

在22：00—24：00时用灭菌的注射器在无菌条件下在供试鲍鳃基血窦（足中线距头1/3偏左）处取血0.6mL，放入0.05%秋水仙素和0.04%PHA

混合液中处理 18h，离心 5min（1 000r/min）后收集细胞，用 0.075mol/L 的 KCl 低渗处理 40～60min，离心弃去上清液，加入新配制的卡诺氏固定液 2～3mL 固定，重复 3 次，每次 15min，放入冰箱冷冻室（−18℃）中保存 12h 以上，离心弃去上清液加入 1～2 滴 50%冰醋酸溶液，使其成为细胞悬浊液，再滴入新的卡诺氏固定液 5～10 滴进行冷滴片，风干后用 10%Giemsa 染液扣染 2h 以上，流水冲洗，风干，镜检拍照（图 2－13）。

图 2－13　三倍体皱纹盘鲍染色体中期分裂象（$3n=54$）

2.1.3 其他水产动物染色体标本制备技术

2.1.3.1 绿色双齿围沙蚕染色体制备技术

（1）主要器材和试剂

①主要器材　主要器材同 2.1.1.1。

②试剂

1）0.03%秋水仙素　0.03g 秋水仙素加入 99.97mL 海水溶解，0.04%、0.05%秋水仙素以此类推。

2）1mol/L 尿素　60g 尿素加入 940mL 蒸馏水溶解。

3）8%柠檬酸钠　8g 柠檬酸钠加入 92mL 蒸馏水溶解。

4）0.075mol/L KCl　0.599g KCl 加 50mL 三蒸水溶解。

5）50%冰醋酸　10mL 99.7%冰醋酸中加入 10mL 蒸馏水。

6）卡诺氏固定液　甲醇∶冰醋酸＝3∶1。

7）磷酸缓冲液

A 液：9.078g KH_2PO_4 加入 1 000mL 蒸馏水溶解。

B 液：9.467g Na_2HPO_4 加入 1 000mL 蒸馏水溶解。

A 液∶B 液＝3∶7，调 pH 至 7.4。

8）吉姆萨原液　0.5g 吉姆萨粉，33mL 甘油、33mL 甲醇，配制时先将 0.5g 吉姆萨粉置于研钵中，加入几滴甘油研磨至无颗粒，再加入余下的甘油，拌匀后放入 56℃温箱中保温 2h，然后取出加入 33mL 甲醇，搅拌均匀，滤纸过滤用棕色瓶密封，避光保存，一般要放置 2 周后才能使用。

9）10%吉姆萨使用液　原液∶pH 7.4 磷酸缓冲液＝1∶9，混合使用，使用液不宜长期保存，现用现配。

(2) 操作步骤

①获取双齿围沙蚕囊胚期受精卵　将成体雌雄双齿围沙蚕置于装满海泥的塑料箱中，每天加入高于海泥10cm的24℃海水，将海水在塑料箱中放置1h，此过程连续7d，若在加入海水后，有浮于水面处于繁殖状态的双齿围沙蚕，则取出双齿围沙蚕，挤出卵子及精子并进行混合，将受精卵置于装有26℃海水的繁育箱中，10～12h后，取出受精卵于显微镜下观察，发育至囊胚期，收集受精卵。

②秋水仙素处理　将受精卵置于0.05%秋水仙素中处理65min，1 500r/min离心5min。

③去卵膜　弃上清液加入1mol/L尿素反复吹打1min，使其失去卵膜，1 500r/min离心5min，弃上清液。

④低渗　0.075mol/L KCl低渗45min，低渗过程中要反复吹打，1 500r/min离心5min，弃上清液。

⑤用新鲜配制的预冷的卡诺氏固定液固定三次，每次15min，放置于－20℃冰箱冷冻过夜。

⑥冷滴片　弃上清液，取出受精卵，置于1.5mL离心管中，加入1～2滴50%预冷的冰醋酸溶液，使用10μL枪头将其碾碎，时间控制在3min之内，加入适量预冷的卡诺氏固定液。取出置于－20℃冰箱中，于无水乙醇中浸泡的载玻片，将载玻片边缘放置吸水纸上，吸干多余无水乙醇。用胶头滴管吸取细胞悬液，滴片高度90～100cm，将细胞悬液均匀滴于载玻片上，用镊子夹取载玻片快速通过酒精灯外焰，待火苗燃烧结束，放于托盘上晾干。

⑦染色　采用扣染法，即用胶头滴管将10%的Giemsa（pH 6.8）染色液挤入玻片与玻璃板之间，静置染色2h，随后用蒸馏水将玻片上的染色液冲洗干净，自然风干，放置显微镜下进行镜检。

⑧镜检拍照　将染色体制片置于显微镜下观察，先使用20倍镜，确定染色体位置，再调至油镜下观察，确定形态良好的染色体再进行拍照（图2-14）。

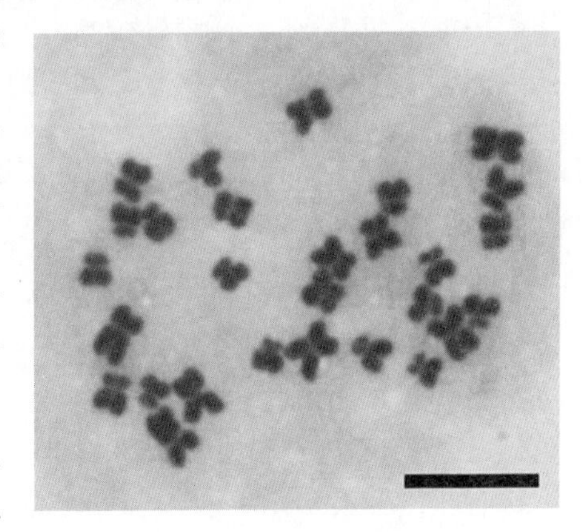

图2-14　绿色双齿围沙蚕染色体中期分裂象（$2n=28$）

2.1.3.2　中间球海胆染色体标本制备技术

(1) 去除卵膜　在授精前将成熟卵子放在2g/L的三氮唑中处理20min。

(2) 人工授精　去膜后的卵与正常精子授精。

(3) 秋水仙素处理 将发育至囊胚期的胚胎放入5mL玻璃离心管中，2 000r/min离心4min，用0.4g/L的秋水仙素处理55min（21℃水浴）。

(4) 低渗 用0.075mol/L的KCl低渗处理46min。

(5) 固定 提前配制的卡诺氏固定液放在−20℃预冷，反复固定三次（每次15min），加入新的固定液密封置冰箱冷冻室（−20℃）中保存12h以上。

(6) 滴片 加1～2滴50%的冰醋酸解离2min（反复吹打），冷滴片，空气干燥，用10%Giemsa染液（pH 6.8）扣染45min，蒸馏水冲洗，空气干燥，镜检（图2-15）。

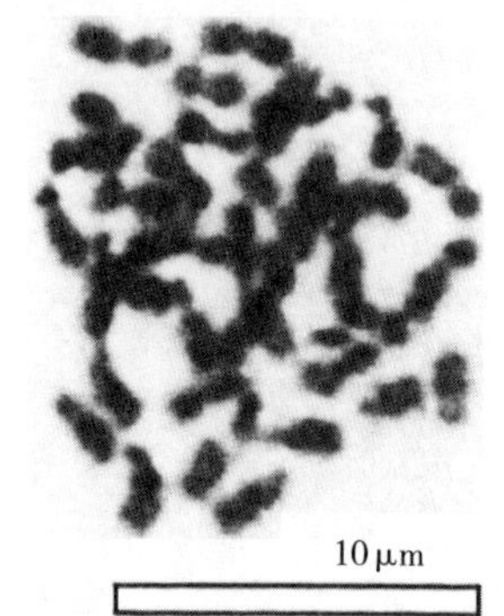

图2-15 中间球海胆染色体中期分裂象（$2n=42$）
（引自常亚青，2020）

2.2 水产动物染色体核型分析

2.2.1 原理

染色体核型分析通常包括如下指标：①染色体数目：一般以体细胞染色体数目为准，至少统计5～10个个体，30个以上细胞的染色体数目为宜。在个体内出现不同数目时，则应该如实记录其变异幅度和各种数目的细胞数或百分比，而以众数大于85%者为该种类的染色体数目；②绝对长度：即用测微尺直接在显微镜下测量到实际长度（μm），或经显微摄影后在放大照片上换算长度，由于染色体制片中很多因素影响染色体绝对长度，所以绝对长度值往往不稳定；③染色体相对长度：指单个染色体的长度占单套染色体组（性染色体除外）总长度的百分数。核型分析中常采用相对长度。相对长度=每条染色体长度/单倍染色体总长度×100%（精确到0.01），将两条同源染色体的相对长度进行平均，作为染色体组中这一序号的染色体的相对长度；④臂比：即一条染色体两条臂长度的比值。臂比=长臂（q）/短臂（p）（精确到0.01）；⑤着丝点位置：现在最常用的着丝粒命名法采用Levan等（1964）的命名和分裂标准；⑥次缢痕及随体：次缢痕的有无及位置，随体的有无、形状和大小都是重要的形态指标，也应仔细观察记载。带随体的染色体用SAT或*标记。一般采用分散良好、形态清楚而典型的有丝分裂中期的染色体标本，但少数物种也可用减数分裂的粗线期的染色体标本。由于制片过程中易出现染色体重叠、丢失等现象，核型分析时至少要统计30个以上的分散良好、染色体形态清晰的有丝分裂中期细胞。Adobe Photoshop是一款流行的功能强大的图像处理软件，可以很容易地完成染色体剪裁、排列、测量等工作。与传统方法相比具有操作简单、去除斑点、调整光亮度等优点。

2.2.2　方法

2.2.2.1　传统方法

（1）测量　将染色体照片上的每条染色体进行随机编号。依次测量每条染色体长度（以毫米为单位），长臂和短臂的长度（分别量到着丝点中部），求出染色体的臂比值，随体长度不计入染色体长度，但需标注带随体染色体的编号。

（2）分类　臂比反映着丝点在染色体上的位置，据此可确定染色体所属的形态类型。

（3）配对　根据目测和染色体相对长度、臂比、着丝点位置及次缢痕的有无及位置，随体的有无、形状及大小等特性将同源染色体配对。

（4）排列　根据照片上编号及同源染色体的配对情况，剪下染色体，排列的原则是：总臂长度由长到短，具随体染色体、性染色体排在最后；若有2对以上具随体染色体，则大随体染色体在前，小随体染色体在后。凡臂长相等的，短臂长的排列在前，短臂短的排列在后。

（5）剪贴　把上述已经排列的同源染色体按先后顺序粘贴在绘图纸上，粘贴时应使着丝点处于同一水平线上，并一律短臂在上、长臂在下（图2-16）。

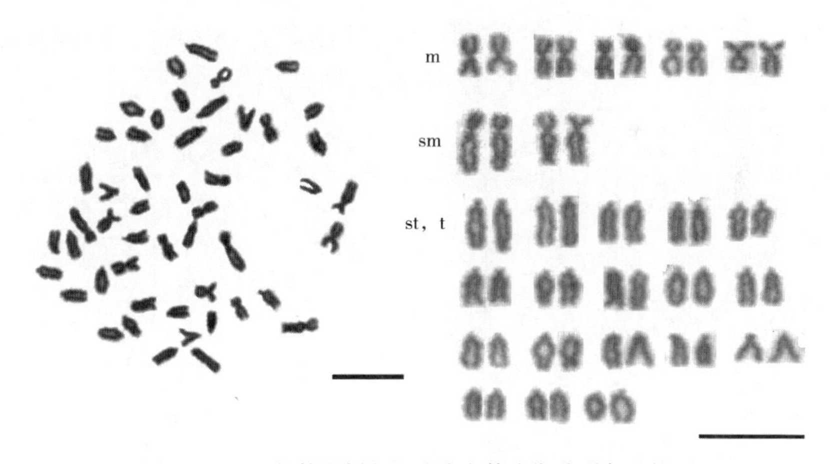

图2-16　二倍体泥鳅肾细胞染色体中期分裂象及核型

（引自糸纳正树，2004）

2.2.2.2　用Adobe Photoshop进行核型分析

（1）打开图像　打开PS→左键点左上角的文件→点“打开”→找所要分

析的染色体分裂象图片。

（2）染色体随机编号　点“分析”按钮→计数工具→在染色体附近点击左键，即可进行染色体随机编号。切记，不要把数字标记在染色体上（图 2－17）。

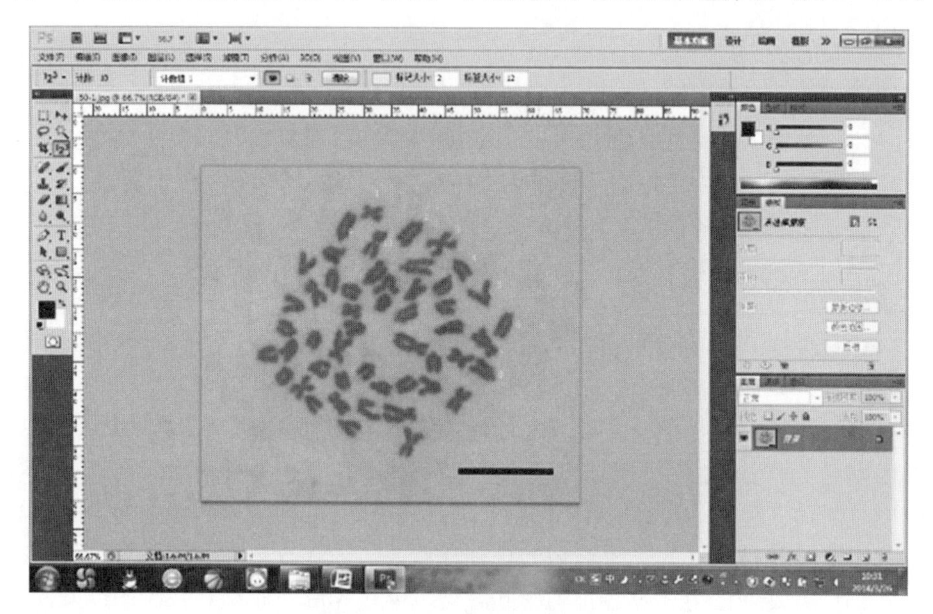

图 2－17　染色体随机编号

（3）创建 Excel 表　测量前要建立染色体测量原始数据表（表 2－1）。

表 2－1　染色体测量原始数据表

序号	长臂 1	长臂 2	平均长臂	短臂 1	短臂 2	平均短臂	全长	实际长臂（μm）	实际短臂（μm）	实际全长	相对长度	臂比	染色体类型

（4）测量　鼠标左键点击“视图”→选择标尺→选择单位（mm）→鼠标左键点击“分析”按钮→选择标尺工具，按照标记序号，左键点在着丝点处往右拉到染色体臂的顶端→上方显示 L1 值即是测量长度→记录→着丝点不动把尺拉向另一个臂的顶端→读数并记录→逐个测量染色体的长度。注意要及时保存文件，一定存储为 photoshop 格式。填写到表 2－1 中，并按着染色体类型 m→sm→st→t 排序。

实际长度换算：如该染色体臂长的测量长度为 59.65mm，比例尺

(10μm) 测量长度为 149mm，则染色体臂长的实际长度＝(59.65cm×10μm)/149cm＝0.65μm。

(5) 配对 根据目测和染色体相对长度、臂比、着丝粒位置及次缢痕的有无及位置，随体的有无、形状及大小等特性将同源染色体配对。

(6) 创建新图层 点击右侧“图层”按钮→选择复制图层→选择画布大小(通常为2倍宽度)→选择新图层背景染色(可选白色或原图片背景染色)→确定(图2-18)。

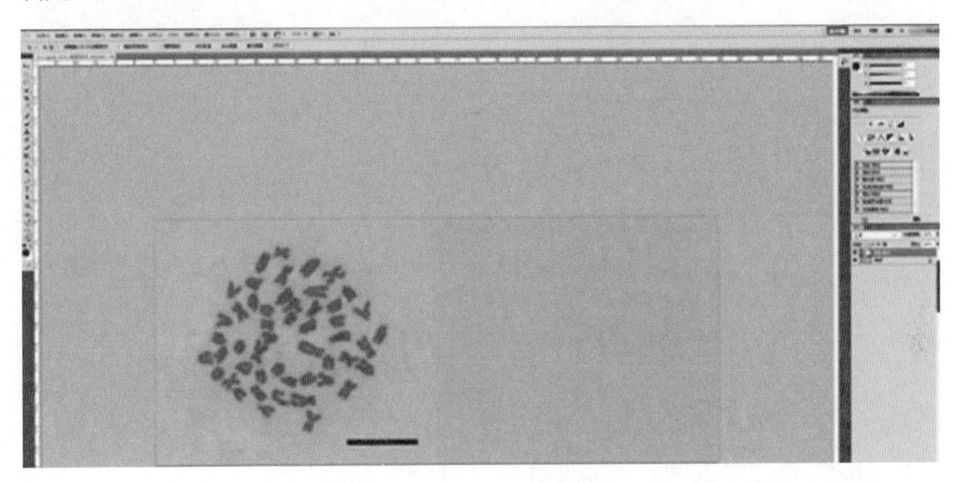

图2-18 创建新图层

(7) 剪裁与排列 ①如果新图层背景染色选择白色：右键点击左侧，选择“魔棒工具”→将上方“连续”前的对号去掉→再用鼠标点选有染色体处，即可全部选中所有染色体→左键点“选择”按钮→选扩大选取(可一次性扩大所有染色体的选取范围)→复制→粘贴，即可复制染色体到新的图层；②如果新图层背景染色选择原图片背景染色：这种不用提取染色体，可直接剪裁与排列；③设置参考线：鼠标左键从横坐标标尺处向下拖，或者从纵坐标标尺处向右拖，即可形成横纵线。整个排列完成后，视图→取消选择参考线前，即可全部去掉所有参考线，或直接点击取消参考线；④剪裁与排列：左键点击软件左侧工具栏中矩形选框工具→选中单个染色体→按住Ctrl即可拖至右侧→染色体着丝点放在横纵参考线交叉处→Ctrl＋T可旋转染色体→选择左侧“橡皮擦”，将多余部分擦掉即可。按照上述配好对的m→sm→st→t逐一类型成对剪裁与排列。短臂在上，长臂在下，由长到短进行排列(图2-19)。

(8) 保存并写出核型公式 将所有染色体排列完之后，将图片储存为photoshop格式，方便以后分析改动。核型图完成后要写出该物种的核型公

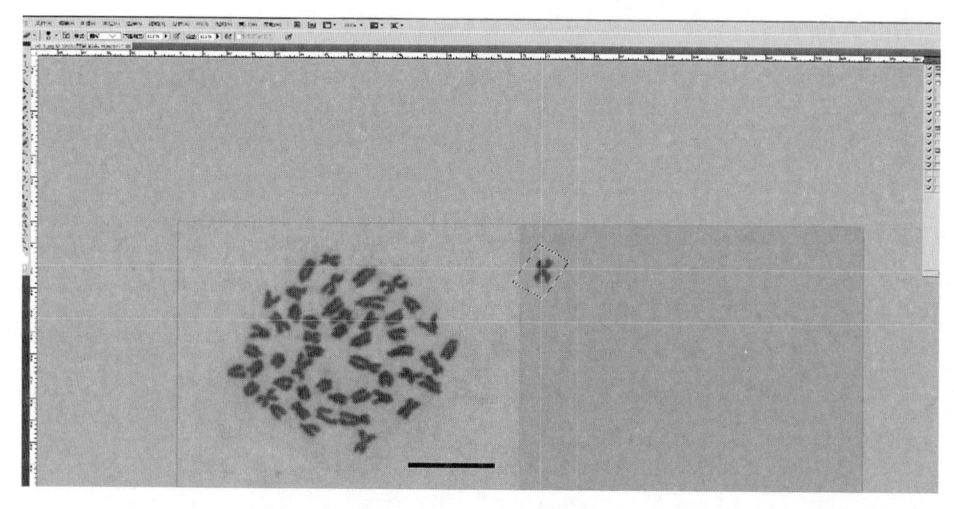

图 2-19　染色体排列

式，如图 2-20 所示，雄核发育二倍体泥鳅染色体数目为 $2n=50$，核型公式 10m+4sm+36t，总臂数（NF）=64。

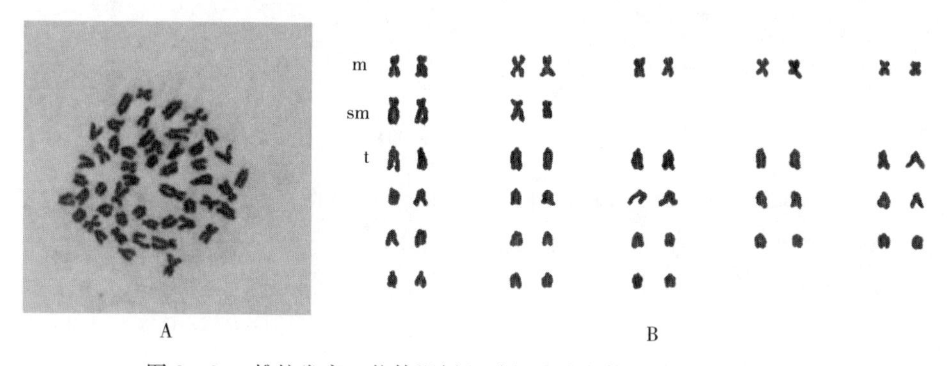

图 2-20　雄核发育二倍体泥鳅胚胎细胞染色体中期分裂象及核型

A. 染色体中期分裂象　B. 染色体核型

2.3　水产动物染色体带型分析

2.3.1　Ag-NORs 显带技术

2.3.1.1　原理

核仁组织区（nucleolus organizer region，NOR）是真核细胞染色体上 18S 和 28S *rRNA* 基因所在的部位，是生产 rRNA 的场所。NORs 的数目、分布及形态特征可作为研究物种间亲缘关系和染色体进化的一个指标。Ag-

NORs可以准确显示染色体上rDNA的位置，这已为原位分子杂交所证实。用硝酸银染色法可显示有活性的Ag-NOR。NOR数目被认为是一个稳定的细胞遗传学指标。用携带有Ag-NORs的染色体作为鱼类核型进化的指标，对于探讨鱼类系统发生具有重要意义。银染时酸性蛋白的羧基与银离子作用，但很不稳定，易被还原形成黑色的银颗粒。故有活性的NOR常被$AgNO_3$镀上银颗粒而呈现黑色；而无转录活性的NOR则不被着色。

2.3.1.2 主要器具和试剂

(1) 主要器具 恒温器、恒温干燥箱、显微镜、载玻片、盖玻片、密封箱。

(2) 试剂

①50%$AgNO_3$ $AgNO_3$ 4.0g，双蒸水8mL，使之充分溶解，过滤后避光，置4℃冰箱保存。

②2%明胶 明胶2g溶于99mL双蒸水中，煮沸完全溶解后加入1mL甲酸。使用有效期1个月。

③其他试剂 同2.1.1.1。

2.3.1.3 操作步骤

(1) 将1～3d片龄的染色体标本（白片子），放入70℃恒温干燥箱中，老化2～3h。

(2) 将老化后的染色体标本，有染色体的面朝上平放在70℃平皿中，50% $AgNO_3$溶液与2%明胶溶液以2∶1 (100μL∶50μL) 比例混合后立刻均匀滴加到染色体制片上，加盖玻片。

(3) 处理2～3min，当片子呈茶褐色时取出，70℃蒸馏水冲洗，室温晾干。

(4) 镜检、拍照先用低倍镜找到好的视野，再换用高倍镜观察细胞核银染颗粒，应看到细胞核是浅黄色的，银染蛋白存在的部位呈棕黑色颗粒。选择染色体分散良好，银染颗粒清楚的分裂象，进行计数。雌核发育二倍体泥鳅染色体NOR带见图2-21，可观察到2个银染点。

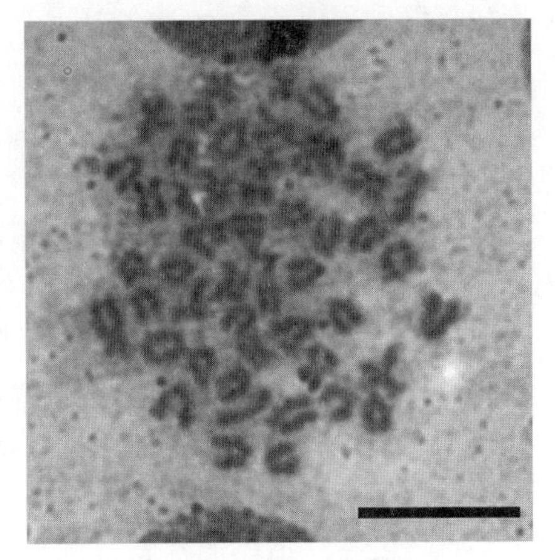

图2-21 雌核发育二倍体泥鳅染色体NOR带（标尺=10μm）
（引自Li et al，2011）

2.3.2 CMA_3/DA/DAPI 三重荧光染色

(1) 原理 CMA_3 与 DAPI 均为荧光染料，CMA_3 染色可以特异性地显示一些生物的核仁组织区（NORs）及其他某些 GC 丰富区，DAPI 则与染色体上的 AT 富含区专一性结合。因而，只要存在 NORs 就可用 CMA_3 染色显示出来。CMA_3 染色强度与 NORs 处的 GC 含量呈正相关。迄今为止，CMA_3 染色研究已见于植物、鱼类、两栖类、爬行类、鸟类等多种生物，在所有这些生物类群中，NORs 呈现明显的荧光（CMA_3 阳性）。因此，CMA_3 染色为生物 NORs 的识别鉴定提供了另一快速、简便的手段。

(2) 主要器材与试剂

①主要器材　荧光显微镜（附摄像装置）、移液枪、镊子等。

②试剂

1）Macllvaine（MI）缓冲液　0.2mol/L Na_2HPO_4 用 0.1mol/L 柠檬酸溶液调 pH 至 7.0。

2）CMA_3 溶液　将 CMA_3 按最终浓度 0.5mg/mL 溶于稀释 1 倍的 MI 缓冲液中，另加 $MgCl_2$ 1mg/mL。

3）DA 溶液　远霉素 A（distamycin A，DA）按 0.1mg/mL 用 MI 缓冲液（pH 7）配制。

4）DAPI 溶液　先将 DAPI 用灭菌蒸馏水配成 0.01mol/mL 的贮存液，冰箱保存。使用时用 MI 缓冲液（pH 7.0）配成 0.5μg/mL 的工作液。

(3) 操作步骤

①将 CMA_3 溶液滴于片龄为 3～4d 的常规染色体玻片上（不染色），加长盖玻片染色 40min，移去盖玻片，MI 缓冲液（pH 7.0）洗脱 2 次，用吸耳球将玻片吹干。

②将 DA 液滴于玻片上加长盖玻片染色 15min，MI 缓冲液（pH 7.0）洗脱 2 次，洗耳球吹干→将 DAPI 溶液滴于玻片上加长盖玻片染色 15min，MI 缓冲液（pH 7.0）洗脱 2 次，洗耳球吹干→将 1∶1 的甘油和 MI 缓冲液（pH 7.0）滴在玻片上，指甲油封片，平放在载玻片夹中冷藏，3～7d 内观察。

③荧光显微镜观察并拍照　经 CMA_3/DA/DAPI 三重荧光染色处理过的染色体玻片标本，置于荧光显微镜下观察拍照，当用蓝光（λ＝440～480nm）激发，雌核发育二倍体泥鳅显示有 2 个明亮的 CMA_3 阳性部位（图 2－22）。

2.3.3 C 显带技术

(1) 原理 当染色体经强碱变性盐溶液复性时，由高度重复 DNA 序列组成的染色体结构性异染色质区域的 DNA 复性速度要明显快于其他区域，因而

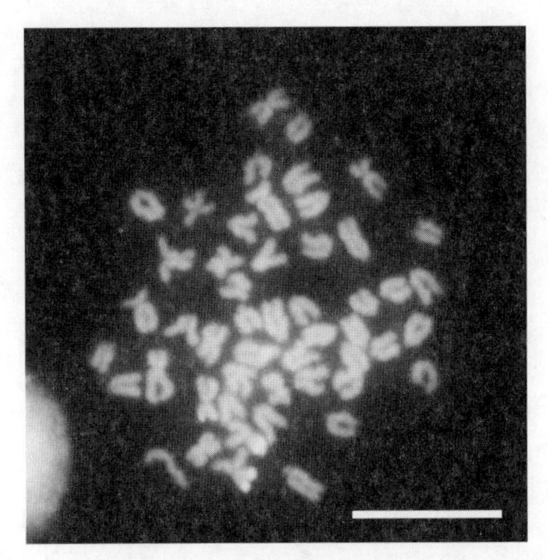

图 2-22 雌核发育二倍体泥鳅染色体 CMA_3/DA/DAPI 三重荧光染色（标尺=10μm）
（引自 Li et al，2011）

易被 Giemsa 染液深染，在染色体上呈现出特有的着丝粒和次缢痕深染区，即C带。对染色体进行C带处理，可提高对染色体的辨识水平，为染色体的分析提供方法。C带已广泛应用于多种鱼类的研究，为鱼类染色体的分类提供了一种简便的方法。以往按照染色体的大小、着丝粒位置、臂比等进行核型分析有一定的局限性，只用核型分析法进行染色体的分类有较大的误差，应用染色体显带技术可有效地降低这些误差。C带具有种属特异性，可以从一个侧面识别物种，并进一步探讨其亲缘关系，这将有利于从分子与细胞水平进一步了解有关物种的分类地位。C带是利用一系列酸碱处理、热标准枸橼酸盐溶液（standard saline citrate，SSC）温育，选择性抽提常染色体区域部分蛋白质，从而使处理后的染色体经吉姆萨染色后在组成型异染色质区域显示深着色，其他区域则浅着色。染色体经过加热变性或在甲酰胺溶液中变性后，经 DAPI 染色，所显示亮色条纹与C带相当，为组成型异染色质区域。

（2）主要器材与试剂

①主要器材　恒温箱、恒温水浴锅、分析天平、小台秤、量筒、烧杯、染色缸、滴瓶、载玻片、盖玻片、剪刀、镊子、刀片、铅笔、橡皮滴头、载片架、切片盒、显微镜、荧光显微镜、数码显微摄影系统。

②试剂

1）1mol/L 盐酸　在通风橱中，量取 82.5mL 浓盐酸（相对密度 1.19），沿壁加入纯水中，加纯水定容 1L。

2）20×SSC 溶液　称取 175.32g 氯化钠和 88.23g 柠檬酸钠溶解于纯水

中，加纯水定容1L。

3）卡诺氏固定液　甲醇和冰醋酸按3∶1比例混匀，使用前按需要量配制。

4）饱和氢氧化钡溶液　现配现用，称取5～8g氢氧化钡，用100mL煮沸的蒸馏水溶解，振摇充分溶解，配成5%～8%的饱和氢氧化钡水溶液，放在染色缸中50℃温育，让未溶解氢氧化钡自然沉淀。

（3）操作步骤

①将干燥后的未经染色的标本放在65℃的干燥箱中老化6h。

②将老化后的标本放入预热至60℃的5% $Ba(OH)_2$ 的饱和溶液中，处理5min。

③预热的蒸馏水冲洗玻片，务必将沉淀物质去除干净，避免影响后续观察。

④冲洗干净后用洗耳球将载玻片上的液体吹干，并将染色体标本在0.2mol/L HCl中室温处理11min。

⑤蒸馏水冲洗3次，每次1～2min，吹干。

⑥放入预热60℃的2×SSC溶液中孵育90min。

⑦蒸馏水冲洗去除2×SSC溶液后，自然晾干。

⑧完全干燥的染色体载玻片于10%的Giemsa（磷酸缓冲液配制，pH 7.0）染色60min，用蒸馏水冲洗，放于干燥箱中干燥。

⑨在显微镜下观察，选取分散状态良好，染色清晰的染色体分裂象并在油镜下拍照。

⑩带型分析　鱼类和贝类染色体带型还没有统一的国际化的标准。因此，试验者可以根据自己的工作方法和需要，记录分析的结果，比较不同材料间带型的区别，力求在染色体分带水平上分析染色体类型和生物的遗传结构。一般通过如下步骤进行：

1）选择20个染色体分散良好、带型清楚的分裂中期细胞，结合形态，根据带型，分清每一对同源染色体，使之配对。按染色体长度、臂比排列染色体，作成带型的核型图。

2）分析图像，确定染色体带的数量、相对位置、颜色深浅、宽窄等特征，并测绘出模式图。

例如，二倍体泥鳅染色体经酸碱处理并经吉姆萨染色后能显示出C带，按照染色体相对长度的递减顺序并综合考虑染色体分类进行排序。如图2-23、图2-24所示，二倍体泥鳅的染色体C带包括臂端C带、着丝粒C带；m染色体只有1号染色体既有臂端C带又有着丝粒C带，而且臂端C带均比着丝粒C带大，信号也比着丝粒位置的强；而其他4对m染色体及sm染色体只有着丝粒C

带，t染色体也只有着丝粒C带。

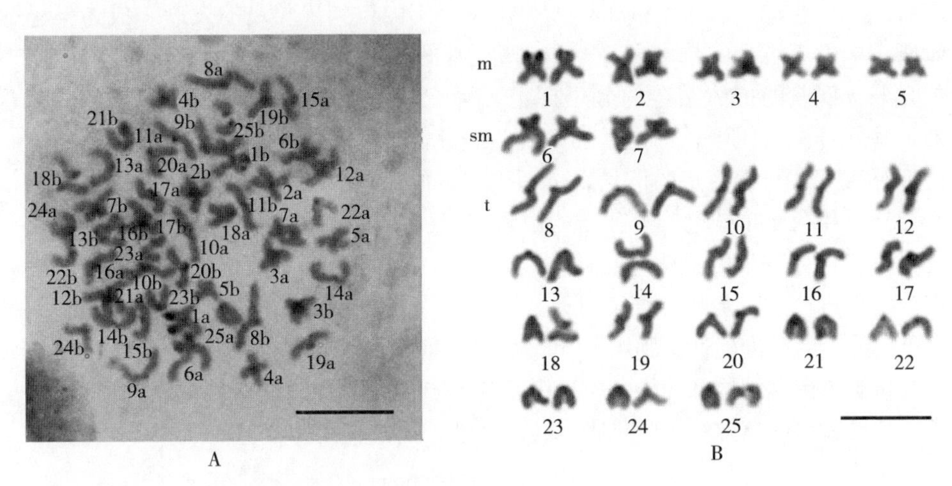

图2-23　二倍体泥鳅胚胎染色体中期分裂象C带及其核型（比例尺=10μm）
A. C带　B. 核型

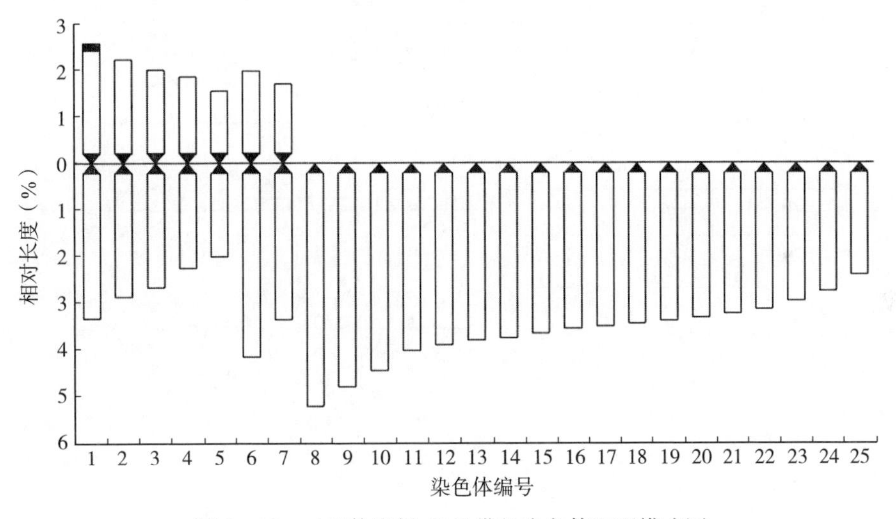

图2-24　二倍体泥鳅C显带的染色体组型模式图

2.4　水产动物荧光原位杂交技术

2.4.1　染色体荧光原位杂交

(1) 原理　荧光原位杂交（fluorescence *in situ* hybridization，FISH）技术是细胞遗传学研究的重要手段。相比于之前的放射性原位杂交技术，具有安全可靠、易于操作、经济、稳定、试验周期短、探针稳定易保存等优点。FISH 技术起源于 20 世纪 80 年代并在几十年内得到了长足的发展，成为染色体研究中必不可少的技术之一。FISH 技术的基本原理是利用荧光物质或可与荧光分子偶联的抗体结合的分子标记，标记特定 DNA 作为探针，根据 DNA 的碱基互补配对原则，标记后的序列与染色体上相应的序列在一定条件下可进行互补杂交，产生稳定的信号，进而确定目的序列在染色体上的位置信息（图 2－25）。rDNA 在染色体上分布的数目和具体定位可作为标记来识别染色体以及分析多倍体物种的进化过程，同时 rDNA 在染色体上的定位可以对传统的核型分析进行校正，尤其对于染色体较小且形态特征不明显的材料，可以提高同源染色体配对的准确性。利用 FISH 技术，通过定位 rDNA 研究核仁组织区，从而为鱼类染色体结构和功能分析提供理论基础。与其他方法不同的是，FISH 技术不依赖物种的核仁组织区是否有转录活性，而是直接针对 rDNA。

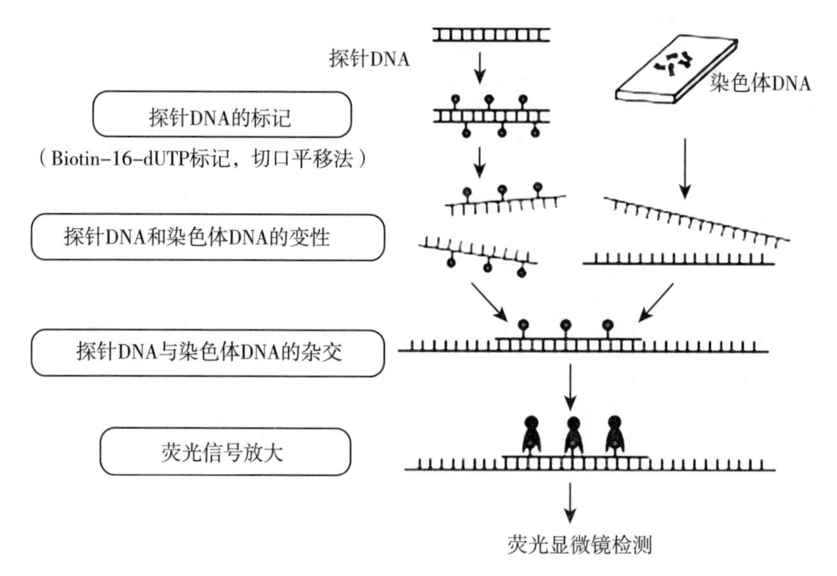

图 2－25　荧光原位杂交基本原理

（引自 Fujiwara et al，1998）

（2）主要器具和试剂

①主要器具　恒温干燥箱、电热恒温水箱（低温）、恒温水浴锅、往复式摇床、荧光显微镜、冷冻离心机、小型台式离心机、涡旋振荡器、恒温培养箱、移液器（200μL、100μL、20μL）、染色缸、封口膜、镊子、指甲油、暗盒等。

②试剂

1）2L 灭菌蒸馏水。

2）Biotin-16-dUTP（Roche No. 1093070）。

3）标记试剂盒（Roche No. 976776）。

4）鲑精子 DNA（Sigma Cat # D-9156，10μg/mL）和 *E. coli* tRNA（10μg/mL）混合液：10mg *E. coli* tRNA 加入鲑精子 DNA 中混合，冷冻保存。

5）4mol/L 醋酸铵　烧杯中先加 40mL 灭菌蒸馏水（DDW）（加多就会超过 100mL）加入 30.8g 醋酸铵，定容 100mL，抽滤灭菌，室温保存。

6）去离子甲酰胺。

7）70%甲酰胺/2×SSC 溶液：100%甲酰胺：灭菌蒸馏水：20×SSC＝35mL：100mL：5mL。

8）50%甲酰胺/2×SSC 溶液：100%甲酰胺：灭菌蒸馏水：20×SSC＝25mL：20mL：5mL。

9）小牛血清蛋白（BSA）（Roche No. 711454）。

10）1% BSA/4×SSC　1g BSA＋100mL4×SSC。

11）50%硫酸葡聚糖（Sigma D-8906）　1mL 灭菌蒸馏水加入 5mL 离心管中，称 1g 硫酸葡聚糖，少加一点，震荡，加热（65℃），溶解后再加一点，重复上述步骤，直到全部溶解，盖上帽，放入小烧杯中，烧杯盖上锡纸，高压灭菌，放入 4℃或－20℃冷藏。

12）Avidin-FITC（Roche No. 1975595）　1mL 加入 1mg 药品的原封瓶中，分装后避光冷冻保存。

13）Biotin/anti-avidin D（Vector BA-0300）。

14）Triton-X（Wako Cat #168-11805）。

15）DAPI/antifade（Sigma）。

16）20×SSC（pH 7.0）：3mol/L NaCl，0.3mol/L 柠檬酸钠，NaOH 调 pH 为 7.0，高压灭菌，室温保存。

17）RNase 溶液（0.5mg/mL）。

（3）操作步骤

①荧光原位杂交流程　完成本试验需要 3d 时间：第 1 天染色体标本的前处理、探针 DNA 的处理及杂交，第二天洗脱和对比染色，第三天观察。整个操作流程见图 2-26。

②染色体标本的前处理

1）取染色体玻片 65℃老化 2～3h。

2）4×SSC 洗脱 5min，取 RNase 溶液（0.5mg/mL）100μL 置玻片上，用封口膜盖上，将玻片放入 2×SSC 的湿盒中 37℃处理 30min。

3）用尖细镊子小心地移去封口膜，立即将玻片放入 4×SSC 溶液浸泡

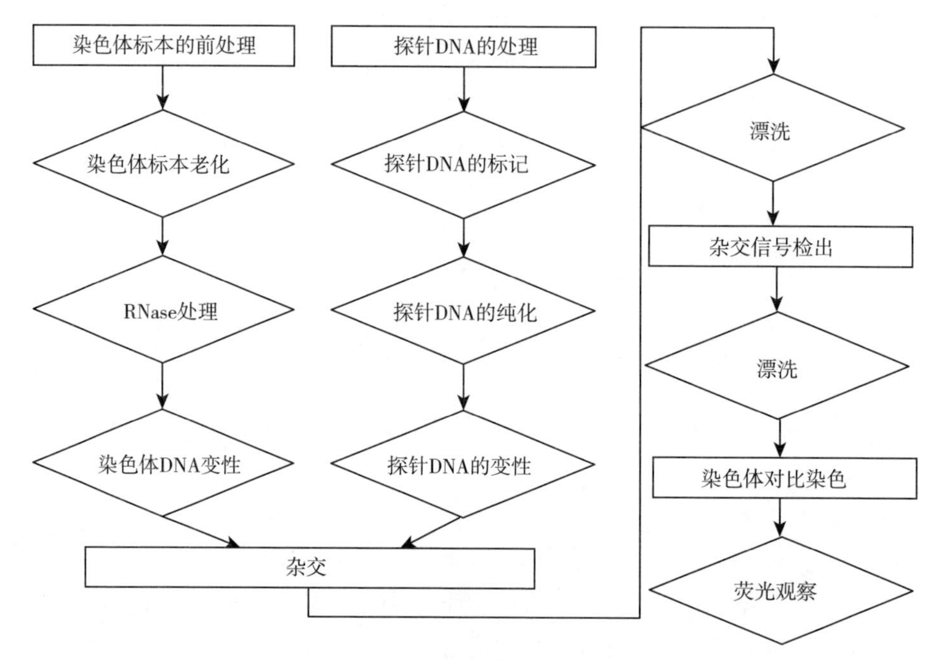

图 2-26　荧光原位杂交操作流程

5min，再转入装有卡诺氏固定液的染色缸中浸泡 5min 后拿出晾干。

4）染色体变性及脱水　取出染色体玻片，将其浸在 70℃的体积分数 70％甲酰胺/2×SSC 的变性液中变性 2min；立即将标本移入－20℃预冷体积分数 70％10min、体积分数 100％酒精脱水 5min，然后空气干燥。

③探针 DNA 处理

1）探针标记和纯化

A. 探针标记混合液制备（20μL/片）：　dATP（0.4mmol/L）2μL，dGTP（0.4mmol/L）2μL，dCTP（0.4mmol/L）2μL，10×buffer 2μL，生物素-16-dUTP（1mmol/L）1μL，5.8S+28S rDNA（100μg/mL）1μL，灭菌蒸馏水 6.5μL，酶 3.5μL，总计 20μL。震荡、离心、混匀。

B. 15℃水浴 120min，65℃水浴 10min，室温放置 10min 后冷藏备用。

C. 探针纯化混合液配制（70.5μL/片）　鲑精子 DNA 和 *E. coli* tDNA 混合液 2.0μL，4mol/L CH_3COONH_4 2.5μL，100％ 酒精 66μL，总计 70.5μL。震荡、离心、混匀。

D. 将探针标记混合液加入纯化混合液中混匀，－80℃静置 20min，室温静置 10min，15 000r/min、4℃离心 15min，加入 70％酒精轻离心，去掉上清液室温干燥 5min，加入去离子甲酰胺 20μL，涡流振荡混合轻离心后冷藏备用。

2）探针变性　将探针在75℃恒温水浴中温育10min，立即置0℃10min，使双链DNA探针变性。

④杂交

1）杂交混合液的准备及预杂交

A. 20mg/mL BSA 10μL，20×SSC10μL，灭菌蒸馏水10μL，50%硫酸葡聚糖20μL，混匀后冰上保存。

B. 将杂交混合液加入变性后的探针中，涡流振荡混合轻离心，37℃预杂交30min。

2）杂交　已变性并脱水的玻片标本上加50μL探针-杂交混合液。盖上封口膜置于2×SSC湿盒中，37℃杂交18h以上。

由于杂交液较少，而且杂交温度较高、持续时间长，为了保持标本的湿润状态，此过程在湿盒中进行。

⑤杂交后的洗脱　此步骤有助于除去非特异性结合的探针，从而降低本底。

1）洗脱液准备

洗脱液A：50%甲酰胺/2×SSC（100%甲酰胺∶灭菌蒸馏水∶20×SSC=25mL∶20mL∶5mL）。

洗脱液B：2×SSC（灭菌蒸馏水∶20×SSC=45mL∶5mL）。

洗脱液C：1×SSC（灭菌蒸馏水∶20×SSC=47.5mL∶2.5mL）。

洗脱液D：4×SSC（灭菌蒸馏水∶20×SSC=40mL∶10mL）。分别装在4个染色缸中。

洗脱液E：4×SSC50mL+Triton 50μL（黏性强，移液枪要剪枪头）充分混合。

2）洗脱　杂交次日，将标本从37℃恒温箱中取出，小心揭掉封口膜，置于42℃水浴预热的洗脱液A中洗脱20min，洗脱液B中室温洗脱20min，洗脱液C中室温洗脱20min，洗脱液D中室温洗脱5min。洗脱过程中注意多次上下移动玻片，充分洗净。

⑥杂交信号检测和放大

1）试剂及配制方法

A. 500μL的1%BSA/4×SSC中加入1μL Avidin-FITC原液搅拌，充分混合。

B. 500μL的1%BSA/4×SSC中加10μL Biotin/anti-avidin D原液，充分混合。

2）取出玻片标本用纸巾将没有染色体的部分擦干，在有染色体范围内加入上述试剂A 100μL，盖上封口膜，置于2×SSC湿盒中，37℃避光温育1h。

3）小心揭掉封口膜，在水平往复摇床上经以下液体洗脱（避光），洗脱液E 20min→4×SSC溶液5min→新的4×SSC溶液5min。

4）取出玻片用纸巾将没有染色体的部分擦干，在有染色体范围内加入上述试剂B 100μL，盖上新的封口膜，放在2×SSC湿盒中，37℃避光温育1h。

5）小心揭掉封口膜，在水平往复摇床上经以下液体洗脱（避光）Triton/4×SSC溶液20min→4×SSC溶液5min→新的4×SSC溶液5min。

6）重复步骤2）和3）。

⑦复染和封片

1）DAPI/antifade溶液　用去离子水配制1mL/mg DAPI储存液，按体积比1∶300，将antifade溶液稀释成工作液。

2）把杂交后的染色体玻片标本放在2×SSC溶液中5min轻洗。

3）取出后尽力甩去玻片标本表面多余的SSC，在有染色体处滴入50μL 2.5μg/mL的DAPI/antifade溶液，指甲油封片，平放在载玻片夹中冷藏，3～7d内观察。封好的玻片标本可以在－70～－20℃的冰箱暗盒中保持数月之久。

⑧荧光显微镜观察FISH结果　先在可见光源下找到具有细胞分裂象的视野，然后打开荧光激发光源，FITC的激发波长为494nm，发射波长为518nm。细胞被DAPI染成蓝色，而经FITC标记的探针所在位置发出绿色荧光。用Olympus AH2荧光显微镜观察杂交信号，Spot Cooled CCD装置捕获图像，利用Spot和Photoshop软件进行图像处理（图2-27）。

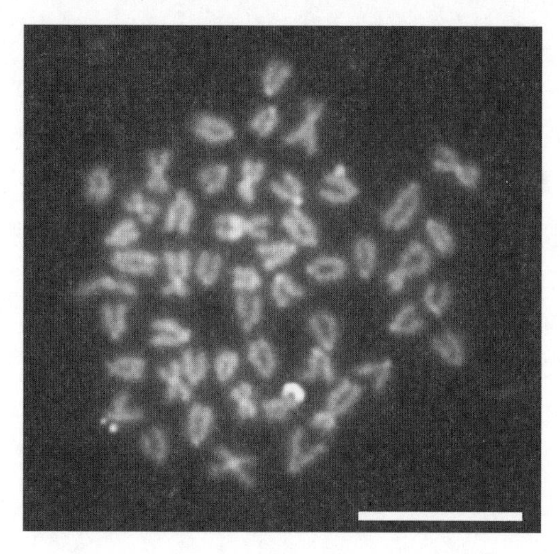

图2-27　雌核发育二倍体泥鳅染色体荧光原位杂交（标尺＝10μm）

（引自Li et al，2011）

2.4.2 基因组原位杂交

(1) 原理 基因组原位杂交（GISH）技术是经染色体原位抑制杂交（Chromosome *in situ* suppression，CISS）演变而来的一项安全而精确的原位杂交技术。该技术的原理是利用来源不同的某一亲本的全基因组 DNA 制备杂交探针，通过荧光素、生物素、地高辛等标记，利用另一亲本的全基因组 DNA 或非探针的其他 DNA 进行封阻，再将杂交探针原位杂交到杂交种的染色体制片上，最后通过与标记分子偶联的荧光免疫反应检测杂交的荧光信号。GISH 的技术操作主要分为六个步骤：染色体玻片的制备、探针的制备、杂交反应、染色体负染及荧光检测、显微观察和结果分析。GISH 技术最初应用于动物方面的研究，在植物上最早应用于小麦杂种和栽培种的鉴定，而在水产动物上应用就更少。

(2) 主要器具和试剂

①主要器具 微量电子天平，PCR 仪，低温（常温）离心机，涡旋混合器，电冰箱、微波炉，超净工作台，微量移液枪，Eppendorf D30 核酸蛋白测定仪，DC 恒温低温水槽，HH 系列数显恒温水浴锅，电泳仪，DHG-9070A 型电热恒温鼓风干燥箱，SHP-250 型生化培养箱，TS-108 摇床，Haier 医用低温保存箱，Leica DW2 000 荧光显微镜，Bio-Rad ChemiDoc XRS+凝胶成像仪，TOMY SS-325 型高压灭菌锅。染色体标本制备所用器具同 2.1.1.1。

②试剂

1）基因组 DNA 提取试剂盒 血液/细胞/组织基因组 DNA 提取试剂盒（天根生化有限公司）。

2）PCR 产物纯化试剂盒（北京全式金生物技术有限公司）。

3）原位杂交所用试剂同 2.4.1。

(3) 操作步骤

①亲本 DNA 提取

1）准备 1.5mL 离心管 6 个，每个离心管加入 400μL 尿素缓冲液（TENS-Urea Buffer）。

2）分别剪母本（A）和父本（B）部分鳍在蒸馏水中涮一下，放入离心管中。

3）每个离心管中分别加入 10μL 蛋白酶 K（Proteinase-K），在 37℃，11r/min 的恒温混合器中混合过夜。

4）每个离心管中加入 50μL 5mol/L NaCl。

5）再加入 800μL 苯酚：氯仿：异戊醇混合液，室温混合 20min，摇匀；

15 000r/min，20℃，20min 离心。用齐头枪头将上层 DNA 液体 400μL 吸入新的离心管中。

6）重复 5）一次。

7）每个离心管加入 40μL 的 3mol/L 醋酸铵（pH 5.2），再加入 800μL 的 99.5%酒精，轻混合，−30℃静置 30min，可见白色絮状沉淀。

8）15 000r/min，4℃，30min 离心。去掉上清，每个离心管加入 200μL 70%酒精反复冲洗后吸出，轻离心，再吸净，室温晾干。

9）每个离心管加入 50μL TE Buffer，4℃冰箱保存。次日进行 DNA 浓度及质量检查。降解的、蛋白质含量高的 DNA 不能用于此次试验。

②探针 DNA 的片段化及标记

1）利用高压灭菌锅对 A 全基因组 DNA 进行片段化，琼脂糖凝胶电泳检测片段长度（片段长度 500～1 000bp 为宜）。

2）利用缺口平移试剂盒（Roche 11745824910）15℃低温水浴锅中进行标记，标记时间设置为 120min。

3）标记后放入 65℃烘箱 20min 使酶失活。

③封阻 DNA 的片段化　利用高压灭菌锅对 B 全基因组 DNA 片段化，琼脂糖凝胶电泳检测片段长度（片段长度在 250bp 左右为宜，100～500bp 即可）。

④杂交混合液准备　将标记后的探针 DNA 与片段化后的封阻 DNA 按照筛选出的最佳混合比，即 1∶25 进行混合，加入 100%酒精 60μL 及 3mol/L 醋酸铵 3μL 沉淀之后，−30℃静置 30min，15 000 r/min 离心 30min，去掉上清液加入 150μL 70%酒精再次 15 000r/min 离心 3min，去掉上清，室温晾干后加入杂交缓冲液 50μL（50%硫酸葡聚糖 10μL∶20×SSC 1.83μL∶100%去离子甲酰胺 27.5μL∶灭菌蒸馏水 10.7μL）。

⑤探针 DNA 变性处理　83℃处理 7min，迅速移到冰水中 10min 以上（变性过程中的温度与时间控制需要精确）。

⑥染色体标本变性处理　取出老化完成的染色体标本滴片，放入提前 65℃预热的变性液［70%甲酰胺/2×SSC（pH 7.0）］中 3min，迅速移入 −20℃预冷的 70%酒精中 7min，再依次移入 −20℃预冷的 90%酒精 7min，100%酒精 10min（变性过程中的温度与时间控制需要精确）。

⑦杂交　40μL 杂交液全部滴加在事先标记好的染色体区域，覆盖 20mm×20mm 的封口膜，放入 2×SSC 湿盒置于 37℃培养箱中培养 18h 以上。

⑧洗净、对比染色与观察

1）洗净　轻轻揭掉封口膜，染色体标本放入 50%甲酰胺/2×SSC 溶液 42℃手动漂洗 20min，1×SSC 溶液 42℃手动漂洗 7min 3 次，2×SSC 室温 20s 静置。

2）滴加 100μL 染色封阻液（0.05g BSA：1mL 20×SSC：10μL Tween 20），盖上封口膜，放在 2×SSC 湿盒中，37℃恒温箱避光培养 30min。

3）FITC 荧光信号检出　拿掉封口膜，加入 100μL avidin - FITC 液（PBS+1%BSA：Alexa - Fluor488=200：4），盖上封口膜，37℃培养箱避光温育 80min。

4）漂洗　轻轻揭掉封口膜，放在 4×SSC/0.1%Tween20 溶液 42℃中避光漂洗 5min 4 回，4×SSC 溶液避光漂洗 10min。

5）信号放大　滴加 100μL 信号增幅液（PBS+1%BSA：biotin/antiavidin=125：0.5），盖上新的封口膜，放在 2× SSC 湿盒中，37℃培养箱避光温育 45min。

6）漂洗同步骤 4）。

7）加入 100μL avidin - FITC 液 37℃避光培养 1h。

8）漂洗同步骤 4）。

9）对比染色　依次将染色体标本放入盛有 70%、90%、100%酒精的染色缸中常温脱水各 5min，加入 50μL 2.5μg/mL 的 DAPI/antifade 溶液，用指甲油封片。水平放置于－4℃冰箱中避光保存。

⑨观察拍照　次日在荧光显微镜（Leica DM2000）下观察拍照。

用绿鲍基因组探针对皱纹盘鲍雌×绿鲍雄的子代幼体细胞进行 GISH 试验。如图 2 - 28 所示，皱纹盘鲍雌×绿鲍雄的子代基因组中的染色体有两种遗传来源，且一半来自母本基因组，一半来自父本基因组。证明了皱纹盘鲍与绿鲍杂交的真实性。

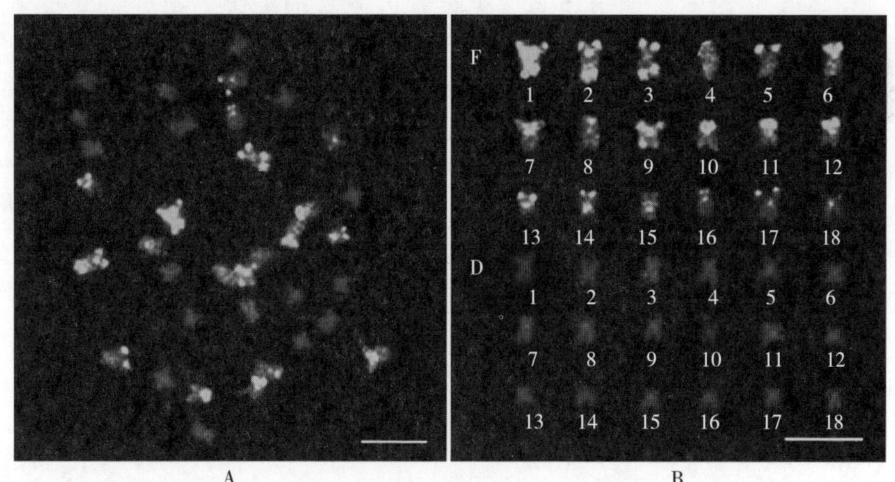

图 2 - 28　皱纹盘鲍雌×绿鲍雄的子代基于绿鲍基因组探针的 GISH 结果（标尺=10μm）
A. 染色体中期分裂象　B. 核型
F. 染色体由绿鲍遗传而来　D. 染色体由皱纹盘鲍遗传而来

3 库页岛鲟染色体倍性的分子细胞遗传学分析

3.1 引言

鲟资源由于过度捕捞和人类活动造成的环境变化而处于濒危状态。鲟不仅因其昂贵的鱼子酱和无骨肉而成为重要的水产养殖资源，而且也是理解进化史和基因组复制机制，即多倍体起源方面非常有吸引力的模式动物。Blacklidge 和 Bidwell（1993）以及 Birstein 等（1993）根据体细胞核 DNA 含量和染色体数目提出了鲟科内存在不同倍性，近期通过荧光原位杂交（FISH）进行的分子细胞遗传学研究表明，鲟存在三种基因组类群：A（约 120 条染色体，每个体细胞的核 DNA 含量为 3.2～4.5pg）、B（约 250 条染色体，6.1～9.6pg）和 C（372 条染色体，13.1～14.2pg），分别对应为遗传二倍体、四倍体和六倍体（Fontana 等，2008）。Blacklidge 和 Bidwell（1993）以及 Birstein 等（1993）认为 A、B、C 三组鲟分别是进化四倍体、八倍体及十二倍体。A 组遗传二倍体和 B 组遗传四倍体与微卫星基因分型的结果一致（Ludwig 等，2001）。

库页岛鲟（*Acipenser mikadoi*）在俄罗斯濒临灭绝（Artyukhin 和 Andronov，1990；Shilin，1995），在日本已经灭绝（Omoto 等，2004）。根据既往报道，通过对其核 DNA 含量进行检测发现，库页岛鲟具有平均 14.2pg 的核 DNA 含量，因此该物种被划分为 C 组的一种，即遗传六倍体或进化十二倍体（Fontana 等，2008；Birstein 等，1993），但如此大的基因组含量与其近缘种绿鲟（8.82pg）差距极大（Blacklidge 和 Bidwell，1993）。若库页岛鲟体细胞的核 DNA 含量为 14～15pg，其二倍体基因组应具有近 500 条染色体。然而，近期研究表明，库页岛鲟的核 DNA 含量为 8～9pg，应属于遗传四倍体的 B 组（Zhou 等，2011）。通过染色体核型研究显示，俄罗斯的库页岛鲟种群含有 260～280 条染色体（Vasil' ev 等，2009，2010；Vishnyakova 等，2009），库页岛鲟属于 B 组。Zhou 等（2011）研究发现，在核 DNA 含量为 8～9pg 的库页岛鲟雌鱼与雄鱼杂交的人工繁殖后代中，常出现三种核 DNA 含量个体，即 8～9pg（53%）、13～14pg（约 45%）及 16pg（约 2%），当具有 8～9pg 的个体被视为遗传二倍体时，具有约 1.5 倍和 2 倍核 DNA 含量的个体被视为遗传三倍体及遗传四倍体。因此，基因组大小或多倍体的种内变异发生在当代鲟物种中，从而导致既往研究结果不一致现象的发生（Birstein 等，1993；Blacklidge 和 Bidwell，1993；Zhou 等，2011）。

本研究对已知 DNA 含量的遗传二倍体（DNA 含量 8～9pg）和三倍体（DNA 含量 13～14pg）的库页岛鲟的染色体数目、核型及荧光原位杂交进行分析，旨在探讨 DNA 含量与染色体数目之间的关系，并与俄罗斯的研究结果进行比较（Vasil’ev 等，2009，2010；Vishnyakova 等，2009）。以深入了解自然界中导致种内倍性提升的分子细胞遗传学机制。

3.2　材料与方法

3.2.1　材料

在日本北海道海岸附近捕获的雌性、雄性库页岛鲟各 1 尾。保存在北海道大学 Nanae 淡水实验室的试验池中。通过人工催产授精，将受精卵立即放入 12℃的饲养箱中。库页岛鲟亲鱼及其后代的倍性已通过流式细胞仪确定。受精后 19d 取样，筛选遗传二倍体和三倍体个体制备染色体标本。在获得的后代中很少有遗传四倍体样本，因此不包括在本研究中。

3.2.2　方法

（1）染色体制备及核型分析　在显微镜下用镊子去除每个胚胎的卵黄，0.002 5%秋水仙素处理 6h，0.075mol/L KCl 低渗处理 0.5～1h，冷冻的卡诺氏固定液固定三次，每次 15min，－20℃冷冻保存。次日冷滴片，自然风干，Giemsa染色 45min，镜检拍照。根据 Levan 等（1964）的核型方法，将染色体分为中部着丝粒（M）、亚中部着丝粒（SM）、端部着丝粒（T）和小染色体（m）。

（2）荧光原位杂交（FISH）　染色体载玻片在 37℃培养箱中老化 3～5h，在 37℃下用 RNase 预处理 30min，在 70℃下用 70%甲酰胺/2×SSC（pH 7.0）变性 2min。变性后，染色体载玻片立即在－18℃保存的 70%乙醇、100%乙醇中分别脱水 10min、5min。人的 5.8S＋28S rDNA 序列探针（Fujiwara 等，1998）用缺口平移试剂盒（Roche）和生物素-16-dUTP 进行标记；标记后的探针用纯化混合液进行纯化；将探针在 75℃恒温水浴 10min，立即置入 0℃中 10min，使双链 DNA 探针变性；变性后的探针加入杂交混合液 37℃预杂交 30min；在已变性并脱水的玻片标本上加 50μL 探针-杂交混合液；盖上封口膜置于 2×SSC 湿盒中，37℃杂交 18h 以上。在 50%甲酰胺/2×SSC、

2×SSC、1×SSC 和 4×SC 中洗涤后，用抗生物素—异硫氰酸酯（N-荧光素异硫氰酸酯，Roche）结合物处理，并用 DAPI 反染。FISH 信号在尼康 ECLIPSE E800 显微镜下观察拍摄，并用 Penguin Mate（ver. 1.00.9）软件（Pixera）处理。

3.3 结果

根据 Zhou 等（2011）通过流式细胞仪测量的核 DNA 含量，将样本分类为遗传的二倍体和三倍体，如表 3-1 所示。

表 3-1 库页岛鲟幼体基因组大小，倍性状态以及染色体数目

遗传学倍性	样品序号	DNA含量(pg)	细胞数量									细胞总数
			210～229	230～249	250～269	270～272	300～319	320～339	340～359	360～379	380～402	
二倍体	1	8.7	2	4	2	0	—	—	—	—		8
	2	8.2	1	4	3	3	—	—	—	—		11
	3	8.4	0	0	4	0	—	—	—	—		4
	4	9.1	2	2	2	0	—	—	—	—		6
三倍体	1	12.7	—	—	—	—	0	1	2	3	3	9
	2	12.6	—	—	—	—	3	0	3	5	4	15
	3	12.9	—	—	—	—	0	1	0	2	4	7
	4	13.0	—	—	—	—	1	2	0	1	0	4
细胞总数			5	10	11	3	4	4	5	11	11	64

由于存在大量小染色体，因此很难准确计算出每个细胞中期的染色体数目。遗传二倍体个体的中期分裂象统计结果显示，染色体众数在 230～272。只计算二倍体的 M 或 SM 染色体时，其众数为 80（表 3-2）。最佳中期染色体分裂象含有 268 条染色体（图 3-1A），包括 80 条 m 或 sm 染色体，48 条 t 染色体及 140 条微染色体（mc）（图 3-1B）。

表 3-2 库页岛鲟幼体体细胞中、亚中部着丝粒染色体的分布

遗传学倍性	样品序号	细胞数量																	细胞总数
		66	68	70	72	74	76	78	80	106	110	111	112	114	115	116	118	120	
二倍体	1	1	1	0	0	0	0	1	4	—	—	—	—	—	—	—	—	—	7
	2	0	0	0	1	1	0	0	4	—	—	—	—	—	—	—	—	—	6

（续）

遗传学倍性	样品序号	细胞数量																	细胞总数
		66	68	70	72	74	76	78	80	106	110	111	112	114	115	116	118	120	
二倍体	3	0	0	0	0	0	0	1	3	—	—	—	—	—	—	—	—	—	4
	4	0	0	2	0	0	0	1	1	—	—	—	—	—	—	—	—	—	4
三倍体	1	—	—	—	—	—	—	—	—	1	0	0	0	0	1	0	0	2	4
	2	—	—	—	—	—	—	—	—	0	1	0	1	0	0	1	1	5	9
	3	—	—	—	—	—	—	—	—	0	0	2	0	1	0	0	0	1	4
	4	—	—	—	—	—	—	—	—	0	0	0	0	0	0	0	1	0	1
细胞总数		1	1	2	1	1	0	3	12	1	1	2	1	1	1	1	2	8	39

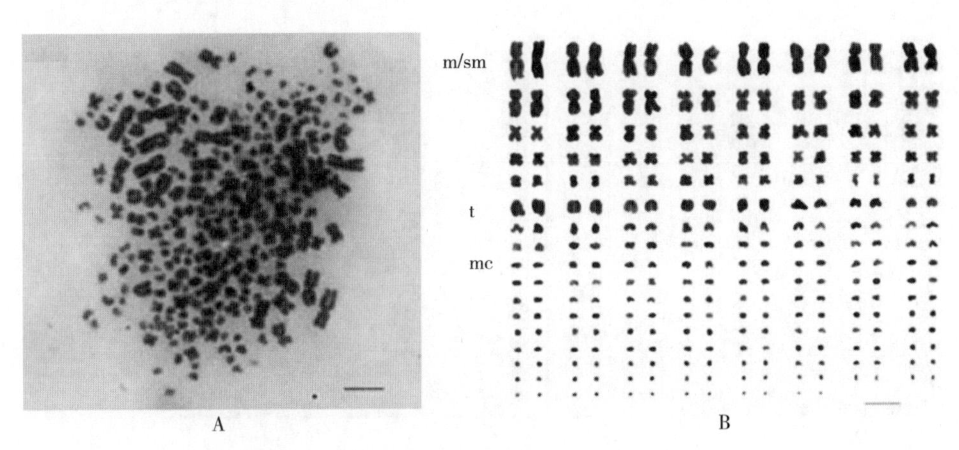

图 3-1　二倍体库页岛鲟染色体中期分裂象（$2n=268$）及核型（标尺＝5μm）
A. 染色体中期分裂象　B. 核型

遗传三倍体染色体众数在 360～402，与预期的 345～408 染色体数目一致。仅计算 m 或 sm 染色体时，其众数为 120，相当于上述遗传二倍体众数（80）的 1.5 倍。有 402 条染色体的中期分裂象核型（图 3-2A）包含 120 条 m 或 sm、72t 和 210 条微染色体（mc）（图 3-2B）。

以人 5.8S+28S rDNA 为探针，在遗传二倍体和三倍体库页岛鲟中均检测到荧光信号（图 3-3）。3 个遗传二倍体个体共 50 个细胞中期分裂象显示出最多 18 个信号，包括 m 或 sm 染色体上的 6 个信号和小染色体上的 12 个信号（图 3-3A）。6 个微染色体上的荧光信号通常太弱或太小而无法检测。观察 3 个遗传三倍体个体共 30 个中期分裂象显示出最多 27 条染色体上产生了荧光信号（图 3-3B）。

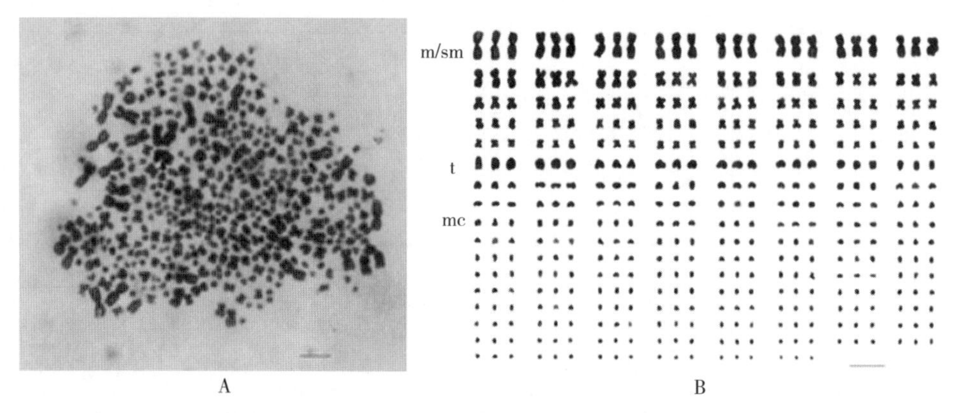

图 3-2　三倍体库页岛鲟染色体中期分裂象（$3n$=402）及核型（标尺=5μm）

A. 染色体中期分裂象　B. 核型

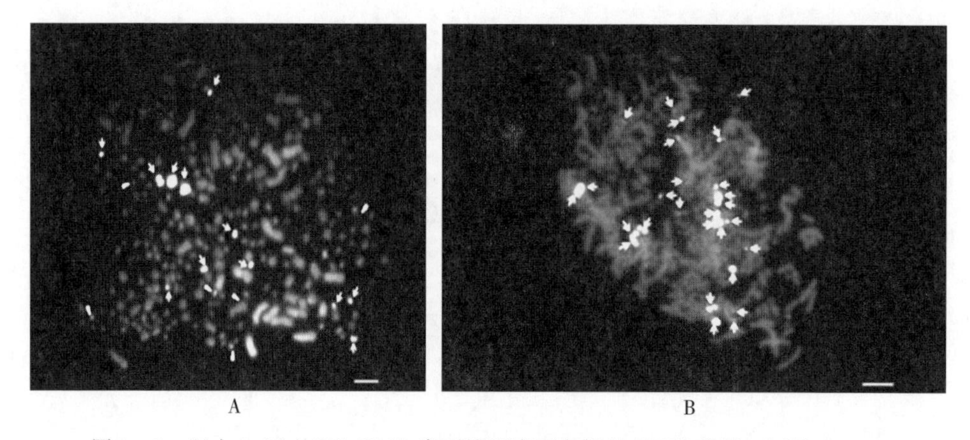

图 3-3　以人 5.8S+28S rDNA 序列检测库页岛鲟的 FISH 信号（标尺=5μm）

A. 二倍体　B. 三倍体

注：箭头代表中/亚中部以及端部着丝粒染色体上的 FISH 信号，三角箭头代表微染色体上的微弱 FISH 信号。

3.4　讨论

本研究对库页岛鲟遗传二倍体进行染色体数目统计发现，其存在 230～272 条染色体，因此，库页岛鲟应被归为 B 组，此结果与 Zhou 等（2011）结论一致。目前细胞遗传学研究结果与 Vasil'ev 等（2009，2010）报道的俄罗斯库页岛鲟的（262±4）条染色体和 Vishnyakova 等（2009）报道的（247±33）条染色体基本一致。Vasil'ev 等（2009）报道的 80 条双臂染色体的核型与笔者发现的 80 条 m 或 sm 染色体的核型相同。在库页岛鲟和其他物种或杂种的人工繁殖后代中发现了基因组大小或倍性的种内变异以及高频率的遗传三倍体个体（Zhou 等，2011）。本研究结果显示，遗传三倍体库页岛鲟体细胞的染色体众数为 360～402，具有代表性的细胞中期分裂象具有 402 条染色体，核型为 120m/sm＋72t＋210mc。这一核型特征与遗传二倍体（$2n=268$，80m/sm＋48t＋140mc）中的核型组成增加 1.5 倍完全吻合，强烈表明遗传三倍体具有三组同源染色体。因此，本研究从细胞遗传学角度首次证实库页岛鲟是含有三套染色体组的遗传三倍体。结合本研究结果与既往 DNA 含量检测结果（Zhou 等，2011），推测 Birstein 等（1993）报告的库页岛鲟 DNA 含量为 14.2pg，可能是由于自然界中存在天然三倍体鱼类所导致。因此，这种天然的倍性升高可能发生在现存的鲟物种中。这一现象解释了几种鲟物种中存在种内基因组大小变化的机制（Zhou 等，2011）以及鲟物种间基因组大小变化的机制（Fontana 等，2001，2008）。

本研究中，以人 5.8S＋28S rDNA 序列为探针的荧光原位杂交在遗传二倍体中最多检测到 18 个信号，在遗传三倍体个体中最多检测到 27 个信号。因此，rDNA 信号增加 1.5 倍也证实了其为遗传三倍体。以往报道以 28S rDNA 为探针在纳氏鲟、西伯利亚鲟和高首鲟中检测到 10～12 个 FISH 信号，本研究遗传二倍体库页岛鲟中的 18 个 rDNA FISH 信号与其他作者之前的结果相似，这些鱼类都属于 B 组，约有 250 条染色体（Fontana 等，1999，2003）。此外，具有约 120 条染色体的 A 组鲟，即小体鲟（Fontana 等，1999，2003）、闪光鲟（Chicca 等，2002；Fontana 等，2003）、欧洲大西洋鲟（Tagliavini 等，1999；Fontana 等，2003）、欧洲鳇（Fontana 等，1998，2003）和大西洋鲟（Fontana 等，2008）都显示出 6～8 个 28S rDNA FISH 信号。因此，rDNA 信号的数量随着倍性水平或基因组大小的增加而成比例地增加。在目前的库页岛鲟中观察到的最多 18 个 FISH 信号也表明该物种是倍性组 B 组的一种。

关于在一些鲟物种和杂交种中发现的种内基因组大小差异，Zhou 等（2011）提出了三种可能导致在自然界中鲟后代倍性水平提升的原因：①抑制减数分裂（抑制极体释放），②形成未减数配子（无融合生殖或减数分裂前的核内有丝分裂），③多精受精。虽然在人工繁殖的 Bester（欧洲鳇雌性×小体鲟雄性）（Omoto 等，2005b）中已经指出并讨论了多倍体幼体的出现与卵子质量（过熟）之间的联系，但由于鲟有多个卵孔，因此不能排除多倍体幼体和多倍体精子之间的联系（Debus 等，2008），目前多倍化的主要机制尚未确定。因此，需要进一步的遗传学和细胞遗传学研究来确定多倍体个体中增加同源染色体组的起源，以了解鲟物种基因组变异和倍性升高的机制。这些方法将回答鲟的基本进化机制，并解决濒危鲟物种的全球保护战略问题。

4 西藏特有鱼类纳木错裸鲤染色体组构成及倍性分析

4.1 引言

纳木错裸鲤（*Gymnocypris namensis*）属于鲤形目（Cypriniformes）鲤科（Cyprinidae）裂腹鱼亚科（Schizothoracinae）纳木错裸鲤属（*Gymnocypris*），仅分布于我国海拔 4 718 米的西藏纳木错湖及各支流中，是纳木错湖内唯一的经济鱼类（何德奎等，2001），被称为中国海拔最高的裂腹鱼之一，对高原恶劣环境的适应能力极强。在《中国脊椎动物红色名录》中纳木错裸鲤也被列为近危（NT）物种（蒋志刚等，2016）。西藏土著鱼类主要由三大类群组成：鲤形目鲤科的裂腹鱼亚科、鳅科的条鳅亚科、鲇形目的鮡科（赵亚辉等，2008）。世界上裂腹鱼类有 12 属 100 余种，中国约占 11 属 76 种（亚种）（王金林等，2018），主要分布在青藏高原及其周边水域。西藏裂腹鱼亚科鱼类存在染色体多态性现象（武云飞等，1999），不仅表现在染色体数目多样性，而且还表现在染色体倍性多样性（马凯等，2021；周贤君等，2014；余先觉等，1989；祁得林，2004）。已有学者发现尖裸鲤（*Oxygyrnnocypris stewartii*）存在不同居群、不同个体间的染色体差异；拉萨裂腹鱼（*Schizothorax waltoni*）和异齿裂腹鱼（*Shizothorax oconnori*）也存在不同地区同种染色体的差异情况（武云飞等，1999）。另外已报道核型的 22 种裂腹鱼亚科鱼类大多数为多倍体类型，余祥勇等（1990）推测多倍体是高原裂腹鱼亚科核型进化最主要的特征，裂腹鱼亚科鱼类很可能具有共同的祖先。推测高原裂腹鱼亚科鱼类为适应高原恶劣多变的地理环境，其各种或种间染色体数目及倍性发生较大变化。因此，裂腹鱼亚科鱼类是研究多倍体鱼类和高原适应性机制的重要材料。西藏裂腹鱼亚科鱼类染色体的多态性，更有利于适应西藏地区恶劣多变的高原环境（施立明，1990），使它成为青藏高原水域的优势鱼种。裂腹鱼亚科鱼类已经确定核型的种类不足全部种类的 1/3（代应贵等，2011）。有关纳木错裸鲤染色体数目、核型及带型等方面的研究尚未见报道。因此，本研究对纳木错裸鲤的染色体数目、核型、银染（Ag－NORs）及 CMA_3/DAPI 双重荧光染色进行分析，确定纳木错裸鲤的染色体数目、核型及带型特点，并对其倍性进行分析。

本研究填补了纳木错裸鲤细胞遗传学方面研究的空白，并为后续开展的裂腹鱼亚科鱼类分类和进化相关研究提供参考。

4.2 材料与方法

4.2.1 材料

试验用纳木错裸鲤雄鱼 3 尾取自我国西藏自治区纳木错湖（表 4－1），体长 31.1～36.1cm，体重 418.7～682.5g，空运至大连海洋大学海养楼实验室水族箱中暂养，暂养温度为（12±1)℃。

表 4－1 纳木错裸鲤样本规格

序号	性别	体长（cm）	全长（cm）	体重（g）
1	雄	36.1	44.3	682.5
2	雄	33.1	37.2	495.2
3	雄	31.1	36.0	276.1

4.2.2 方法

（1）肾细胞染色体标本制备 采用两次植物凝集素（PHA）（林义浩，1982）及一次秋水仙素腹腔注射进行样品处理，注射剂量均为每克体重 6μg，PHA 两次作用时间分别为 18～20h 及 4～6h，秋水仙素作用时间为 2～3h。取出完整肾脏，置于 0.075mol/L KCl 低渗液中低渗 45min、卡诺氏固定液固定三次，每次 15min，－20℃冰箱冷冻过夜。采用常规冷滴片法进行染色体标本制备，风干后用质量分数 10％的吉姆萨染色液处理 45min，普通光学显微镜（Leica DM2000）下镜检。

（2）染色体数目统计及核型 从 3 尾纳木错裸鲤染色体中期分裂象中各选取 30 个分散良好、形态完整的样品进行计数统计，以确定染色体数目。每尾鱼分别选取 5 个染色体数目完整，形态清晰的分裂象进行核型分析，参照 Levan（1964）等标准进行。

（3）银染（Ag－NORs） 采用 Howell 和 Black（1980）快速银染法。将纳木错裸鲤肾细胞染色体载玻片置于已预热至 65℃的加热器平面上，取 100μL 的 50％硝酸银溶液与 50μL 的 2％明胶溶液混匀后，均匀滴到染色体载玻片上，盖上盖玻片及遮光盒，黑暗条件下处理 1～2min，至染色体被染成金黄色，用灭菌蒸馏水（65℃）冲洗载玻片后风干、封片，普通光学显微镜（Leica DM2000）下镜检。

(4) CMA_3/DAPI 双重荧光染色 主要参照 Schweizer 方法，并在此方法基础上稍加修改。纳木错裸鲤肾细胞染色体使用 0.5mg/mL CMA_3 染色 60min，0.1mg/mL DAPI 染色 15min。每次染色后均用 MI 缓冲液（pH 7.0）漂洗 2 次，甘油和 MI 缓冲液（pH 7.0）按比例 1∶1 混合后封片，保存于 4℃冰箱并水平放置，1 周内在荧光显微镜（Leica DM2000）下观察拍照。

4.3 结果与分析

4.3.1 肾细胞的染色体数目及核型分析

试验选用 3 尾纳木错裸鲤的肾细胞制备染色体标本，每尾鱼选取 30 个染色体形态清晰，分散良好的中期分裂象用于统计数目。结果显示，染色体数目分布于 84～94，1 号个体中 92 条染色体中期分裂象占比 70%（图 4-1 A），2 号个体中 92 条染色体中期分裂象占比 73%（图 4-1B），3 号个体中 92 条染色体中期分裂象占比 66%（图 4-1C）。统计三尾鱼合计 90 个染色体中期分裂象，染色体数目为 92 条的分裂象占比 70%（图 4-2）。因此，纳木错裸鲤的染色体数目为 92 条，且不同个体间染色体数目结果一致。

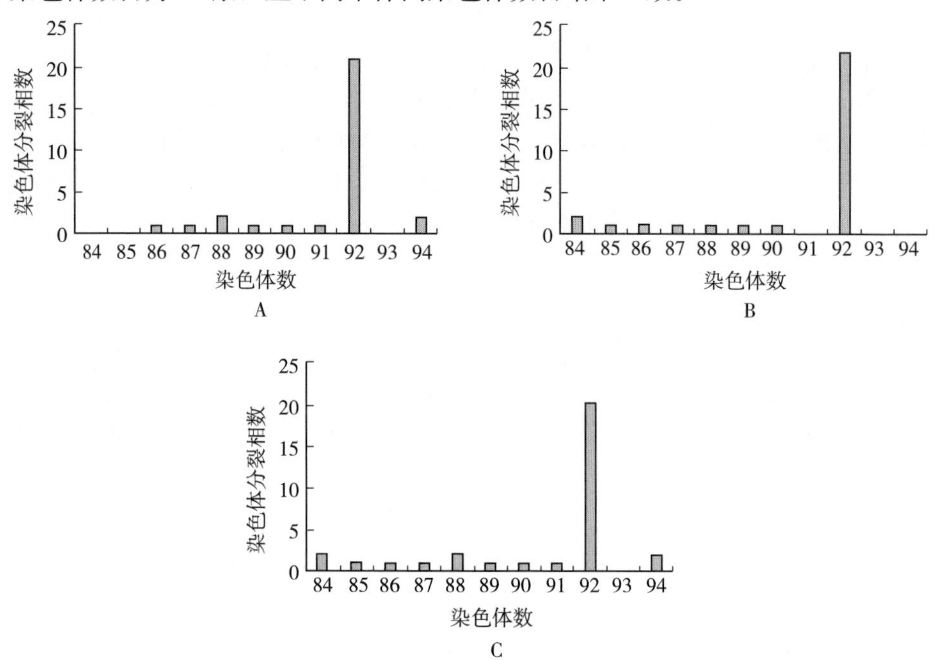

图 4-1 纳木错裸鲤不同个体染色体数统计

A. 1 号个体 B. 2 号个体 C. 3 号个体

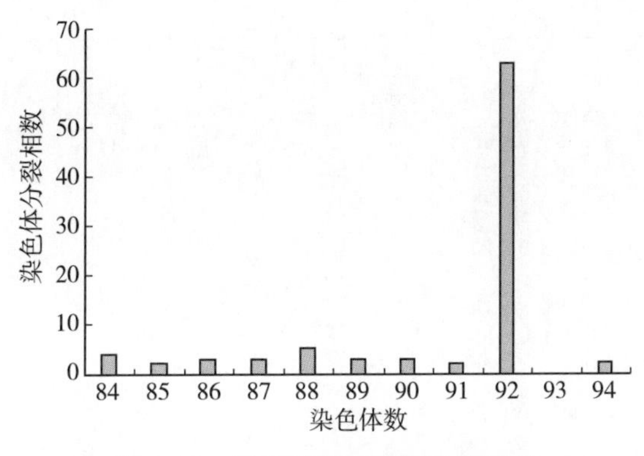

图 4-2 纳木错裸鲤染色体数统计

从3尾纳木错裸鲤中各选取染色体数目完整、形态良好的中期分裂象5个，测量每条染色体的臂长（长臂及短臂），计算染色体相对长度及臂比（表4-2）。根据Levan等提出的标准确定染色体类型并进行配对。结果显示：①中部着丝点染色体（m）共计40条；②亚中部着丝点（sm）染色体共计20条；③端部着丝点染色体（t）共计32条。纳木错裸鲤核型公式为40m+20sm+32t，NF = 152（图4-3）。

表 4-2 纳木错裸鲤的染色体组型数据

序号	相对长度	臂比	染色体类型
1	7.998±0.305	1.332±0.105	m
2	6.638±0.298	1.274±0.077	m
3	5.504±0.182	1.388±0.091	m
4	5.074±0.294	1.282±0.039	m
5	4.766±0.212	1.373±0.080	m
6	4.442±0.177	1.378±0.188	m
7	4.136±0.172	1.373±0.127	m
8	3.910±0.144	1.385±0.100	m
9	3.626±0.150	1.406±0.036	m
10	3.198±0.301	1.338±0.075	m
11	6.410±0.537	1.957±0.156	sm
12	5.276±0.443	2.028±0.198	sm
13	4.608±0.284	2.128±0.191	sm
14	4.254±0.203	2.068±0.156	sm
15	3.788±0.305	1.599±0.875	sm

（续）

序号	相对长度	臂比	染色体类型
16	3.952±0.945	∞	t
17	3.718±0.417	∞	t
18	3.730±0.274	∞	t
19	3.446±0.179	∞	t
20	3.286±0.242	∞	t
21	3.060±0.225	∞	t
22	2.774±0.245	∞	t
23	2.330±0.101	∞	t

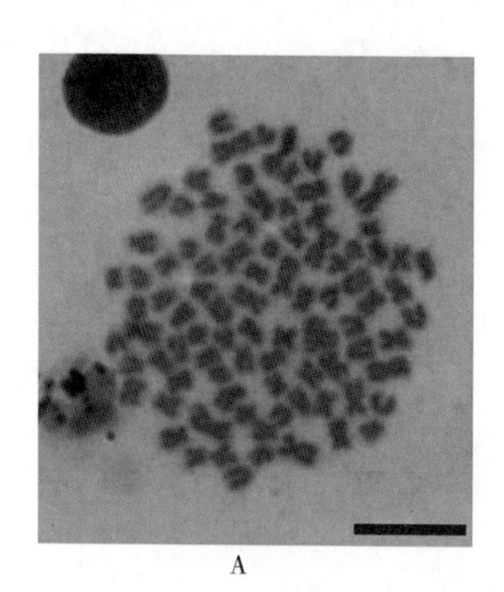

A

m

sm

t

B

图 4-3　纳木错裸鲤染色体中期分裂象及核型（标尺=10μm）

A. 染色体有丝分裂中期分裂象　B. 核型分析

4.3.2　肾细胞的 Ag-NORs 分析

Ag-NORs 数目在间期核和染色体中期分裂象中均表现出多态性。观察统计 100 个纳木错裸鲤肾细胞银染间期核，呈现出 Ag-NORs 的数目为 1～4 个（图 4-4），含有 2 个 Ag-NORs 的频率最高，为 46%（表 4-3），可清晰地观察到最多 4 个 Ag-NORs 点。在统计 30 个银染位点清晰、染色体数目完整的中期分裂象中，呈现出 Ag-NORs 的数目为 1～4 个，含有 2 个 Ag-NORs 的频率最高，为 47%，能够清晰地观察到最多 4 个 Ag-NORs 点（图 4-5A）。核型分析显示，Ag-NORs 位于亚中部着丝粒染色体（sm2）短臂的端部区域（图 4-5B）。结果显示纳木错裸鲤是含有 4 套染色体的遗传四倍体。

表 4-3 中期分裂象 Ag-NORs 频率及间期核中核仁频率

Ag-NORs 数目	分裂象数	频率（%）	核仁数	间期核数	频率（%）
1	7	23	1	33	33
2	14	46	2	47	47
3	5	17	3	15	15
4	4	14	4	5	5

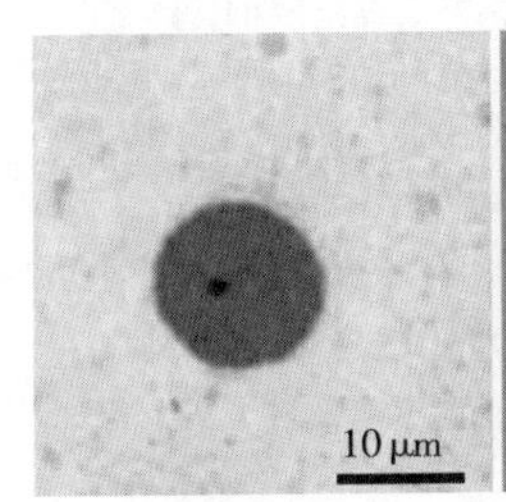

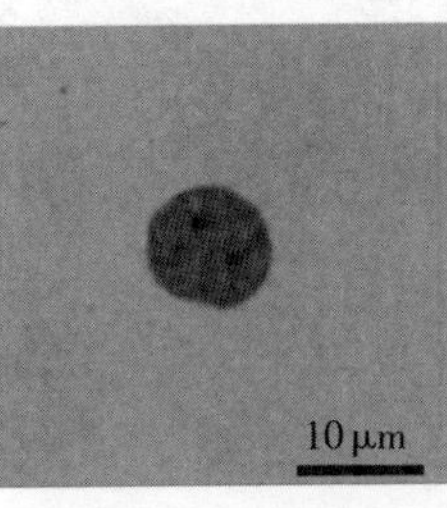

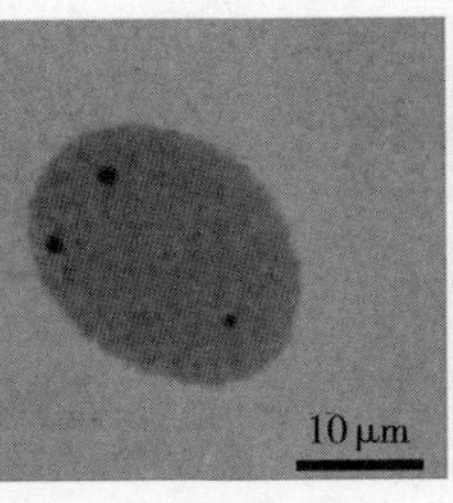

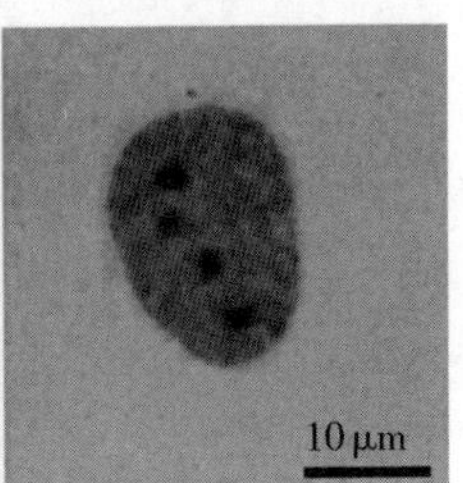

图 4-4 纳木错裸鲤间期核硝酸银染色

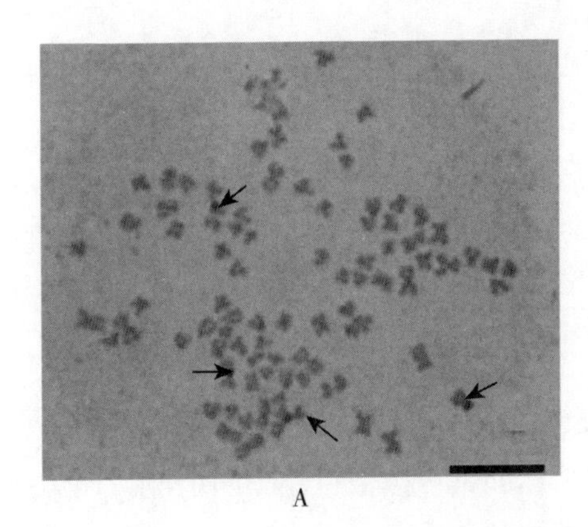

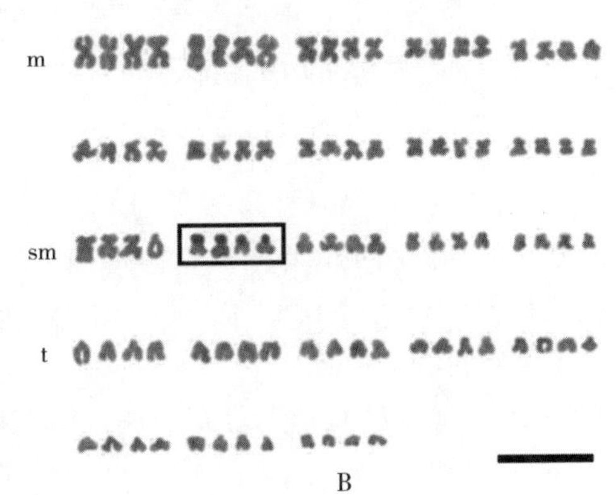

图 4-5 纳木错裸鲤染色体中期分裂象（Ag-NORs）及核型（标尺=10μm）
A. 染色体有丝分裂中期分裂象 B. 核型

4.3.3 肾细胞的 CMA_3/DAPI 分析

经 CMA_3/DAPI 二重荧光染色处理过的纳木错裸鲤染色体标本制片，置于 Leica DM 2000 荧光显微镜下观察，当用 B 激发（蓝光 λ=440～480nm），纳木错裸鲤分裂象中显示有 4 个明亮的 CMA_3 荧光带（图 4-6B），经核型分析可知，CMA_3 阳性位点位于亚中部着丝粒染色体（SM2）短臂的端部区域（图 4-6C），与 Ag-NORs 位置相同，为核仁组织区（NORs）。当用 U 激发

（蓝光 λ=360～400nm），其荧光带型在纳木错裸鲤染色体中显示 4 个淡染的 DAPI 荧光带（图 4-6A），与 CMA_3 荧光带位置一致。结果显示，纳木错裸鲤是含有 4 套染色体的遗传四倍体。

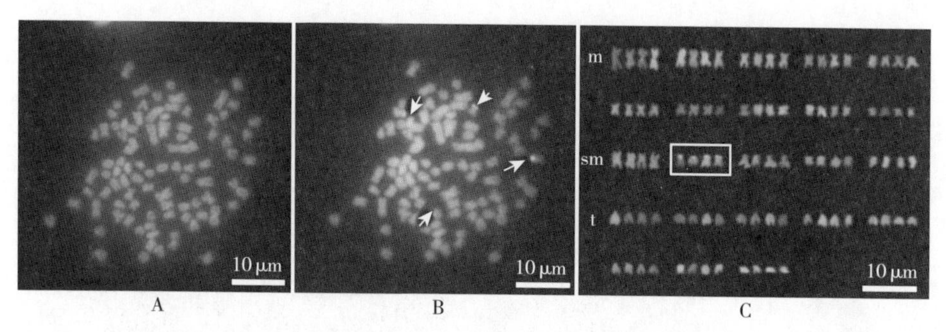

图 4-6 纳木错裸鲤染色体中期分裂象（CMA_3/DAPI）及核型（箭头示阳性部位）
A. 染色体中期分裂象（DAPI） B. 染色体中期分裂象（CMA_3） C. 核型分析（CMA_3/DAPI）

4.4 讨论

4.4.1 染色体数目及核型

染色体多态性既表现在不同类群、种属之间的明显差异上，如鲱科鱼类 $2n=48$，鳅科高原鳅类 $2n=50$（马秀慧，2015）；还表现在同种间不同个体的差异，如鄱阳湖黄颡鱼（*Pelteobagrus fulvidraco*）染色体数目为 $2n=52$，核型公式为 20m+14sm+14st+4t，NF=86（文永彬等，2013），洞庭湖黄颡鱼染色体数目为 $2n=52$，核型公式为 20m+12sm+10st+10t，NF= 84（马跃岗等，2013）。已有学者研究发现拉萨裂腹鱼、异齿裂腹鱼和尖裸鲤等西藏地区裂腹鱼亚科鱼类均存在不同居群、不同个体间染色体数目差异的情况，如尖裸鲤不同居群染色体存在 $2n=86$ 和 $2n=92$ 两种现象（武云飞，1999；余祥勇等，1990）。这一特点既表现了西藏裂腹鱼亚科鱼类染色体的多态性，也体现出高原裂腹鱼亚科鱼类具有很强的生命进化和适应高原恶劣环境能力（赵新全等，2008；许静，2011）。武云飞等（1999）推测，西藏裂腹鱼亚科鱼类染色体多态性的特点，可能与青藏高原地区曾经的地质大变动导致的气温骤变、高原气候恶劣，以及海拔上升变化明显等不稳定环境因素有关。裂腹鱼亚科鱼类分布较为集中，青藏高原及周边水域是裂腹鱼亚科鱼类的主要生活区域，其中许多裂腹鱼亚科鱼类仅存在于西藏地区，是西藏地区特有鱼种（马宝珊等，2011；李雷等，2019），具有地区代表性及进化特点，其染色体多样性在自然界中构成十分独特的系统，具有重要研究意义。但是，西藏裂腹鱼亚科鱼类染色体的研究相对滞后，70%的裂腹鱼亚科鱼类核型尚未报道。

纳木错裸鲤属于鲤形目鲤科的裂腹鱼亚科，是西藏地区的特有鱼种（昝瑞光等，1985），但较长时间内缺乏系统的生物学研究，在染色体组成方面并未有报道。本研究分别对3尾纳木错裸鲤的染色体数目及核型进行分析，结果表明染色体总数为92条，核型公式为40m＋20sm＋32t，NF＝152，且不同个体间染色体数目及核型相同。纳木错裸鲤的染色体数目与已报道的青藏高原裂腹鱼亚科鱼类染色体总数大多数（大于1/3）为92的研究发现一致（代应贵等，2011），与异齿裂腹鱼（余先觉等，1989）、拉萨裂腹鱼（余先觉等，1989）和尖裸鲤（武云飞等，1999）等裂腹鱼亚科鱼类染色体数目相同，均为92。纳木错裸鲤数目及核型的确定为探究纳木错裸鲤与其他西藏裂腹鱼亚科鱼类的亲缘关系及其演化和起源奠定了良好的基础。

4.4.2　倍性分析

目前已报道的22种裂腹鱼亚科鱼类染色体的组成表明，裂腹鱼亚科鱼类的进化方式以多倍体化为主，且多数为四倍体（代应贵等，2011）。如花斑裸鲤（*Gymnocypris eckloni*）、异齿裂腹鱼和尖裸鲤等裂腹鱼亚科鱼类均为四倍体（余勇祥等，1990），昆明裂腹鱼（*Shizothorax grahami*）和大理裂腹鱼（*Shizothorax daliensis*）为六倍体（曹文宣等，1981）。余祥勇等（1990）对8种裂腹鱼亚科鱼类的染色体核型特征、NF值、红细胞核大小和核DNA含量比较，确认了其中4种西藏裂腹鱼亚科鱼类为四倍体，且染色体变化明显。裂腹鱼亚科鱼类的进化特点与鲃亚科相似（梁雨婷等，2018）。根据化石及考古地质学研究，青藏高原未形成前气候温暖，随着青藏高原隆起，气温骤降，大部分喜暖的原始裂腹鱼被淘汰，少数适应高原环境的活了下来。余祥勇（1990）等推测青藏高原环境变化过程中，在核型演化上很可能主要表现为多倍化，推测青藏高原地区裂腹鱼亚科鱼类可能是多倍体起源的。

本研究通过对纳木错裸鲤肾细胞染色体进行带型分析，发现染色体经银染及CMA_3/DAPI双重染色后最多具有4个信号位点，CMA_3阳性位点数目与Ag-NORs位置相同，位于亚中部着丝粒染色体短臂的端部区域。证明纳木错裸鲤是含有4套染色体组的遗传四倍体。与余祥勇（1990）推测的染色体总数在90～100区间内的西藏裂腹鱼亚科鱼类均为多倍体观点一致，且染色体数目为92的西藏裂腹鱼亚科鱼类均为四倍体，进而推测西藏裂腹鱼亚科鱼类可能具有共同的祖先。在适应青藏高原恶劣多变的生态环境过程中，发生了多倍化（陈毅峰，2000）。这可能与染色体的着丝点断裂、融合、缺失、易位等情况有关（高文，2005）。

综上所述，本研究确认了纳木错裸鲤染色体数目为92，核型公式为40m＋

20sm＋32t，NF＝152，且未发现同种不同个体间染色体数目的多样性现象。同时，通过 Ag－NORs 和 CMA_3/DAPI 双重荧光染色对其倍性进行分析，确定了纳木错裸鲤为含有 4 套染色体组的遗传四倍体。本研究成果为纳木错裸鲤的染色体组成提供了细胞遗传学证据，并为今后开展西藏裂腹鱼亚科鱼类的分类和演化关系研究提供科学依据。

5 同源三倍体泥鳅的染色体组构成

5.1 引言

染色体是遗传物质的载体，染色体核型分析指经过染色显微观察等方法将生物体细胞内一整套染色体进行分类排列，是生物细胞遗传学的研究基础。不同物种的染色体核型及带型也不同，染色体核型研究可为生物分类和系统演化提供科学依据，同时也可为研究基因组结构和功能基因组提供基本框架。目前对于鱼类染色体核型分析研究方法的命名和分类标准是由 Levan 等（1964）确定的。鱼类染色体具有多且小的特点，不易分析染色体形态和大小，但随着近年来生物技术分析水平的不断发展，鱼类染色体的研究也得到了很大发展。对染色体进行 C 带处理，可提高对染色体的辨识水平，为染色体的分析提供方法。荧光原位杂交技术作为一种分子细胞学方法，利用显微镜的高度精确性和抗原抗体反应的高度灵敏性，将 DNA 片段与特定的真核生物细胞的染色体区带联系起来，并将这些 DNA 片段予以排列，这是研究 DNA 顺序在染色体上相关位置的最直接方法。

泥鳅（*Misgurnus anguillicaudatus*）隶属于鲤形目（Cypriniformes）鳅科（Cobitidae）花鳅亚科（Cobitinae）泥鳅属（*Misgurnus*），是一种分布广泛的小型经济鱼类。泥鳅肉质鲜美、营养丰富，富含蛋白质及多种维生素，并具有兴阳、补脾益气、祛湿、滋阴清热等药用价值，被人们称为“水中人参”（Speicher et al，1996；刘孝华，2008）。由于泥鳅具有生长快、繁殖周期短、环境适应力强等特点，还是一种很好的细胞学、遗传学等方面的研究材料。已有的研究报道表明，除了二倍体之外，还存在着自然三倍体、自然四倍体（李雅娟等，2008；印杰等，2005；周小云，2009；Arai et al，1991；李渝成等，1987；李康等，1983；李雅娟，2009）。目前，我国关于自然多倍体泥鳅的研究，主要是在核型、多倍体鉴定方法（高泽霞等，2007），细胞色素 b 基因序列分析（杨承泰等，2007），食性（印杰等，2005）等方面。由于泥鳅染色体组中存在形态相近、长度分布连续的染色体，仅凭臂比和相对长度 2 个参数很难准确辨别。另外，关于同源三倍体泥鳅的染色体组构成尚不清楚。因此，本研究利用 $Ba(OH)_2$ 处理显示同源三倍体泥鳅 C 带，并利用染色体荧光原位杂交技术分析 rDNA 在同源三倍体泥鳅中期染色体上的位点数目与分布，为精确鉴别染色体提供依据，为同源三倍体泥鳅染色体组构成提供分子细胞遗传学证据。

5.2 材料与方法

5.2.1 试验材料

试验用天然二倍体泥鳅（$2n=50$）取自于大连市农贸市场，自然四倍体泥鳅（$4n=100$）取自于湖北武汉。所有亲本均通过流式细胞仪确定完倍性，暂养于细胞遗传与工程实验室水族箱中，暂养温度为（25±1）℃。

5.2.2 方法

（1）泥鳅催产及杂交 选择性腺发育良好的自然四倍体泥鳅 4 尾（雌、雄各 2 尾）与大连当地的二倍体泥鳅 2 尾（雄 2 尾）进行杂交，于前一晚注射 HCG（雌鱼每 10g 注射 0.1mL HCG；雄鱼剂量减半），12h 后轻压雌泥鳅腹部即有卵排出，收集于 9cm 培养皿中，雄鱼按生殖孔下边两侧，用毛细管收集精液于塑料离心管中（用淡水生理盐水稀释 100 倍），进行干法授精。设置 4♀×2♂和 2♀×2♂杂交组合，2 个重复。幼鱼培育水温控制在（25±1）℃，经常更换曝气水，并及时挑出死卵，记录数据。

（2）胚胎染色体标本制备 待胚胎发育至眼泡期时，取 30～50 个胚胎，在解剖镜下用镊子去卵膜和卵黄后，放入盛有 0.002 5%的秋水仙素中处理 45min，0.8%的柠檬酸钠低渗 20min，卡诺氏固定液（现用现配）固定 3 次，每次 15min，然后放入−20℃中冷冻过夜。使用冷滴片方法滴片，晾干后阴凉处保存。

（3）染色体 C 带 将染色体标本放于 65℃的干燥箱中老化 6h；再放入预热至 60℃的 5% $Ba(OH)_2$饱和溶液中，处理 5min；并用预热的蒸馏水冲洗，务必去除沉淀物质，避免影响后续观察；冲洗干净后用洗耳球将载玻片吹干，并将标本放于 0.2mol/L HCl 中室温处理 11min；然后用蒸馏水冲洗 3 次并吹干，再放入预热至 60℃的 2×SSC 溶液中 90min；蒸馏水冲洗去除 2×SSC 溶液后自然干燥。完全干燥的染色体载玻片于 10%的 Giemsa（磷酸缓冲液配制，pH 7.0）染色 60min，用蒸馏水冲洗，干燥。将干燥后的载玻片放于 Leica DM 2000显微镜下观察，选取分散状态良好，染色清晰的胚胎染色体分裂象，于 Leica DF 450 C CCD 装置中捕获图像，并用 Leica 及 Photoshop CS5 软件进行图像处理。

（4）荧光原位杂交（FISH） 选取人的 5.8S+28S rDNA 作为探针，探针模板由日本北海道大学提供。

①染色体标本的前处理 取染色体玻片 65℃老化 2～3h；4×SSC 洗脱 5min，取 RNase 溶液（0.5mg/mL）100μL 置于玻片上，用封口膜盖上，将玻片

放入 2×SSC 的湿盒中 37℃处理 30min；用尖细镊子小心地移去封口膜，立即将玻片放入 4×SSC 溶液浸泡 5min，再转入装有卡诺氏固定液的染色缸中浸泡 5min 后取出晾干；浸入 70℃的 70%甲酰胺/2×SSC 的变性液中，变性 2min 后立即将标本移入−20℃预冷 70%酒精中 10min、100%酒精脱水 5min，然后空气干燥。

②探针 DNA 的处理　按缺口平移试剂盒（Roche 11745824910）用生物素（Biotin-16-dUTP）进行标记；标记后的探针用纯化混合液（鲑精子 DNA 和 *E. coli* 混合液 2μL，4mol/L CH_3COONH_4 2.5μL，100%酒精 66μL）进行纯化；将探针在 75℃恒温水浴 10min，立即置入 0℃中 10min，使双链 DNA 探针变性。

③杂交　变性后的探针加入杂交混合液（20mg/mL BSA 10μL，20×SSC10μL，灭菌蒸馏水 10μL，50%硫酸葡聚糖 20μL）中涡流振荡混合轻离心，37℃预杂交 30min；在已变性并脱水的玻片标本上加 50μL 探针-杂交混合液；盖上封口膜置于 2×SSC 湿盒中，37℃杂交 18h 以上。

④杂交后的洗脱　将标本从 37℃恒温箱中取出，小心揭掉封口膜，将染色体标本放入 50%甲酰胺/2×SSC 溶液中，42℃洗脱 20min；2×SSC 室温下洗脱 20min；1×SSC 室温下洗脱 20min；4×SSC 室温下洗脱 5min。

⑤杂交信号检测和放大　取出玻片标本，用纸巾将没有染色体的部分擦干，在有染色体的范围内加入 100μL 混合液（500μL 1%BSA/4×SSC 中加入 1μL Avidin-FITC)，盖上封口膜，置于 2×SSC 湿盒中，37℃避光温育 1h；小心揭掉封口膜，在水平往复摇床上经以下液体洗脱（避光）：4×SSC 50mL+Triton 50μL 20min→4×SSC 溶液 5min→新的 4×SSC 溶液 5min；在有染色体的范围内加入 100μL 混合液（500μL 1%BSA/4×SSC 中加入 10μL Biotin/anti-avidin D)，盖上新的封口膜，放入 2×SSC 湿盒中，37℃避光温育 1h；小心揭掉封口膜，在水平往复摇床上经以下液体洗脱（避光），Triton/4×SSC 溶液 20min→4×SSC 溶液 5min→新的 4×SSC 溶液 5min。

⑥复染和封片　将杂交后的染色体玻片标本放入 2×SSC 溶液中 5min 轻洗；取出后尽力甩去玻片标本表面多余的 SSC，在有染色体处滴入 50μL 2.5μg/mL 的 DAPI/antifade 溶液，指甲油封片，平放在载玻片夹中冷藏，3～7d 内观察。用 Leica DM 2000 荧光显微镜观察杂交信号，Leica DF 450 C CCD 装置捕获图像，利用 Leica 和 Photoshop CS5 软件进行图像处理。

5.3 结果

5.3.1 同源三倍体泥鳅胚胎 C 带及核型

同源三倍体泥鳅的染色体分类与二倍体类似，只是每个染色体有 3 个同源染色体（图 5－1），其核型公式为 15m＋6sm＋54t，染色体组型分析数据如表 5－1 所示。通过对同源三倍体泥鳅的染色体进行 C 带处理，结果表明，同源三倍体泥鳅的染色体 C 带也包括臂端 C 带、着丝粒 C 带；M 染色体只有 1 号染色体既有臂端 C 带又有着丝粒 C 带，但臂端 C 带均比着丝粒 C 带大，信号也比着丝粒的强；其他 M 染色体及 SM 染色体只有着丝粒 C 带，T 染色体只有着丝粒 C 带（图 5－2）。

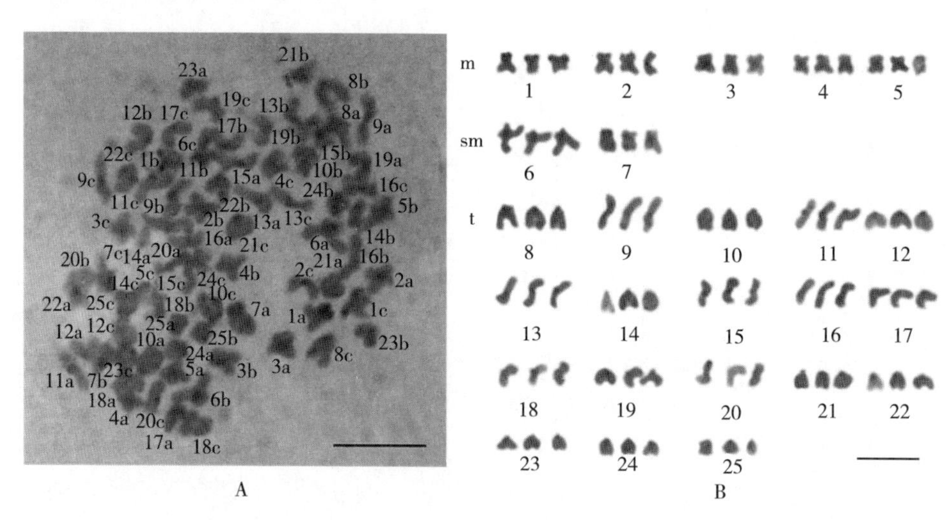

图 5－1　同源三倍体泥鳅胚胎染色体中期分裂象 C 带及其核型（标尺＝10μm）

A. C 带　B. 核型

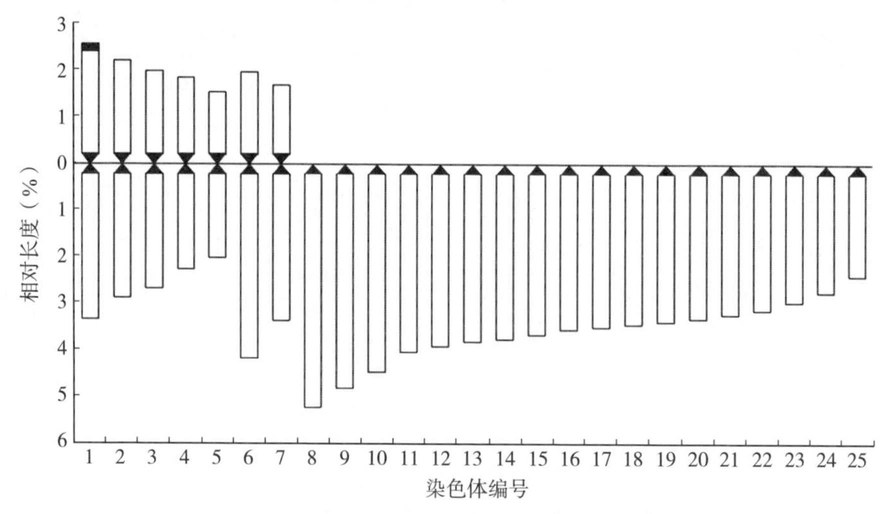

图 5－2　同源三倍体泥鳅 C 显带的染色体组型模式图

表 5-1 同源三倍体泥鳅染色体核型分析数据

染色体编号	相对长度 (mean±SD)	臂比 (mean±SD)	染色体的类型
1	5.698±0.577	1.207±0.174	m
2	5.057±0.243	1.322±0.217	m
3	4.650±0.207	1.341±0.187	m
4	4.127±0.312	1.300±0.146	m
5	3.580±0.636	1.241±0.155	m
6	6.627±0.687	2.260±0.435	sm
7	4.954±0.626	2.202±0.436	sm
8	5.245±0.302	∞	t
9	4.717±0.261	∞	t
10	4.447±0.173	∞	t
11	4.148±0.146	∞	t
12	4.009±0.139	∞	t
13	3.881±0.117	∞	t
14	3.815±0.130	∞	t
15	3.740±0.127	∞	t
16	3.654±0.147	∞	t
17	3.561±0.156	∞	t
18	3.454±0.140	∞	t
19	3.358±0.107	∞	t
20	3.262±0.122	∞	t
21	3.127±0.104	∞	t
22	3.037±0.114	∞	t
23	2.842±0.133	∞	t
24	2.710±0.219	∞	t
25	2.299±0.505	∞	t

5.3.2 rDNA 的 FISH 分析

利用人的 5.8S+28S rDNA 为探针，对杂交后代有丝分裂中期染色体进行荧光原位杂交研究，染色体经染色后，在 U 激发下发出蓝光，用以杂交检测的 FITC 在 B 激发下呈明亮的黄绿色，黄绿色区域即为 5.8S+28S rDNA 杂交信号（图 5-3A）。在泥鳅杂交后代有丝分裂中期染色体中同时发现 3 个主要的荧光信号清晰地定位于中部着丝粒染色体短臂的端部区域，根据核型分析分别位于第1对中部着丝粒染色体（m1）的端部（图5-3B）。信号强度在同源染色体之间有差异，表现为在两条染色体上的信号强，在一条染色体上的信号弱。

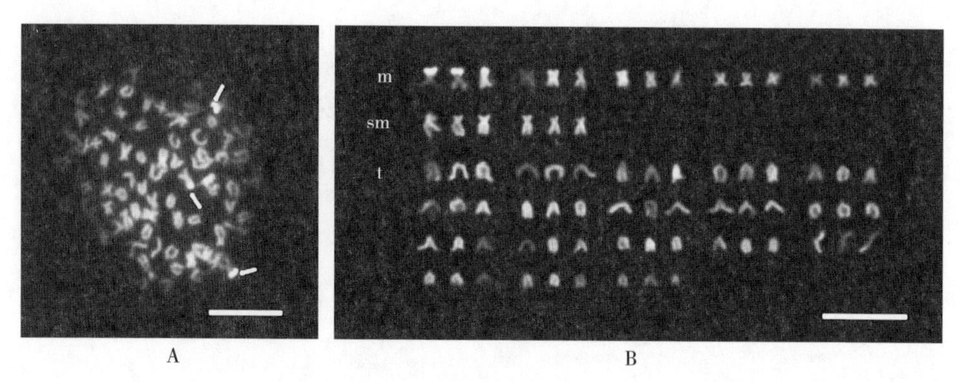

图5-3　同源三倍体泥鳅胚胎染色体分裂象FISH及核型（箭头示信号点）（标尺=10μm）
A. 同源三倍体泥鳅胚胎染色体有丝分裂中期分裂象　B. 核型

5.4　讨论

泥鳅的倍性一直受国内外学者所关注。Arai等对日本产自然三倍体泥鳅的分布进行了详细报道，但没有发现自然四倍体。关于我国多倍体泥鳅的分布曾报道存在二倍体（$2n=50$）、四倍体（$4n=100$）两个种群。自然四倍体泥鳅具有生长快、耗氧率低、营养价值高等特点，在遗传育种上有着重要的种质价值，是我国特有的、非常珍贵的种质资源。本研究室通过对自然四倍体泥鳅的染色体数目、带型和染色体荧光原位杂交（FISH）、生殖细胞（雌、雄）减数分裂行为及生殖特性等进行了详细研究（Li et al，2010，2011，2012），从细胞及分子水平上阐明了我国天然四倍体泥鳅是含有四套染色体组的遗传四倍体（$4n=100$）、能产生正常的$2n$卵子和$2n$精子，是同源四倍体等重要的遗传学特性。同时，利用天然四倍体泥鳅与二倍体泥鳅正、反杂交制备了一种新型的同源三倍体泥鳅，并对染色体数目进行了研究。结果发现，大多数染色体数目为75条，说明四倍体产生$2n$配子，二倍体产生n配子，二者结合产生$3n$后代。本研究所用的亲本是经过流式细胞仪检测确认的二倍体和四倍体泥鳅，二倍体泥鳅产生单倍体配子（$n=25$），四倍体泥鳅产生二倍体配子（$2n=50$），二者杂交应获得三倍体（$3n=75$），研究结果显示，无论C带还是FISH染色体中期分裂象的染色体数目均为75条，可认为是真杂种。

近半个世纪以来，C带技术已经在多种鱼类染色体分析研究中得到了应用（邹记兴等，2005；张德华，2007；陈友玲等，2005）。但国内外有关于泥鳅C带的研究却少有报道，有关同源三倍体泥鳅的研究就更少了。例如，常重杰等（2000）利用高盐高碱溶液对桂林雁山的二倍体泥鳅进行C带处理，结果表明桂林雁山的二倍体泥鳅的核型公式为8m＋6sm＋36t，染色体中具有臂端C带和着丝粒C带，而且两对臂端C带分别位于sm3和t3两对染色体的长臂端部。本研究利用同源三倍体泥鳅为试验材料，研究结果显示同源三倍体泥鳅的核型公式为15m＋6sm＋54t。与常重杰研究结果类似，染色体中同样具有臂端C带及着丝粒C带，并没有发现臂间C带。但与之不同的是，我们的研究结果显示同源三倍体的臂端C带位于m1短臂端部，并且三倍体有三对臂端C带。分析出现此差异的原因可能有以下三点：一是地域隔离，不同地域的二倍体泥鳅可能出现了分化或变异从而导致结果上有所差异；二是由于泥鳅染色体很多显得密集但却很小，因此不易于观察、计数和处理；三是具体试验操作方法不同导致，如在染色体制备时药品处理时间和药品浓度都会有所影响。李新江等（2008）对中国产的二种癞蝗染色体进行了C带研究，结果表明这两种癞蝗的着丝粒C带的染色强度有较大的差异；邹记兴等（2005）的研究表明点带石斑鱼核型中最短的一对同源染色体几乎整个染色体臂都呈C带阳性，着色强度与该对染色体上的着丝粒C带相同。

rDNA在染色体上分布的数目和具体定位可作为标记来识别染色体以及分析多倍体物种的进化过程，同时rDNA在染色体上的定位可以对传统核型的分析进行校正，尤其对于染色体较小且形态特征不明显的材料，可以提高同源染色体配对的准确性。利用FISH技术，通过定位rDNA研究核仁组织区（NORs），从而为鱼类染色体结构和功能分析提供理论基础。与其他方法不同的是，FISH技术不依赖物种的核仁组织区是否有转录活性，而是直接针对rDNA。Sola等（1997）以18S rDNA为探针对杜氏鰤进行了FISH分析，结果显示所有的NORs都有转录活性；而Pendas等以rDNA为探针，在对鳟的FISH分析中得到了没有转录活性的NORs位点。Li等对我国自然二倍体和四倍体泥鳅进行了核糖体5.8S＋28S rDNA的FISH定位研究，结果表明，在二倍体泥鳅中期分裂象中有2簇杂交信号、四倍体泥鳅中期分裂象中有4簇杂交信号，均位于第1对中部着丝粒染色体（m1）的端部区域，即核仁组织区域（NORs），进而可推测自然四倍体是同源四倍体。本研究利用FISH技术对同源三倍体泥鳅rDNA序列进行定位分析，结果显示在正反交杂交后代泥鳅有丝分裂中期染色体中同时发现三个主要的荧光信号，清晰地定位于第一对中部着丝粒染色体（m1）的端部区域。

本试验通过对同源三倍体泥鳅染色体进行C带处理和rDNA的FISH分

析，结果表明同源三倍体泥鳅的核型公式为 15m＋6sm＋54t，同源三倍体泥鳅的染色体 C 带也包括臂端 C 带、着丝粒 C 带；m 染色体只有 1 号染色体既有臂端 C 带又有着丝粒 C 带，但臂端 C 带均比着丝粒 C 带大，信号也比着丝粒的强；而其他 m 染色体及 sm 染色体只有着丝粒 C 带，T 染色体只有着丝粒 C 带。同时，发现在同源三倍体泥鳅染色体的第一对中部着丝粒染色体（m1）上出现了 3 个荧光信号点，为同源三倍体泥鳅染色体的分辨提供了新的特征与标记，同时为以后的研究打下了基础。

6 自然四倍体泥鳅雄核发育二倍体染色体组构成研究

6.1 引言

雄核发育是指通过用放射线照射或其他方法完全使卵核的遗传物质失活，仅把卵子作为营养源，依靠精子由来的精核发育成胚胎的现象（范兆廷，2014）。雄核发育仅含有来源于父本的一套染色体组即单倍体，鱼类单倍体虽能较好地通过胚胎发育期，但到孵化期或孵化后数天，就会因“单倍体综合征”而陆续死亡，因此需要染色体加倍。现有染色体加倍的主要方法为利用温度、压力刺激或化学诱变剂阻止第一次卵裂，但是所获得二倍体的存活率极低。如用四倍体个体的精子（$2n$）使遗传失活的卵子“受精”，染色体不用加倍可以直接获得正常发育的雄核发育二倍体后代。但人工诱导鱼类四倍体难度大，如果某种鱼类存在自然四倍体的话则是解决染色体加倍难题的最好方法。据报道，我国长江流域存在大量的自然四倍体泥鳅，研究发现自然四倍体泥鳅是含有四套染色体组的遗传四倍体（$4n=100$），是同源四倍体，能产生正常的 $2n$ 配子（雌或雄）（Li et al，2010，2011，2013）。林忠乔等（2015）利用冷休克方法诱导自然四倍体泥鳅雄核发育二倍体解决了诱导鱼类雄核发育二倍体的瓶颈，具有良好的应用前景。无论是采用物理还是化学方法人工诱导雄核发育，由于遗传失活卵子的处理并非百分之百成功，因此，雄核发育的倍性检测和鉴定是判断诱导成功与否的重要环节。鱼类上常用的鉴别方法有形态学鉴别、染色体核型分析、受精细胞学检测、同工酶鉴定及分子标记等。染色体核型、Ag-NOR 及荧光原位杂交（FISH）是雄核发育后代最直接和最准确的方法之一。因此，本研究以自然四倍体泥鳅为父本，二倍体泥鳅为母本，通过冷休克处理受精卵诱导雄核发育二倍体，并对其后代的染色体核型、Ag-NOR 及荧光原位杂交（FISH）等进行研究，旨在探索鱼类雄核发育新途径，并为四倍体雄性泥鳅是具有 4 套染色体组的遗传四倍体提供遗传学证据。

6.2 材料与方法

6.2.1 材料

试验用二倍体泥鳅（雌）取自大连市农贸市场，天然四倍体泥鳅（雄）取自湖北省赤壁市。暂养于实验室水族箱中。挑选发育良好的二倍体雌鱼、四倍体雄鱼各1尾作为亲本。二倍体雌鱼体长为14.1cm，体重为17.3g，四倍体雄鱼的体长为16.5cm，体重为29.6g。亲本的倍性经流式细胞仪检测确定。

6.2.2 方法

（1）人工催产及授精 杂交前一天晚间注射绒毛膜促性腺激素（HCG），二倍体雌鱼注射剂量为20～25UI/尾，四倍体雄鱼剂量减半，12h后用稀释1 000倍的苯甲醇将泥鳅麻醉，待雌鱼麻醉后挤卵，将卵收集到铺有保鲜膜的9cm培养皿中，用毛细管收集精液于1.5mL塑料离心管中（用精子稀释液稀释100倍）。干法授精（$2n \times 4n$）。

（2）冷休克诱导雄核发育 具体方法参照诱导天然四倍体泥鳅雄核发育二倍体各因素的最优水平组合进行（林忠乔，2015），即受精后5min，将一部分受精卵放入3℃冰水中，处理60min。冷休克解除后将受精卵放回到（20±1）℃的曝气水中进行孵化。没有进行冷休克的一部分受精卵作为对照组（$2n \times 4n$）。

（3）单个胚胎染色体标本制备 取发育至肌肉效应期的胚胎处理组和对照组各30个，剥去卵膜和卵黄，用0.002 5%秋水仙素处理45min，0.8%的柠檬酸低渗20min，再用预冷的卡诺氏固定液固定3次，每次15min，最后−20℃冷冻过夜。单个胚胎冷滴片，过火，风干。一部分用10%吉姆萨染色45min，普通光学显微镜下镜检，油镜下拍照。一部分未处理片子用于Ag-NORs和FISH。

（4）染色体核型分析 分别选取对照组同源三倍体和雄核发育二倍体中分散均匀、染色清晰、无重复的中期分裂象各5张，测量其长臂和短臂的长度，计算相对长度和臂比，参照Levan等（1964）的方法进行核型分析。

（5）Ag-NORs 参考Hoell和Black（1980）的快速银染法，取100μL的50%硝酸银与50μL的2%明胶混匀后滴在染色体标本上，加上盖玻片，70℃处理2min，用同样温度的水进行冲洗，自然干燥后镜检、拍照。

（6）FISH 以人的5.8S+28S rDNA为探针，采用生物素（Biotin-16-dUTP）进行标记。标记后的探针用混合纯化液进行纯化。将纯化后的探针在75℃恒温水浴10min进行变性；染色体玻片在65℃干燥箱烘干2～3h，干燥后的染色体玻片浸在70℃的体积分数70%甲酰胺/2×SSC的变性液中变性

2min。已变性并脱水的染色体玻片标本上加 50μL 变性探针-杂交溶液混合液。盖上封口膜置于 2×SSC 湿盒中，37℃杂交 18h 以上。杂交结束后置于洗脱液中洗脱，杂交信号检测和放大，复染和封片。用 Leica DM2 000 荧光显微镜观察杂交信号，Leica DF 450C CCD 装置捕获图像，利用 Leica 和 Photoshop 软件进行图像处理。

6.3 结果

6.3.1 染色体核型分析

对照组同源三倍体泥鳅胚胎染色体数目为 $3n=75$，核型公式为 15m＋6sm＋54t，NF＝96（图 6－1A，B，表 6－1）；雄核发育二倍体泥鳅胚胎染色体数目为 $2n=50$，核型公式为 10m＋4sm＋36t，NF＝64（图 6－1C、D）。

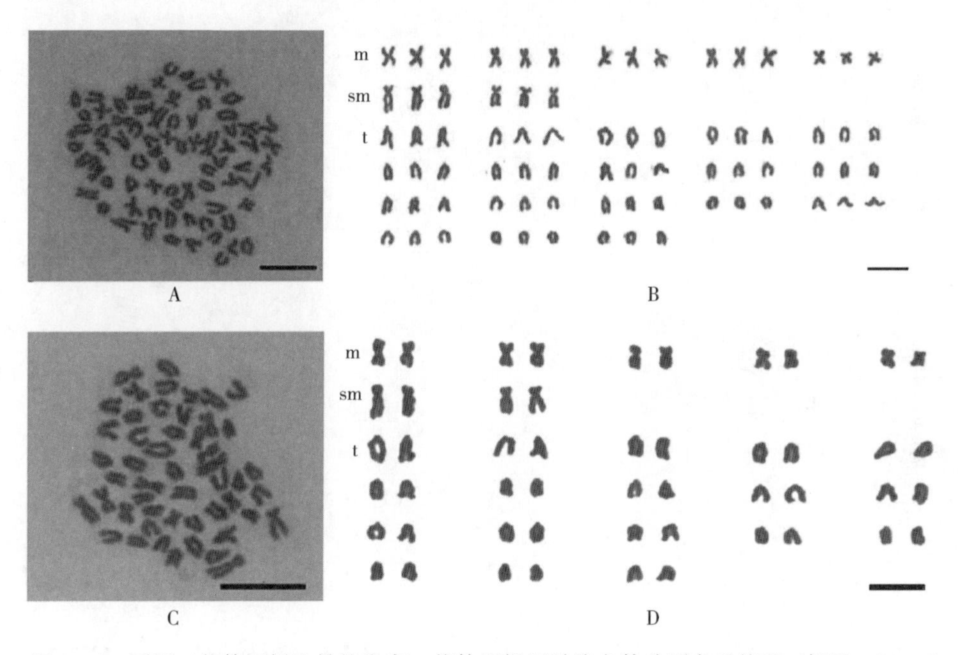

图 6－1 同源三倍体泥鳅和雄核发育二倍体泥鳅胚胎染色体分裂象及核型（标尺＝10μm）

A. 同源三倍体泥鳅染色体分裂象 B. 同源三倍体泥鳅染色体核型

C. 雄核发育二倍体泥鳅染色体分裂象 D. 雄核发育二倍体泥鳅染色体核型

表 6－1 同源三倍体泥鳅和雄核发育二倍体泥鳅的染色体核型数据

染色体序号	同源三倍体		雄核发育二倍体		染色体类型
	相对长度	臂比	相对长度	臂比	
1	5.544±0.225	1.182±0.141	5.563±0.314	1.252±0.137	m

（续）

染色体序号	同源三倍体		雄核发育二倍体		染色体类型
	相对长度	臂比	相对长度	臂比	
2	5.068±0.299	1.271±0.100	5.120±0.256	1.256±0.091	m
3	4.771±0.169	1.269±0.067	4.846±0.125	1.271±0.055	m
4	4.260±0.208	1.260±0.092	4.314±0.341	1.238±0.136	m
5	3.889±0.586	1.388±0.144	3.631±0.161	1.293±0.142	m
6	6.486±0.523	2.137±0.221	6.667±0.317	1.907±0.116	sm
7	5.756±0.547	2.115±0.274	5.537±0.389	2.140±0.207	sm
8	5.031±0.073	∞	4.932±0.186	∞	t
9	4.516±0.064	∞	4.484±0.232	∞	t
10	4.263±0.025	∞	4.196±0.037	∞	t
11	4.083±0.012	∞	4.023±0.050	∞	t
12	3.893±0.077	∞	3.806±0.240	∞	t
13	3.760±0.060	∞	3.742±0.202	∞	t
14	3.665±0.058	∞	3.651±0.226	∞	t
15	3.579±0.015	∞	3.677±0.051	∞	t
16	3.500±0.044	∞	3.501±0.053	∞	t
17	3.449±0.062	∞	3.478±0.041	∞	t
18	3.381±0.055	∞	3.369±0.046	∞	t
19	3.324±0.067	∞	3.339±0.117	∞	t
20	3.248±0.082	∞	3.237±0.043	∞	t
21	3.172±0.091	∞	3.253±0.186	∞	t
22	3.068±0.109	∞	3.205±0.334	∞	t
23	2.975±0.105	∞	2.980±0.067	∞	t
24	2.807±0.084	∞	2.773±0.083	∞	t
25	2.514±0.173	∞	2.673±0.105	∞	t

6.3.2 FISH 和 Ag－NOR

以人的 5.8S＋28S rDNA 为探针，对对照组同源三倍体泥鳅和冷休克雄核发育二倍体泥鳅的中期染色体进行 FISH 定位。在对照组同源三倍体泥鳅的 3 个染色体的短臂端部检测到 3 个 FISH 杂交信号（图 6－2A，B）。处理组雄核发育二倍体泥鳅的 2 个染色体短臂的端部检测到 2 个 FISH 杂交信号（图 6－2 C，D）。在间期核中 Ag－NORs 的数目均表现出不同的多态性。对照同源三倍体泥鳅间期核中呈现出 Ag-NORs 的数目为 1～3 个，含有 3 个 Ag-NORs 的频率最高，为 75%（表 6-2，图 6-2 E）。处理组雄核发育二倍体泥鳅间期核中呈现出 Ag-NORs 的数目为 1～2 个，含有 2 个 Ag-NORs 的频率最高，为 87%（图 6-2F）。对照组同源三倍体泥鳅胚胎染色体中，在 3 个染色体的短臂端部检测到 3 个银染点（图 6-2G，H）。处理组雄核发育二倍体泥鳅胚胎染色体中，在 2 个染色体短臂的端部检测到 2 个银染点（图 6-2I，J）。与上述 FISH 定位结果一致，表明处理组雄核发育二倍体泥鳅染色组构成为 2 套染色体组。

表 6-2 间期核中核仁的频率

鱼别	核仁数（个）	间期核数（个）	频率（%）
雄核发育二倍体泥鳅	1	13	13
	2	87	87
同源三倍体泥鳅	1	2	2
	2	23	23
	3	75	75

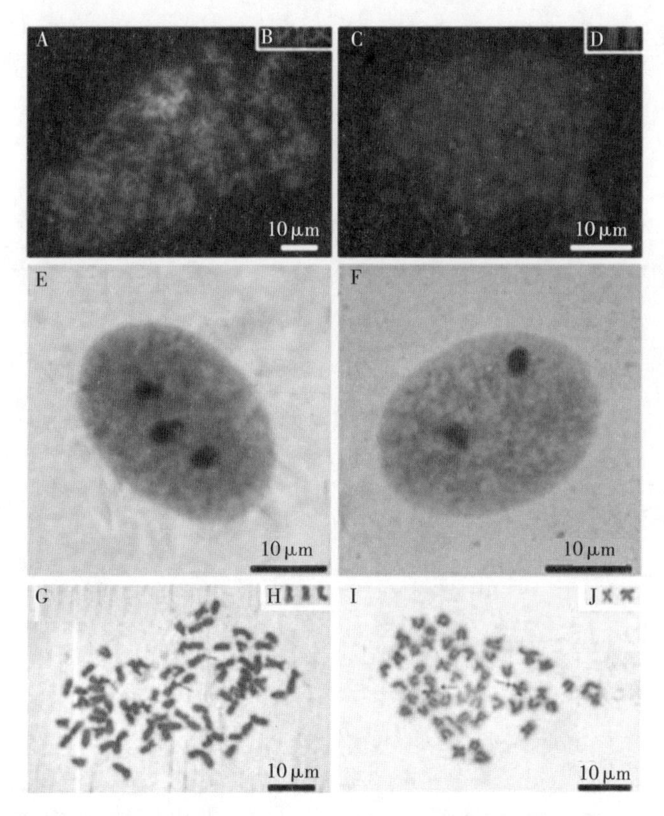

图 6-2 同源三倍体泥鳅和雄核发育二倍体泥鳅胚胎染色体分裂象 FISH 及 Ag-NORs
A、E、G. 同源三倍体泥鳅 C、F、I. 雄核发育二倍体泥鳅

6.4 讨论

6.4.1 鱼类雄核发育途径

在水产养殖上，由于很多重要经济鱼类不同性别往往表现出不同的生产性能，如生长速度的快慢及性产物用途不同等，所以控制鱼类的性别，选择具有最佳生长性能的性别进行单性养殖，这具有极为重要的应用价值。雄核发育是生产鱼类全雄苗种的重要途径，人工诱导鱼类雄核发育的常规途径主要包括两个步骤，即卵细胞染色体遗传失活及精子染色体加倍。在鱼类雄核发育中常用的卵细胞染色体遗传失活手段是射线照射（γ 射线、X 射线及紫外线）。此种灭活方法虽然简单易行，但是用射线破坏卵子细胞核的同时，细胞质和其他细胞器也会遭受到不同程度的破坏，导致其受精后不能正常发育，成活率极低。Purdom（1969）使用^{60}Co－γ 射线照射川鲽（*Platichthys flesus*）卵子，随后与川鲽精子受精，获得雄核发育单倍体胚胎。Thorgaard 等（1990）使用四倍体虹鳟（*Oncorhynchus mykiss*）精子与 γ 射线照射后的虹鳟卵子受精，成功获得虹鳟二倍体雄核发育后代。Arai 等（1979）使用 γ 射线照射雌性马苏大麻哈鱼（*Oncorhynchus suckley*）卵子，与雄性马苏大麻哈鱼精子结合，成功得到 35%的单倍体。Grunina 等与 Corley－Smith 等（1996）分别用 6.45～7.74C/kg 与 3.87C/kg 的强度照射鲤与斑马鱼卵子，与对应雄鱼精子受精，得到了 12%和 14%的雄核发育单倍体后代。

目前国内外鲜有报道。最早 Gervai 等（1980）利用冷休克方法除获得三倍体外，也获得雄核发育单倍体胚胎。Ueda（1996）发现在虹鳟受精后 30s 或 3.5h 后用热休克（30℃，7min）可获得少量的雄核发育二倍体个体。近年来，日本学者 Morishima 等（2011）报道了泥鳅受精后利用 3℃低温水处理受精卵 60min 能诱导产生雄核发育后代，并报道了冷休克诱导雄核发育的细胞学机制是卵核与第二极体一同释放了。Hou 等（2015）报道了斑马鱼受精卵在 7℃水中处理 30min 单倍率最高，并得到克隆二倍体个体。王玉生等（2014）报道了大鳞副泥鳅受精卵在 3℃水处理 60min，可产生雄核发育单倍体，其细胞学机制与 Morishima 等（2011）报道的相一致，即卵核与第二极体一同释放了；Zhou 等（2018）利用二倍体泥鳅（雌）与自然四倍体泥鳅（雄）杂交产生的受精卵进行了冷休克诱导雄核发育（受精后 5min，放入 3℃水处理 60min），并通过对后代的染色体数目、亲子鉴定、初期胚观察，阐明了该方法可成功诱导雄核发育二倍体泥鳅，诱导率为 73.33%，其细胞学机制是卵核与第二极体一同释放了。关于卵核与第二极体一同释放的分子机制尚不清楚，有待于今后进一步探究。利用自然四倍体泥鳅诱导雄核发育二倍体可以省去精子染色体的加倍，提高了成活率。

6.4.2 染色体核型分析

一个物种的染色体数目及形态特征称为该物种的核型（karyotype），包括染色体数目（即基数）及每一条染色体所特有的形态特征（染色体大小、着丝点的位置及次缢痕、随体的有无等）。对这些特征进行定量和定性的描述，就是核型分析（karyotype analysis）（周贺，2018）。染色体核型是染色体研究中的一个基本方法，它对物种的亲缘关系、系统演化、起源、染色体鉴别等研究具有重要意义。本研究以大连当地二倍体泥鳅（$2n=50$）为母本，湖北省的自然四倍体泥鳅（$4n=100$）为父本进行杂交，其中一部分受精卵在受精后5min，放入3℃水处理60min，经冷休克处理后获得了染色体数目为50条的二倍体泥鳅（$2n=50$），未经冷休克处理的对照组染色体数目为75条（$3n=75$）。显而易见，冷休克处理后没有使第二极体受到抑制，因为如果抑制第二极体释放则将形成四倍体后代。本研究经染色体核型分析，对照组核型公式为15m＋6sm＋54t，NF = 96；冷休克处理组核型公式为10m＋4sm＋36t，NF = 64，即属m组的染色体数为10条，属sm组的染色体数为4条，属t组的染色体数为36条。这与以往报道的二倍体泥鳅染色体核型一致（李雅娟，2019）。由此可见，冷休克成功诱导了自然四倍体泥鳅雄核发育二倍体。表明我国自然四倍体雄性泥鳅能产生二倍体（$2n$）配子。该研究结果不仅为鱼类雄核发育增加了新途径，也为四倍体雄性泥鳅是具有4套染色体组的遗传四倍体提供了重要的遗传学证据。

6.4.3 银染法在鱼类倍性鉴定中的应用

鱼类染色体研究中Ag-NORs法被广泛地应用。该方法是研究染色体进化和物种亲缘关系的一个重要指标。据研究显示，细胞中的核仁数目与染色体组的数目有关，大多数物种具有1套染色体组的单倍体细胞中仅含1个核仁，具有2、3、4套染色体组的二、三和四倍体细胞分别含2、3、4个核仁。在多倍体鱼类的倍性鉴定中，Ag-NORs法与其他倍性检测方法相比，具有快捷、准确且省时省力的特点。尤其在条件简陋的情况下，无需特殊的仪器就可以进行，是值得推广的好方法。李雅娟等（2012，2014）对40余种鲤科鱼类与德国镜鲤的银染核型进行了比较，发现多数中国鲤科鱼类的Ag-NORs数为4，而德国镜鲤具有2个Ag-NORs，说明是原始类型，是二倍化的四倍体，即染色体数目为$2n=100$，这种二倍化的四倍体只能产生单倍体配子（$n=50$），无论是雌核还是雄核发育子代因单倍体不能存活，需要进行染色体加倍才能存活。Li et al，（2010，2013）对自然二倍体和四倍体泥鳅、雌核发育后代进行了 Ag-NOR 分析，阐明了我国自然四倍体泥鳅是含有 4 套染色体组的遗传四倍体，即染色体数目为 $4n=100$，这种遗传四倍体能产生二倍体配子（$2n=50$），无论是雌核还是雄核发育子代均为二倍体（$2n=50$），因此不需要进行染色体加倍也能存活。本研究对对照组同源三倍体泥鳅及雄核发育二倍体泥鳅进行了 Ag-NOR 分析，结果显示，对照组同源三倍体泥鳅染色体具有 3 个银染点，雄核发育二倍体泥鳅染色体具有 2 个银染点，表明自然四倍体泥鳅雄核发育后代是含有 2 套染色体组的二倍体。

6.4.4 染色体荧光原位杂交在鱼类倍性鉴定中的应用

FISH 是指通过分子杂交和荧光显微镜进行特定 DNA 序列检测的技术。FISH 不仅是研究基因组组成的有效手段，也是分析不同基因组染色体交叉互换和在减数分裂过程中的行为的重要工具。FISH 技术在鱼类基因定位中的应用主要集中在 rDNA 的定位上，这方面的研究对于鱼类染色体的进化很有意义。rDNA 在染色体上的定位可以对传统核型的分析进行校正，尤其对于染色体较小且形态特征不明显的材料，可以提高同源染色体配对的准确性。利用 FISH 技术，通过定位 rDNA 研究核仁组织区（NORs），从而为鱼类染色体结构和功能分析提供理论基础。与其他方法不同的是，FISH 技术不依赖物种的核仁组织区是否有转录活性，而是直接针对 rDNA。Li et al，（2010，2013，2015）对自然二倍体和四倍体泥鳅、雌核发育后代及其同源三倍体泥鳅的染色体进行了 FISH 研究，从分子细胞遗传学角度阐明了不同倍性泥鳅的染色体组成。本研究对对照组同源三倍体泥鳅及雄核发育二倍体泥鳅进行了 FISH 研究，结果显示，对照组同源三倍体泥鳅染色体具有 3 个杂交信号，雄核发育二倍体泥鳅染色体具有 2 个杂交信号，表明自然四倍体泥鳅雄核发育后代是含有 2 套染色体组的二倍体。

综上所述，自然四倍体泥鳅雄核发育后代的染色体组构成是含有 2 套染色体组的二倍体，表明我国自然四倍体雄性泥鳅能产生二倍体（$2n$）配子，自然四倍体雄性泥鳅是具有 4 套染色体组的遗传四倍体；无须卵子失活，无须卵子染色体加倍，仅用冷休克可以成功诱导自然四倍体泥鳅雄核发育二倍体。

7 同源三倍体泥鳅减数分裂行为及配子染色体分析

7.1 引言

三倍体鱼类因染色体组成不平衡，性腺不能发育成熟，避免了在性腺发育过程中生长停滞、肉质下降等不利影响，对提高养殖产量和肉质具有重要的意义。同时，三倍体的不育性对控制养殖种类的过度繁殖和天然种质资源的保护也具有重要的意义。三倍体的不育或育性差被认为与减数分裂过程中染色体的行为密切相关，因此阐明三倍体泥鳅减数分裂过程中染色体行为特征对泥鳅的养殖具有一定的指导意义。以往报道了不育的三倍体鲫（刘少军等，2000，2002，2004；周工健，2006）、不育的三倍体水晶彩鲫（桂建芳等，1991）在减数分裂过程中染色体均具有紊乱的行为特征。关于三倍体泥鳅育性也有一些报道，Matsubara 等（1995）研究指出二倍体泥鳅与来源不明的四倍体泥鳅杂交所获得的同源三倍体雌性可育，而雄性不可育，而周小云（2009）的研究结果表明同源三倍体泥鳅无论雌雄都可育。本研究室研究结果表明二倍体与四倍体杂交获得的同源三倍体泥鳅少数雌、雄鱼有性腺，并能产生少量的配子（Li et al，2016）。迄今为止，关于同源三倍体泥鳅的育性尚无定论，因此，本研究以同源三倍体泥鳅（$4n\times2n$，$2n\times4n$）为研究对象，从同源三倍体（雌性）摘出卵巢进行体外培养，观察卵核同源染色体的联会情况。同时，取雄性同源三倍体的精巢制作染色体标本，观察精母（卵母）细胞第一次减数分裂（MI）终变期染色体配对情况，并进一步利用银染（Ag-NORs）、CMA_3/DA/DAPI 荧光显带及 FISH 探讨同源三倍体泥鳅精母细胞染色体行为。本研究旨在为准确判断精母细胞配对状况提供科学依据，为同源三倍体泥鳅的育性提供染色体水平上的证据，为我国三倍体鱼类的产业化探索高效易行的新途径奠定基础。

7.2 材料与方法

7.2.1 试验用鱼

利用自然四倍体泥鳅与二倍体泥鳅进行正反杂交（$4n\times2n$，$2n\times4n$），并于实验室水族箱培育，培育温度为（25±1）℃，一年后性成熟用作本试验材料。

7.2.2 方法

（1）精母细胞染色体标本的制备 在繁殖季节前，选取成熟度良好的二倍体、天然四倍体及同源三倍体雄性泥鳅为研究对象，每尾鱼活体腹腔注射0.1%秋水仙素溶液，剂量为每克体重 6μg，效应时间为 2～3h；分别取精巢放入生理盐水中漂洗几下，并放入 0.075mol/L KCl 溶液中常温低渗 45min，其间更换一次低渗液；卡诺氏固定液固定 15min，重复固定 2 次，更换新配制的卡诺氏固定液并放－20℃冷冻过夜；次日取固定过的精巢组织放入小烧杯中，并加入适量的 50%冰乙酸溶液，用手术剪刀分别将精巢组织剪碎并加入适量新配制的卡诺氏固定液，于 300 目的筛绢网上过滤，将制成的悬液滴于预先冰冻过的载玻片上，火焰干燥；10%的 Giemsa（磷酸缓冲液配制，pH 7.0）染色 60min，用蒸馏水冲洗，放于干燥箱中干燥后即可观察。Leica DM 2000显微镜下观察，选取分散状态良好，染色清晰的鳃细胞染色体中期分裂象及精母细胞染色体第一次减数分裂（MI）终变期的分裂象于 Leica DF 450C CCD 装置捕获图像，并用 Leica 及 Photoshop CS5 软件进行图像处理。

（2）卵母细胞减数分裂染色体标本的制备

①卵巢体外培养 每尾雌鱼腹腔注射绒毛膜促性腺激素（HCG）（注射剂量：20～25IU/g），25℃暂养 3～4h，活体腹腔解剖取卵巢于盛有雌激素的生理盐水中，用剪刀将卵巢剪成小段，并于摇床上避光培养，以便卵子从卵巢中分离出来。

②剥取卵核 用滴管取出几粒活的卵子放入 4%冰醋酸中观察，待卵核移动到动物极后将卵核剥离出来，去掉周围卵黄，用移液枪吸取卵核放入装有预冷的卡诺氏固定液的小烧杯中，直到卵核在动物极逐渐消失为止。持续3～4h。

③染色体标本制备及观察 取卵核均匀放于干净的载玻片上，待载玻片上的液体挥发完毕，并且卵核牢固附着于载玻片上后，将其放入装有 DAPI 的染缸中染色 30min，清水浸泡 30min，压片并于荧光显微镜下观察。用 Leica DM 2000 荧光显微镜观察，选取卵核染色体分布均匀，染色清晰的分裂象于 Leica DF 450C CCD 装置捕获图像，利用 Leica 和 Photoshop CS5 软件进行图像处理。

7.3 结果

7.3.1 同源三倍体泥鳅性母细胞第一次减数分裂中期染色体行为的观察

无论是精母细胞还是卵母细胞，都观察到以下三种染色体构型，即 24Ⅱ、

24Ⅰ和1个三价体（Ⅲ）（图7-1A，D）、23Ⅱ、23Ⅰ和2个三价体（Ⅲ）（图7-1B，E）和25Ⅱ和25Ⅰ的染色体构型（图7-1C，F）。

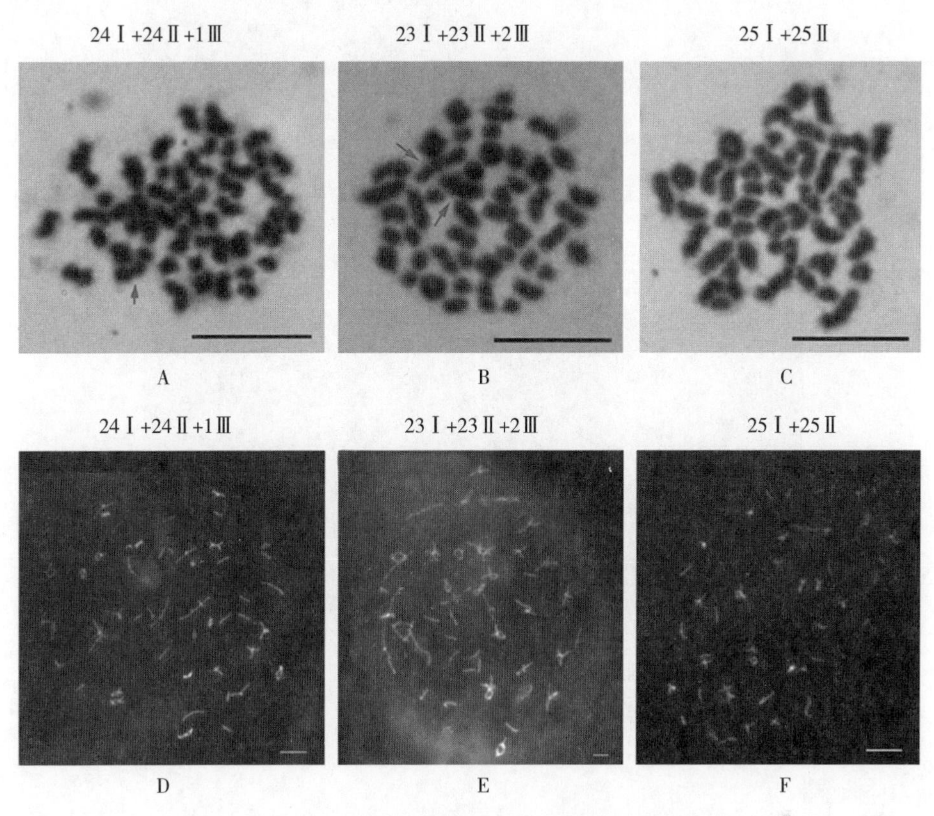

图7-1 同源三倍体泥鳅性母细胞减数分裂染色体构型

A～C. 精母细胞 D～F. 卵母细胞

7.3.2 同源三倍体泥鳅精母细胞染色体的带型及rDNA定位

对同源三倍体精母细胞减数分裂染色体带型分析及rDNA定位的结果表明，在整三倍体细胞中观察到一个二价体的一端有较明显的银染点，另一端也有银染点但不明显或者无（图7-2A）；而在整三倍体细胞中有的能观察到三个CMA_3阳性部分，但分别位于两个单价体的一端及一个二价体的一端，而有的只观察到两个CMA_3阳性部分，分别位于一个单价体的一端和一个二价体的一端，并且二价体的另一端无CMA_3阳性部位（图7-2B，C）；在整三倍体细胞中观察到三个FISH信号位点，但分别位于两个单价体的一端及一个二价体的一端（图7-2D）。

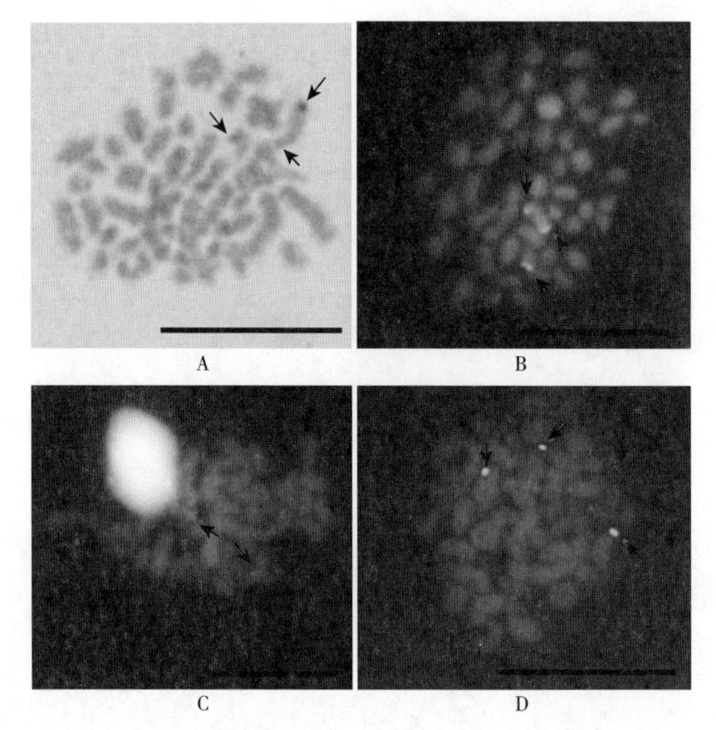

图 7-2　同源三倍体泥鳅精母细胞减数分裂染色体带型及 FISH
A. Ag-NORs　B、C. CMA_3/DA/DAPI　D. FISH

7.4　讨论

7.4.1　同源三倍体泥鳅精母细胞减数分裂染色体构型

三倍体不育的机理主要是三倍体减数分裂时形成了非整倍体配子，据报道人工诱导三倍体泥鳅减数分裂时产生 25 个二价染色体和 25 个单价染色体(Zhang et al，1999)。因此，25 个二价染色体能均等分离，但 25 个单价染色体随机分向两极。这样不均等的分裂致使配子的染色体数呈二项分布，即 n、$n+1$、$n+2$、…、$2n$。关于减数分裂染色体的构型已有较多报道，轩淑欣等(2008）对同源四倍体结球甘蓝花粉母细胞减数分裂进行了研究，研究表明同源四倍体终变期染色体有单价体、二价体、三价体和四价体出现；结球甘蓝初级三体染色体的减数分裂象中也观察到 Y 形和链状等类型的三价体（张成合等，2008)；张纯等（2005）对三倍体湘云鲫染色体减数分裂的研究显示，三倍体湘云鲫染色体减数分裂象中存在单价体和二价体，未观察到三价体；Zhang（2002）等对 $2n\times4n$ 同源三倍体泥鳅的染色体减数分裂研究，发现了单价体及二价体的存在，未发现三价体。而本研究结果显示，无论四倍体泥鳅与二倍体泥鳅正交还是反交，后代生殖细胞染色体减数分裂中不但发现有单价体及二价体的存在，也发现了不同配对形式的三价体。本研究结果与张纯等（2005）及 Zhang 等（2002）的研究结果不太一致，而与轩淑欣等（2008）对植物的研究结果比较类似，其原因可以从以下两个方面分析：第一可能是所选取的材料不同而导致不同的试验结果，第二可能是由于利用改进的试验方法而发现了前人未发现的试验现象。无论同源三倍体是来自正交还是反交均发现了染色体加倍现象，此现象被认为是减数分裂前核内有丝分裂所致（张纯等，2005），这种现象可能导致亲本产生非还原性配子。在日本，与三倍体同一栖息场所的二倍体泥鳅有产生二倍体的非还原卵的个体存在，这些个体所产生的非还原性二倍体卵与正常的精子受精时，精子不参与后代遗传物质的形成，而这些非还原性性二倍体卵在精子的激发作用下通过雌核发育进行繁殖（Itono et al，2006），至于雄泥鳅是否能产生非还原性精子有待于进一步的研究。

二倍体泥鳅体细胞具有 $2n=50$ 条染色体，四倍体泥鳅具有 $4n=100$ 条染色体，同源三倍体泥鳅具有 $3n=75$ 条染色体（李雅娟等，2009）。李雅娟（2012）等对同源三倍体泥鳅体细胞染色体的组成进行了研究，结果表明同源三倍体的染色体数目除了有 $3n=75$ 的整三倍体外，还发现大量的非整三倍体（$3n<75$ 或 $3n>75$）存在，理论上同源三倍体所产生的精母细胞与卵母细胞第一次减数分裂染色体也会存在大量的非整三倍体。本试验结果显示无论同源三倍体来自 $4n\times2n$ 还是 $2n\times4n$，它们的精母细胞中均包括超二倍体细胞至亚三倍体细胞（23.3%，17.2%），三倍体细胞（26.0%，50.9%），超三倍体细胞至亚四倍体细胞（37.6%，26.4%），除此之外也包括少量的四倍体细胞至超六倍体细胞（3%，5.5%）；它们的卵母细胞中也均包括部分亚三倍体细胞（12%，5.9%），整三倍体细胞（80%，86.3%），及少量的超三倍体细胞至亚四倍体细胞（8%，7.8%），这些数据表明同源三倍体除含有 $3n=75$ 的整三倍体精母细胞外，也存在大量的非整三倍体精母细胞。这与李雅娟等（2012）对同源三倍体泥鳅体细胞的研究结果相吻合。而 Zhang（2002）等研究结果显示 $2n\times4n$ 同源三倍体泥鳅染色体减数分裂中，大约 90%的精母细胞包含约 25 个单价体及 25 个二价体，换言之，约有 90%的精母细胞是整三倍体细胞，与本试验结果差别较大，原因也可能与试验材料及方法有关。关于同源三倍体泥鳅的育性，国外已有相关报道，$2n\times4n$ 所获得的同源三倍体雄性表现出不育的特性，而雌性能产生出大卵和小卵，并且这些大小卵是与正常的精子受精均能产生正常的后代，说明这些大小卵也是可育的（Zhang et al，1996；Matsubara et al，1995）。本试验中大量的非整倍体精母细胞（49.1%，74%）的出现可能与同源三倍体雄泥鳅具有较差的可育性或不育性有关；而大量的整三倍体卵母细胞（80%，86%）可能与同源三倍体雌泥鳅具有较好的可育性有关，而确切的相关性有待于进一步的研究。

至于非整倍体生殖细胞产生的研究已有较多报道，张纯等（2005）在三倍体湘云鲫减数分裂过程中观察到单价体和二价体共存，认为在减数分裂过程中同源染色体在配对和分离中出现紊乱，导致非整倍体生殖细胞的产生。姜波等（2007）在二倍体与四倍体杂交产生的三倍体牡蛎群体中检测到了非整倍体，推测可能是由于四倍体亲本形成非整倍体精子的缘故，非整倍体精子是由于在形成精子的过程中染色体的异常行为所致。Guo 等（1997）在研究了太平洋牡蛎四倍体的性腺发育和减数分裂后，认为四倍体后代中非整倍体数量增加是因为减数分裂中同源染色体的不完全配对，形成单价体和三价体的结果。本研究发现同源三倍体泥鳅生殖细胞中有单价体和二价体，也发现了三价体，因此认为导致非整倍体生殖细胞产生的原因是同源染色体在配对和分离中出现紊乱。

7.4.2 同源三倍体泥鳅精母细胞染色体的带型及 rDNA 定位

核仁组织区（NOR）是真核细胞染色体上 *18S*＋*28S rRNA* 基因所在的位置，是产生 rRNA 的场所，NORs 的一个重要特征就是多态性，NORs 的数目、分布位置可作为研究物种间亲缘关系及进化的一个指标，用硝酸银银染法可显示有活性的 NORs，其原理是 NORs 的某些 DNA 系列经转录后可产生嗜银性酸性蛋白，而嗜银性酸性蛋白能使硝酸银还原而呈黑色。关于鲤科鱼染色体核仁组织区研究也曾报道，桂建芳等（1986）对四种鲤科鱼类的银染核型进行了研究，任修海等（1993）对 36 种鲤科鱼染色体核仁组织区研究指出，中国鲤科鱼类核仁组织区的基本特征是：2 对 NOR 存在于亚中部着丝粒染色体上，属于较特化的类型。而对于同属鲤形目鱼类的泥鳅来说，NORs 却位于中部着丝粒染色体上（M1），并且二倍体体细胞染色体上有两对银染点，同源三倍体体细胞染色体上有三对银染点，四倍体体细胞染色体上有四对银染点（Li et al，2010；贾光风等，2011），那么理论上在精母细胞第一次减数分裂中期的染色体上应当有三个银染点，而泥鳅的 NORs 位于中部着丝粒染色体第一对染色体的短臂端部（Li et al，2010），而在研究二倍体及四倍体泥鳅精母细胞第一次减数分裂时发现含有 NORs 的同源染色体是以染色体的长臂与长臂相连而配对的（Li et al，2011），据此可推测这三个银染点应当分别位于一个二价体的两端以及一个单价体的一端，或者是一个三角形三价体的三个角上。而本试验结果表明，在同源三倍体后代精母细胞减数分裂 MI 期染色体上的银染点数目具有多态性，既有两个银染点的，位于一个二价体的两端，说明这对同源染色体是长臂与长臂相连而呈链状的二价体，但信号一强一弱，说明同源染色体的 NORs 的转录活性不一致，而在单价体上缺失一个银染点可能是由于单价体丢失引起，也可能是处于单价体上的 NORs 无转录活性；也有三个银染点的，分别位于一个二价体的两端及一个单价体的一端，强度是一强两弱；还有只有一个明显银染点的，位于一个二价体的一端，另一端无银染点，说明无 NORs 转录活性或者说明这两个组成二价体的同源染色体是以短臂与短臂交叉长臂与长臂交叉而进行联会的，以致两个同源染色体的短臂端部位于二价体的同一侧，进而导致这对同源染色体的银染点重合而表现出一个银染点。但后一种情况是不可能存在的，因为如果存在这种情况，则由三个同源染色体所组成的单价体及二价体的长度应该是一样的，只是二价体的宽度会比单价的宽，但是从本试验所拍摄的分裂象可知二价体的长度是单价体的二倍，二价体与单价体的宽度一致，因此二价体的另一端无银染点说明这一端无 NORs 转录活性。另有两个银染点的但分别位于不同的染色体上，以上均说明在精母细胞第一次减数分裂中期或终变期时 NORs 的转录活性是不一致的。

CMA_3 为荧光染料，能特异染色富含 GC 的 rDNA，因而只要染色体上存在核仁组织区就能用 CMA_3 显示出来，荧光信号的强弱直接与染色体上的 GC 含量呈正相关（任修海等，1993）。本试验发现，在同源三倍体泥鳅减数分裂 MI 期染色体上大部分具有两个 CMA_3 阳性部位，有的位于一个二价体的一端，一个单价体的一端，可能是因为在减数分裂过程中由于同源染色体之间碱基的重组导致 NORs 上富含 GC 片段的含量降低或者消失，而有的位于一个二价体的两端，但在单价体上缺少一个 CMA_3 阳性部位，可能是由于单价体的丢失造成的；也发现了有三个 CMA_3 阳性部位的分裂象，但是分别位于三个不同的单价体的一端，说明这三个同源染色体在减数分裂时未联会或者联会后又迅速分开了。对其进行 rDNA 定位分析也得出了类似的结果，有的精母细胞中也存在两个 FISH 信号，但有的存在三个 FISH 信号，并位于三个不同的单价体上。以上对精母细胞染色体的带型及 rDNA 定位分析表明：并不像二倍体及四倍体泥鳅精母细胞第一次减数分裂那么有规律，同源三倍体泥鳅的精母细胞第一次减数分裂的过程具有一定的紊乱性，如同源染色体的联会失败，或者联会的过程中导致单价体的丢失等，这些均可能导致同源三倍体泥鳅雄性不育或育性差。

8 温度介导红鳍东方鲀雄核发育单倍体的染色体倍性分析

8.1 引言

红鳍东方鲀（*Takifugu rubripes*）是我国重要的海水养殖鱼类。主要分布于我国黄海、渤海和东海，也见于朝鲜半岛和日本（姜志强等，2004）。近年来，随着养殖和繁育技术的提高，红鳍东方鲀养殖已成为我国北方农业结构调整的一个重要产业。红鳍东方鲀雌、雄生长速度虽然差异不大，但性成熟的雄鱼肉质好、精巢无毒、味美，是营养价值和销售价格极高的高档食材之一，成熟雄鱼价格是雌鱼的2倍（鈴木讓，2010）。因此，雄性红鳍东方鲀备受市场青睐，养殖全雄苗种的利润是养殖普通苗种的1.5倍以上。采用安心、安全、高效的温度诱导技术，在生产上推广全雄性红鳍东方鲀养殖，可大幅度提高精巢产量，从而大大提高养殖企业的经济效益。

雄核发育是生产鱼类全雄苗种的重要途径。迄今为止，还没有天然雄核发育的鱼类及其应用的报道。关于人工诱导雄核发育的研究多见于鱼类，已成功培育出十余种雄核发育二倍体，但是雄核发育二倍体的成活率极低。最近Morishima等（2011）报道了鱼类雄核发育新途径，即3℃水处理泥鳅受精卵60min能诱导产生雄核发育后代。王玉生等（2014）报道了3℃水处理大鳞副泥鳅受精卵60min能诱导产生雄核发育后代，冷休克诱导雄核发育的细胞学机制是卵核与第二极体一同释放了。Hou等（2015）通过冷休克诱导获得了斑马鱼雄核发育二倍体。但是，关于硬骨鱼类红鳍东方鲀雄核发育单倍体的诱导国内外未见报道。因此，本研究以红鳍东方鲀为研究对象，利用冷休克诱导雄核发育单倍体；并对其后代的发育状况、染色体数目、带型、荧光原位杂交（FISH）、微卫星分子标记、初期胚细胞学观察等进行了系统分析，旨在探索出简单、安全、易操作的鱼类雄核发育新途径，并为鱼类雄核发育的规范化、模式化提供科学依据。

8.2 人工催产及授精

挑选性腺发育良好的个体为亲本，提前24h注射绒毛膜促性腺激素（HCG）

进行催产（雌鱼 2 500～3 000IU/kg，雄鱼减半）及人工授精。

8.3 结果

8.3.1 早期胚胎发育

如表 8－1 所示，对照组受精率（86.29±1.86)%与处理组受精率(67.39±2.84)%之间差异显著（$P<0.05$)；对照组孵化率（84.83±1.77)%与处理组（21.46±2.46)%之间差异显著（$P<0.05$)。对照组的仔鱼均能正常发育（图 8－1 A)，处理组孵出的仔鱼中大部分表现发育畸形（图 8－1B)。

表 8－1 对照组及处理组的受精率、孵化率

组别	总卵数	受精率	孵化率
对照组－1	693	87.45	86.41
对照组－2	746	87.27	82.92
对照组－3	795	84.15	85.16
Mean±S. D.		86.29±1.86[a]	84.83±1.77[a]
冷休克处理组－1	672	64.15	24.26
冷休克处理组－2	688	69.48	19.62
冷休克处理组－3	800	68.53	20.51
Mean±S. D.		67.39±2.84[b]	21.46±2.46[c]

注：标有不同小写字母者表示组间差异显著（$P<0.05$)；标有相同大写或小写字母者表示组间差异不显著（$P>0.05$)。

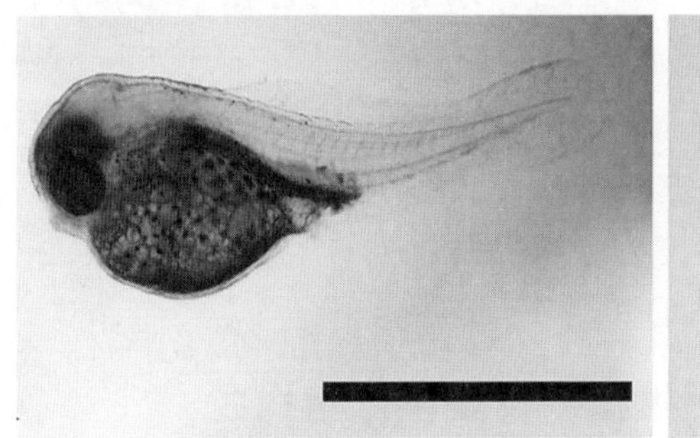

A

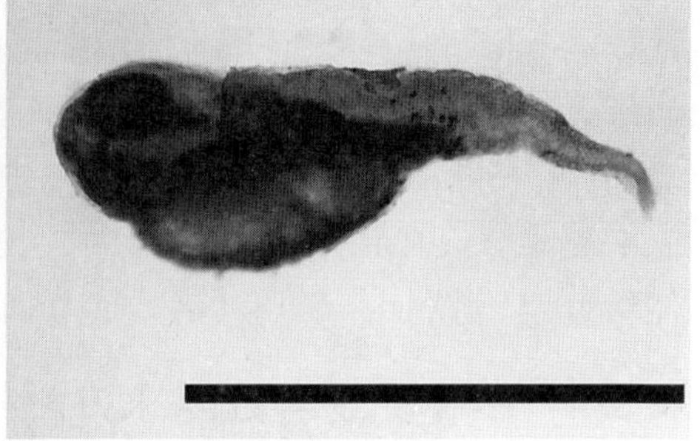

B

图 8－1 对照组和处理组仔鱼（标尺＝0.5mm)

A. 对照组 B. 冷休克组

8.3.2 倍性鉴定

(1) 胚胎染色体数目观察 在肌肉效应期每组选用 30 个胚胎，去除卵膜和卵黄，秋水仙素（浓度为 0.002 5%）处理 45min，柠檬酸（0.8%）低渗 20min，卡诺氏固定液固定 3 次，冷滴片，DAPI 染色进行胚胎染色体标本制备。结果表明，冷休克组单倍体染色体数目为 $n=22$（图 8-2A），对照组染色体数目为二倍体 $2n=44$（图 8-2B）和三倍体 $3n=66$（图 8-2C）。

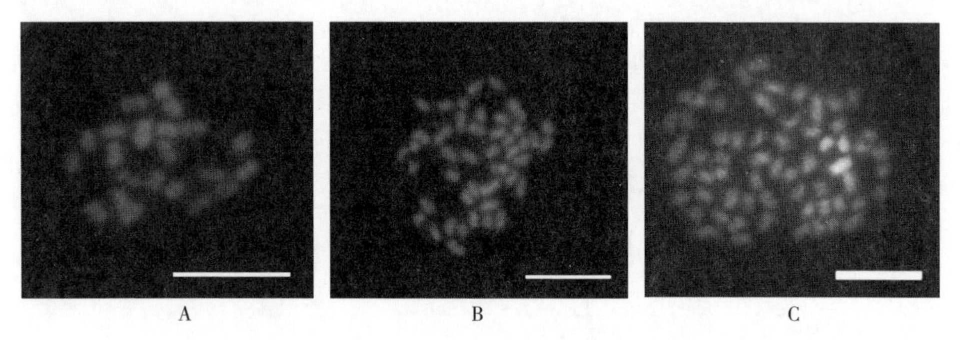

图 8-2　红鳍东方鲀中期胚胎染色体中期分裂象（标尺=10μm）
A. 单倍体染色体数 $n=22$　B. 二倍体染色体数 $2n=44$　C. 三倍体染色体数 $3n=66$

（2）流式细胞仪检测　为进一步确认对照组和处理组的倍性，采用德国产 Partec PA 流式细胞仪进行了单个胚胎 DNA 含量的测定。检测结果以 DNA 直方图的形式表示（图 8-3），图中横坐标代表 DNA 的相对含量，纵坐标代表细胞频率。单倍体、二倍体及三倍体的 DNA 相对含量为 0.5∶1∶1.5。

8.3.3　遗传性别鉴定

采用本实验室参考 Kamiya 等（2011）建立的 SNP 特异标记技术检测 *Amhr2* 基因中特异 SNP 位点进行遗传性别鉴定。具体方法：取 95%酒精保存的尾鳍 30mg，用海洋动物基因组 DNA 提取试剂盒提取 DNA，将其稀释到 50ng/μL 保存待用。单核苷酸多态性标记检测（SNP）由上海生物公司完成。SNP 结果显示，单倍体雌为 C（图 8-4 A），单倍体雄为 G（图 8-4B），二倍体雌为 CC（图 8-4C），二倍体雄为 CG（图 8-4D）。

8.3.4　冷休克诱导红鳍东方鲀雄核发育染色体组构成

（1）Ag-NOR 分析　采用 Howell 和 BlackI（1980）的快速银染法，即 50%硝酸银与 2%明胶（含 1%甲酸）以 2∶1 混匀后滴在染色体标本上，加盖玻片，70℃处理 2min。当整张玻片呈棕黄色时取出，流水冲去盖玻片，干燥后镜检。冷休克组雄核发育单倍体在核仁组织区（NOR）均检测到一个银染点（图 8-5A，B）。对照组二倍体胚胎染色体中，在 2 个染色体的臂端部检测到银染点（图 8-5C，D）、三倍体胚胎染色体中，在 3 个染色体臂的端部检测

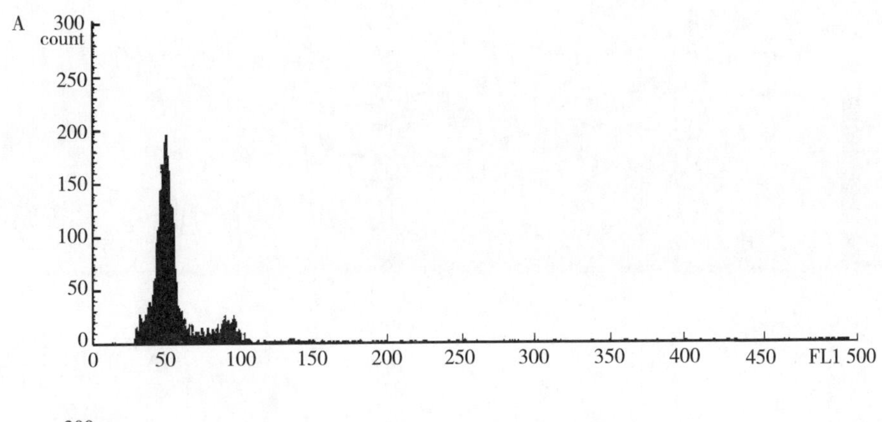

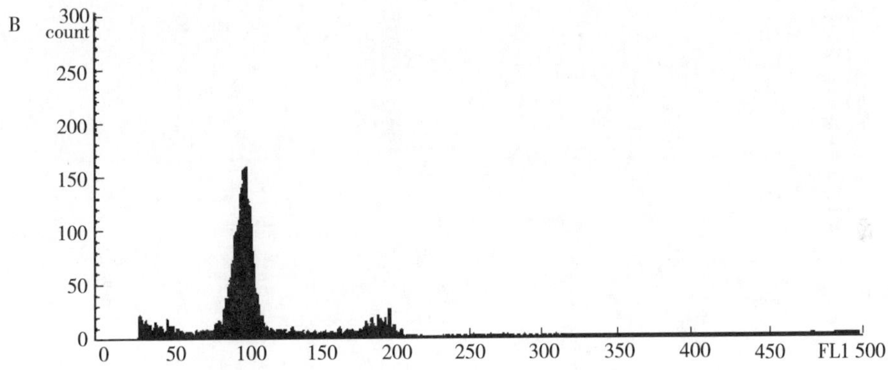

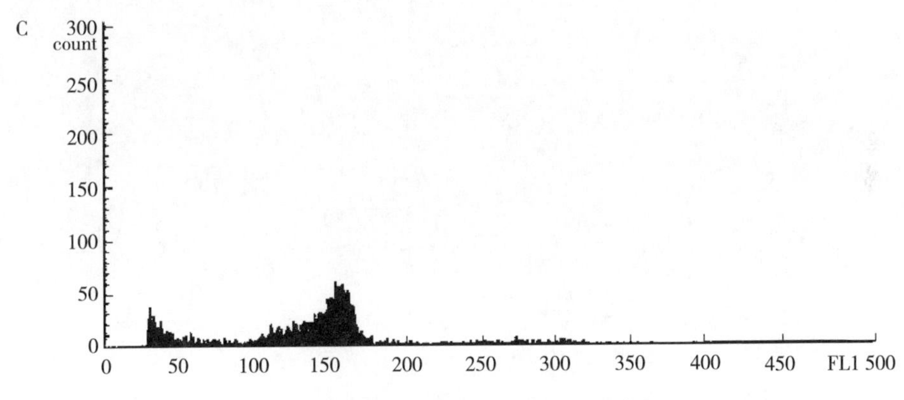

图 8-3　红鳍东方鲀胚胎细胞的流式直方图

A. 单倍体（冷休克组）的 DNA 含量（1C）　B. 二倍体（对照组）的 DNA 含量（2C）
C. 三倍体（冷休克组）的 DNA 含量（3C）

到银染点（图 8-5E，F）。

（2）染色体荧光原位杂交（FISH）　利用人的 5.8S+28S rDNA 为探针，对冷休克组的单倍体和三倍体及对照组二倍体胚胎有丝分裂中期染色体进行荧

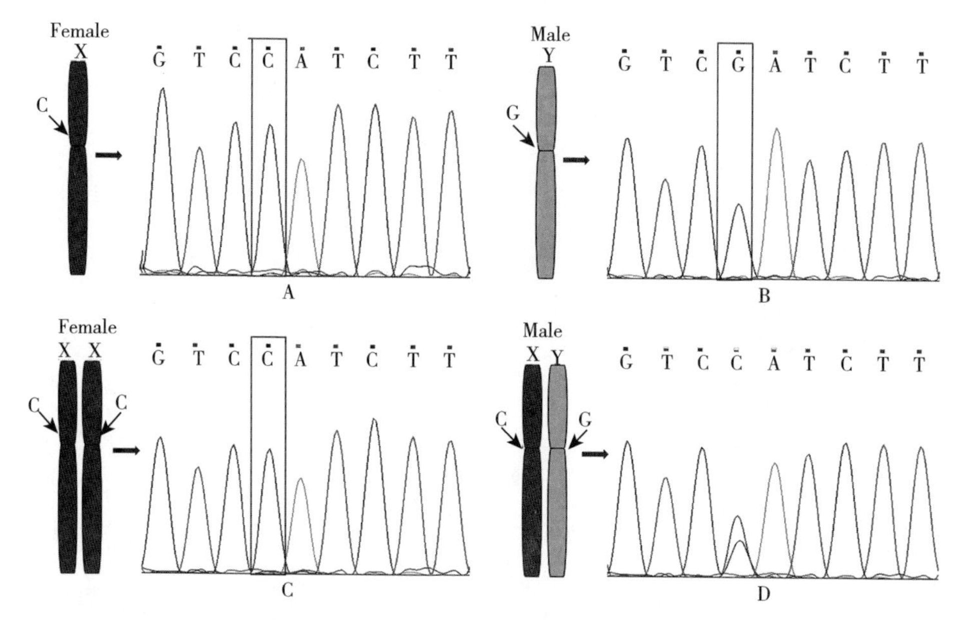

图 8-4　红鳍东方鲀 SNP 性别鉴定结果图

A. 单倍体雌 SNP 基因型 C　B. 单倍体雄 SNP 基因型 G　C. 二倍体雌 SNP 基因型 C/C　D. 二倍体雄 SNP 基因型 C/G

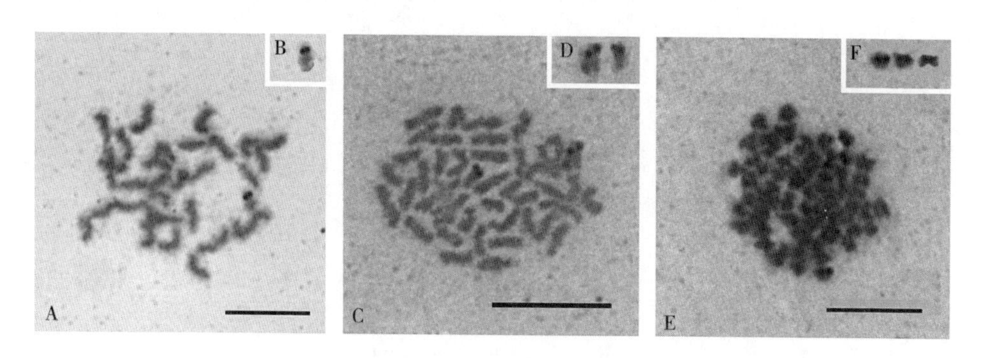

图 8-5　红鳍东方鲀胚胎染色体中期分裂象 Ag-NOR（标尺=10μm）

A、B. 单倍体　C、D. 二倍体　E、F. 三倍体

注：硝酸银染色信号点为 B、D 和 F。

光原位杂交研究。结果显示，冷休克处理组中单倍体胚胎染色体中，在 1 个染色体臂的端部检测到 FISH 杂交信号（图 8-6A，B）。对照组二倍体胚胎染色体中，在 2 个染色体的臂端部检测到 FISH 杂交信号（图 8-6C，D）。冷休克处理组中三倍体胚胎染色体中，在 3 个染色体臂的端部检测到 FISH 杂交信号（图 8-6E，F）。

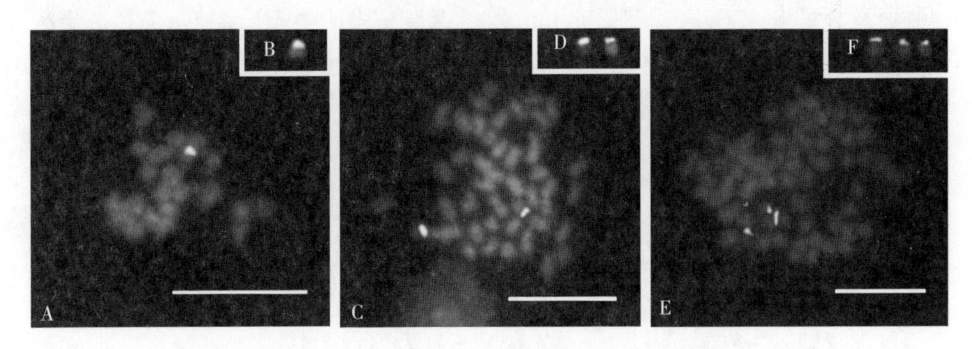

图 8-6 人的 5.8S+28S rDNA 为探针 FISH 图（标尺=10μm）
A、B. 单倍体 C、D. 二倍体 E、F. 三倍体
注：FISH 信号点为 B、D 和 F。

(3) 微卫星分析 采用筛选获得的 2 对多态性微卫星引物对父母本、冷休克处理组单倍体、三倍体各 29 个胚胎和对照组 30 个胚胎进行了微卫星分析。结果显示，引物 F0080 母本基因型为 A/D 型，父本基因型为 B/C 型，冷休克处理组后代基因型有单倍体 B 型、C 型共计 26 个，三倍体 A/B/D 2 个、B/D/D 1 个；在引物 F0094 的微卫星标记中母本基因型为 C 型，父本基因型为 A/B 型，冷休克处理组后代基因型有单倍体 A 型、B 型共计 26 个，三倍体 A/C/C 型 3 个（表 8-2）。该结果表明，冷休克处理组 29 个单倍体胚胎中有 26 个遗传物质完全来自父本，即是雄核发育单倍体。

表 8-2 父、母本和后代的基因分型

位点	母本基因型	父本基因型	对照组基因型	处理组基因型	
F0080	A/D	B/C	A/B：17	B：12	A/B/D：2
			B/D：10	C：14	B/D/D：1
			A/C：3		
F0094	C	A/B	A/C：20	A：13	A/C/C：3
			B/C：10	B：13	

(4) 冷休克诱导红鳍东方鲀雄核发育细胞学机制 按本实验室已授权的国家发明专利“鱼类初期胚胎发育的 DAPI 染色方法（ZL 201310592620.4）”，对对照组和冷休克处理组受精后 30min 开始到受精后 180min 共 4 个阶段的初期胚胎发育进行细胞学观察。结果显示，对照组受精后 15min，可在胚胎内观察到精核、卵核和第二极体，其中第二极体位于胚盘表面（图 8-7A）；受精后 30min，第二极体释放后，精核和卵核相互靠近并分别解聚膨大形成雄原核

和雌原核（图 8－7B）；受精后 50min 雌雄两原核发生融合（图 8－7C）；受精后 60min，进入二细胞期（图 8－7D）；冷休克处理组受精后 60min，有些仅第二极体位于胚盘表面，卵核与精核离胚盘表面较远（图 8－8A），有些受精卵可观察到精核、卵核和第二极体，其中卵核与第二极体相对靠近并位于胚盘表面，有向外排出的趋势（图 8－8B），还有一些第二极体、精核和卵核均离胚盘表面较远（图 8－8C）；在受精后 70～90min 发现三种情况（一个膨大核，一个相对较大的膨大核一个相对较小的膨大核，两个膨大核）（图 8－8D，E，F），受精后 120min，进入二细胞期（图 8－8G）。根据所得结果推测雄核发育机制可能是雌核和第二极体一起释放了，该推测与 Morishima 等（2011）与王玉生等（2014）的研究结果相吻合。冷休克诱导结果表明，雌核随第二极体一同释放后，卵子的细胞质可以提供胚胎发育过程中所需的各种酶类，并协同雄核完成单倍体胚胎发育，这在以往的研究中得到了证实，表明有丝分裂过程不仅受细胞核调控，细胞质也发挥着极其重要的作用。

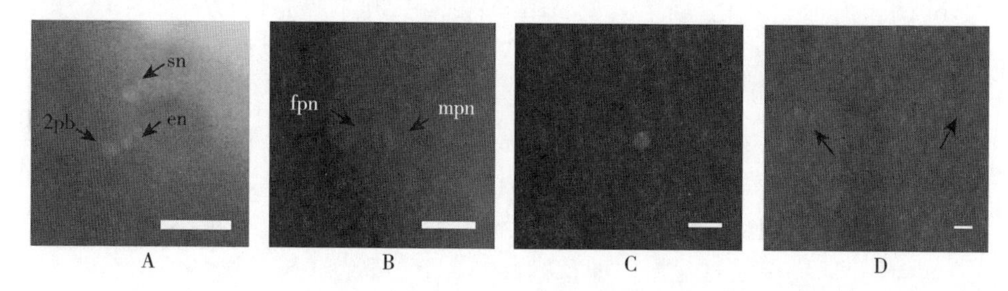

图 8－7　对照组红鳍东方鲀早期胚胎发育（标尺＝10μm）

A. 受精后 15min　B. 受精后 30min　C. 受精后 50min　D. 受精后 60min　2pb. 第二极体核　en. 卵核　sn. 精核　fpn. 雌性原核　mpn. 雄性原核

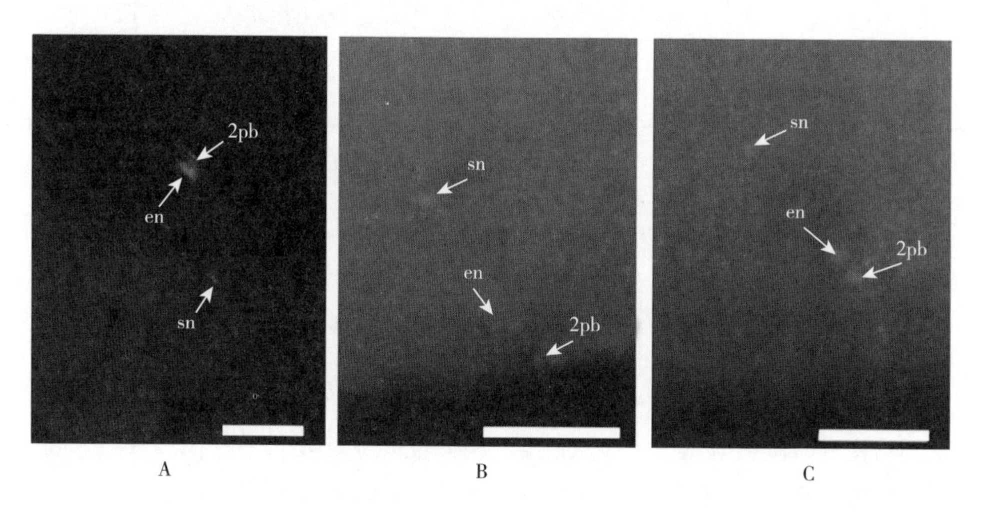

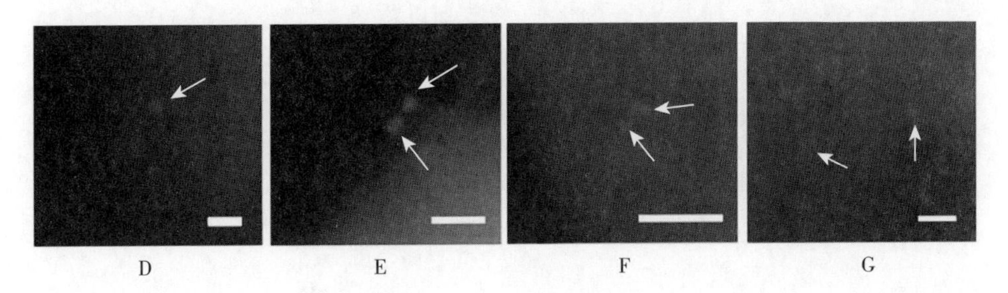

图 8-8　冷休克组红鳍东方鲀早期胚胎发育（标尺＝10μm）

A～C. 受精后 60min　D～F. 受精后 70～90min　G. 受精后 120min　2pb. 第二极体　en. 卵核　sn. 精子核

8.4　讨论

雄核发育技术被人们誉为是 21 世纪的先进技术之一。人工诱导鱼类雄核发育是利用遗传失活的卵子与正常精子受精，并通过染色体加倍技术使其恢复二倍性的遗传操作。卵子是胚胎发育的基础，遗传失活的目的是让卵子的染色体去除或不参与合子核的形成，又要让卵子保持受精和继续发育的能力。在鱼类雄核发育的诱导中，射线处理是常用的卵子遗传失活手段。但是用射线破坏卵子细胞核的同时，细胞质和其他细胞器也会遭受到不同程度的破坏，导致其受精后不能正常发育，这也是以往雄核发育成活率低的主要原因。卵子的遗传物质不进行灭活，使受精卵放在异常的环境下即可产生雄核发育个体。该种方法目前国内外鲜有报道，Gervai 等（1980）发现利用冷休克处理鲤受精卵，除三倍体外，也发现高频率的雄核发育单倍体胚胎。Ueda（1996）报道了虹鳟受精后 30s 或 3.5h 后用 30℃热水处理 7min 可获得低频率的雄核发育二倍体个体。近来 Morishima 等（2011）报道了 3℃水处理泥鳅受精卵 60min 可以产生雄核发育后代。Hou 等（2015）进行了人工诱导的四倍体泥鳅的冷休克诱导雄核发育二倍体的研究。王玉生等（2014）报道了 3℃水处理大鳞副泥鳅受精卵 60min 可以产生雄核发育单倍体。林忠乔等（2015）筛选出天然四倍体泥鳅雄核发育二倍体冷休克诱导的适宜参数，即受精后 5min、处理温度 3℃、处理时间 60min，雄核发育二倍体率最高为 63.33%。Hou 等（2013）通过冷休克诱导获得了斑马鱼雄核发育二倍体。本研究利用以往建立的冷休克诱导参数，即受精后 8min、4℃冰水、处理 60min 进行了红鳍东方鲀雄核发育单倍体诱导，通过对后代的发育状况、染色体数目、带型、荧光原位杂交(FISH)、微卫星分子标记、初期胚细胞学观察等进行了一系列的分析。结果显示，通过冷休克处理可获得 80%以上的雄核发育单倍体。

关于冷休克诱导雄核发育的细胞学机制已有报道，如 Gervai 等（1980）认为雄核发育可能是冷休克损伤了雄性或雌性原核；Morishima 等（2011）、王玉生等（2014）通过受精细胞学的观察认为雄核发育是雌性原核和第二极体一起释放了。本研究利用 DAPI 染色，通过荧光显微镜观察正常卵子与雄核发育卵子在受精和成熟分裂过程中的核相变化，结果表明，在处理组受精 60min 第二极体与雌核都位于胚盘表面，有向外排出的趋势，所以雄核发育机制可能是雌核和第二极体一起释放了，该推测与 Morishima 等（2011）的研究结果相吻合。冷休克诱导结果表明，雌核随第二极体一同释放后，卵子的细胞质可以提供胚胎发育过程中所需的各种酶类，并协同雄核完成单倍体胚胎发育，这在以往的研究中得到了证实，表明有丝分裂过程不仅受细胞核调控，细胞质也发挥着极其重要的作用。关于冷休克处理能使雌核与第二极体一同释放，详细的细胞学机制还有待于今后进一步研究。

9　GISH 技术体系优化及其在泥鳅与大鳞副泥鳅杂交子代中的应用

9.1　引言

泥鳅和大鳞副泥鳅分别隶属于鳅科（Cobitidae）花鳅亚科（Cobitinae）中的泥鳅属（*Misgurnus*）和副泥鳅属（*Paramisgurnus*），是广泛分布于全国各地的两种小型淡水养殖鱼类。泥鳅具有多倍体现象，据报道除普通二倍体（$2n=50$）外，还存在天然三倍体（$3n=75$）、天然四倍体（$4n=100$）和天然六倍体（$6n=150$）等（李雅娟等，2008，2012；周小云，2009；Li et al，2011）。李雅娟等（2009；2010；2012）通过对我国长江流域特有的天然四倍体泥鳅的起源及形成机制的研究，证实了天然四倍体泥鳅是含有四套染色体组的遗传四倍体（$4n=100$），雌雄均能产生正常的 $2n$ 配子。二倍体和四倍体杂交理论上可获得 100%的三倍体，而三倍体预期不育鱼类的生长快、抗病力强等特点在生产上具有一定的应用价值（青木宙等，1997）。同源三倍体鱼类将杂交育种和三倍体育种相结合，是实现鱼类产业化生产的一条切实可行的途径。因此，利用天然四倍体泥鳅与大鳞副泥鳅杂交获得了同源三倍体，并对杂交后代进行了 FISH 分析，为杂交后代是三倍体提供了分子细胞学证据（贾光风等，2011）。但关于天然四倍体泥鳅与大鳞副泥鳅杂交后代的遗传构成仍未见报道。基因组原位杂交（Genomic *in situ* hybridization，GISH）是鉴定和分析杂种染色体构成的有力手段。本研究以大鳞副泥鳅与天然四倍体泥鳅杂交子代及亲本为研究对象，对 GISH 试验参数进行优化，建立同源三倍体泥鳅 GISH 技术反应体系，并进行 GISH 分析，旨在为杂交后代的鉴定提供最直观的证据，也为大规模生产三倍体泥鳅提供有效途径。

9.2　材料与方法

9.2.1　材料

天然四倍体泥鳅采自湖北省武汉市，大鳞副泥鳅来源于大连市农贸市场，实验室水箱培育，培育温度为（25±1)℃。

9.2.2 方法

(1) 人工催产及授精 选取性腺发育良好的经倍性鉴定后的天然四倍体泥鳅雌雄各 3 尾，大鳞副泥鳅雌雄各 3 尾，于当日 20：00 注射绒毛膜促性腺激素（HCG），雌鱼 20～25IU/g，雄鱼减半。次日 8：00 按照杂交组合（天然四倍体泥鳅雌×大鳞副泥鳅雄，大鳞副泥鳅雌×天然四倍体泥鳅雄）进行人工采集精液、人工采卵、干法授精，受精卵置于曝气水（25±1)℃中培养，每隔 1h 挑出死卵，并更换曝气水。

(2) 染色体标本制备 受精卵孵化约 20h，发育至眼泡期后期，用 0.002 5%秋水仙素浸泡 1～1.5h（30 个/瓶）后更换为 0.8%柠檬酸钠溶液（约 5mL）低渗 20min，温度（25±1)℃。之后，用－20℃预冷的卡诺氏固定液（需现配现用）处理 3 次。最后，将样品置于卡诺氏固定液（－20℃）中保存，备用。采用冷滴片法制备单个胚胎染色体。核型分析参照 Levan 等的方法进行。

(3) 亲本 DNA 提取及浓度和质量检测 采用传统的酚仿抽提法提取亲本基因组 DNA，利用 Eppendorf D30 核酸蛋白测定仪测定浓度和质量。

(4) 探针 DNA 和封阻 DNA 片段化 本研究以大鳞副泥鳅 DNA 为探针 DNA，天然四倍体泥鳅 DNA 为封阻 DNA，具体方法如下：大鳞副泥鳅和天然四倍体泥鳅 DNA 分别装 6 个离心管，每管 5μL。将大鳞副泥鳅 DNA 的 3 个离心管置于高压蒸汽灭菌锅中，设置梯度试验温度为 100℃、105℃、110℃，持续时间依次设定为 1min、2min、3min（片段化 DNA 持续的时间不包括前期升温及后期降温的时间）。将天然四倍体泥鳅 DNA 的 3 支离心管置于高压蒸汽灭菌锅中，设置梯度试验温度为 110℃、115℃、120℃，梯度试验持续时间依次设定为 5min、10min、15min（片段化 DNA 持续的时间不包括前期升温及后期降温的时间）。随后进行琼脂糖凝胶电泳检测，分析不同温度及持续时间条件下 DNA 片段长度。

(5) 探针 DNA 与封阻 DNA 比例（probe/blocking DNA radio，P/B）**优化** P/B 比设为 1∶10、1∶20、1∶25、1∶50 4 个梯度。

(6) GISH 分析

探针 DNA 标记：经检测合格的大鳞副泥鳅 DNA 采用优化后的处理温度及时间，即 105℃，2min 进行探针 DNA 片段化。利用缺口平移试剂盒（Roche 11745824910）15℃低温水浴锅中进行标记，标记时间为 120min。标记后放入 65℃烘箱，20min 使酶失活。

封阻 DNA 的片段化：采用优化后的处理温度及时间，即 110℃，10min 对检测合格的天然四倍体泥鳅全基因组 DNA 进行封阻 DNA 片段化。

杂交液制备：将标记后的探针 DNA 与片段化后的封阻 DNA 按着筛选出

的最佳混合比，即 1∶25 进行混合，加入 100%酒精 60μL 及 3mol/L 醋酸铵 3μL 沉淀后－30℃静置 30min 后 15 000 r/min 离心 30min，去掉上清液加入 150μL 70%酒精再次 15 000 r/min 离心 3min，去掉上清，室温晾干后加入杂交缓冲液 40μL（50%硫酸葡聚糖 100μL∶20×SSC 18.3μL∶100%去离子甲酰胺 275μL∶灭菌蒸馏水 106.7μL）。

探针 DNA 变性：83℃处理 7min，迅速移到冰水中 10min 以上（变性过程中的温度与时间控制需要精确）。

染色体标本变性：取出老化完成的染色体标本滴片，放入提前 65℃预热的变性液［70%甲酰胺/2×SSC（pH 7.0）］中 3min，迅速移入－20℃预冷的 70%酒精中 7min，再依次移入 90%酒精 7min，100%酒精 10min。

杂交：室温晾干染色体标本滴片，40μL 杂交液全部滴加在事先标记好的染色体区域，覆盖 20mm×20mm 的封口膜，放入 2×SSC 湿盒置于 37℃培养箱中孵育 18 小时以上。

洗净、对比染色与观察：轻轻揭掉封口膜，染色体标本放入 50%甲酰胺/2×SSC 溶液 42℃手动漂洗 20min，1×SSC 溶液 42℃手动漂洗 7min，重复 3 次，2×SSC 室温 20s 静置。滴加 100μL 染色封阻液（0.05g BSA∶1mL 20×SSC∶10μL Tween 20），盖上封口膜，放在 2×SSC 湿盒中，37℃恒温，避光孵育 30min。去除封口膜，加入 100μL avidin－FITC 液（PBS＋1%BSA∶Alexa－Fluor488＝200∶4），盖上封口膜，37℃避光温育 80min。

漂洗：轻轻揭掉封口膜，放在 4×SSC/0.1%Tween20 溶液 42℃中避光漂洗 5min 4 次，4×SSC 溶液避光漂洗 10min。

信号放大：滴加 100μL 信号增幅液（PBS＋1%BSA∶Biotinylated Anti－avidin D＝125∶0.5），盖上新的封口膜，放在 2×SSC 湿盒中，37℃，避光温育 45min。

漂洗步骤同上。

加入 100μL avidin－FITC 液 37℃避光培养 1h。

漂洗步骤同上。

对比染色：依次将染色体标本放入盛有 70%、90%、100%酒精的染色缸中常温脱水各 5min，加入 50μL 2.5μg/mL 的 DAPI/antifade 溶液，用指甲油封片。水平放置于－4℃冰箱中避光保存。次日在荧光显微镜（Leica DM 2000）下观察拍照。

9.3　试验结果

9.3.1　DNA 电泳

提取的亲本 DNA OD_{260nm}/OD_{280nm} 在 1.8～2.0 符合试验要求。如图 9－1

所示，条带清晰、完整。

9.3.2 GISH 体系建立

(1) 探针 DNA 的片段化 本研究以大鳞副泥鳅为探针，片段化结果如图 9-2 所示。105℃高压灭菌 2min 时探针 DNA 片段显示亮度较高的弥散状条带，长度刚好在 500～1 000bp 区间范围内，保证了其可以在染色体 DNA 中穿梭，使之定位在同源序列处并与之杂交（图 9-2A）。而 110℃高压灭菌 3min 时探针 DNA 片段长度位于 500bp 以下，片段长度太短易导致特异性弱且信号不强（图 9-2B）。

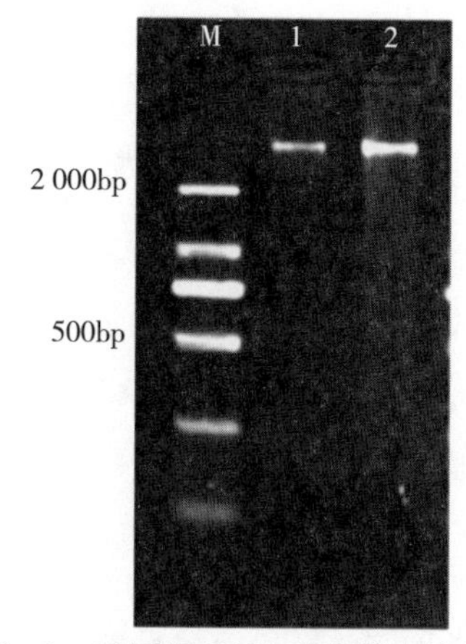

图 9-1 基因组 DNA 琼脂糖电泳结果

注：M 为 DL 2000 Marker；1 泳道为天然四倍体泥鳅亲本 DNA；2 泳道为大鳞副泥鳅亲本 DNA。

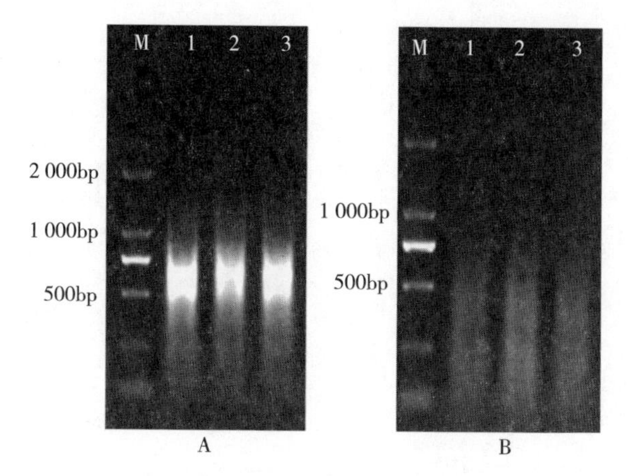

图 9-2 探针 DNA 片段化电泳检测结果

A. 105℃，2min B. 110℃，3min

注：M 为 DL 2000Marker。

(2) 封阻 DNA 的片段化 本研究以天然四倍体泥鳅为封阻 DNA，片段化结果如图 9-3 所示，120℃、5min 的片段长度仅在 100bp 左右（图 9-3A）；110℃、10min 处理的封阻 DNA 片段在 100～500bp 区间范围内显示亮度较高的弥散状条带，符合要求（图 9-3B）；120℃、15min 的 DNA 片段长度在 100bp 以下，片段长度均太短，不符合要求（图 9-3C）。

(3) 探针 DNA 与封阻 DNA 浓度比例（P/B） 试验结果如图 9-4 所示，P/B 比为 1∶10（图 9-4A）和 1∶20（图 9-4B）情况下杂交信号不清晰。在

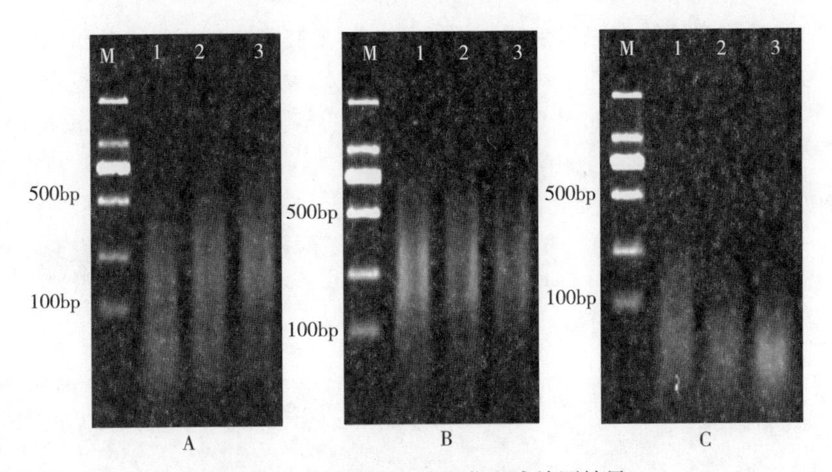

图9-3　封阻DNA片段化电泳检测结果

A. 120℃、5min　B. 110℃、10min　C. 120℃、15min

注：M为DL 2000 Marker。

P/B比为1∶25（图9-4C）和1∶50（图9-4D）均可以得到较好的杂交信号，但P/B比为1∶25效果最好。

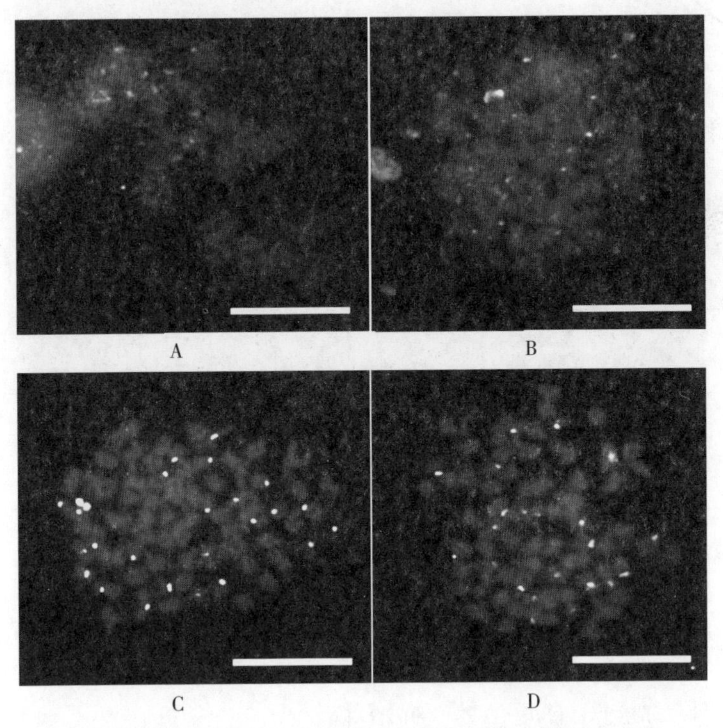

图9-4　大鳞副泥鳅雌×天然四倍体泥鳅雄后代P/B试验结果（标尺=10μm）

A. 1∶10　B. 1∶20　C. 1∶25　D. 1∶50

(4)天然四倍体泥鳅与大鳞副泥鳅正、反杂交子代的GISH分析 利用已建立的GISH技术反应体系对天然四倍体泥鳅与大鳞副泥鳅的正、反杂交子代进行GISH分析，结果如图9-5所示，天然四倍体泥鳅雌×大鳞副泥鳅雄的杂交子代存在有杂交信号的染色体24条，来源于亲本大鳞副泥鳅，且杂交信号均位于着丝点处，无杂交信号染色体50条，来源于亲本天然四倍体泥鳅(图9-5A，B)。大鳞副泥鳅雌×天然四倍体泥鳅雄杂交子代存在有杂交信号的染色体24条，来源于亲本大鳞副泥鳅，且杂交信号均位于着丝点处，无杂交信号染色体50条，来源于亲本天然四倍体泥鳅（图9-5C，D)。

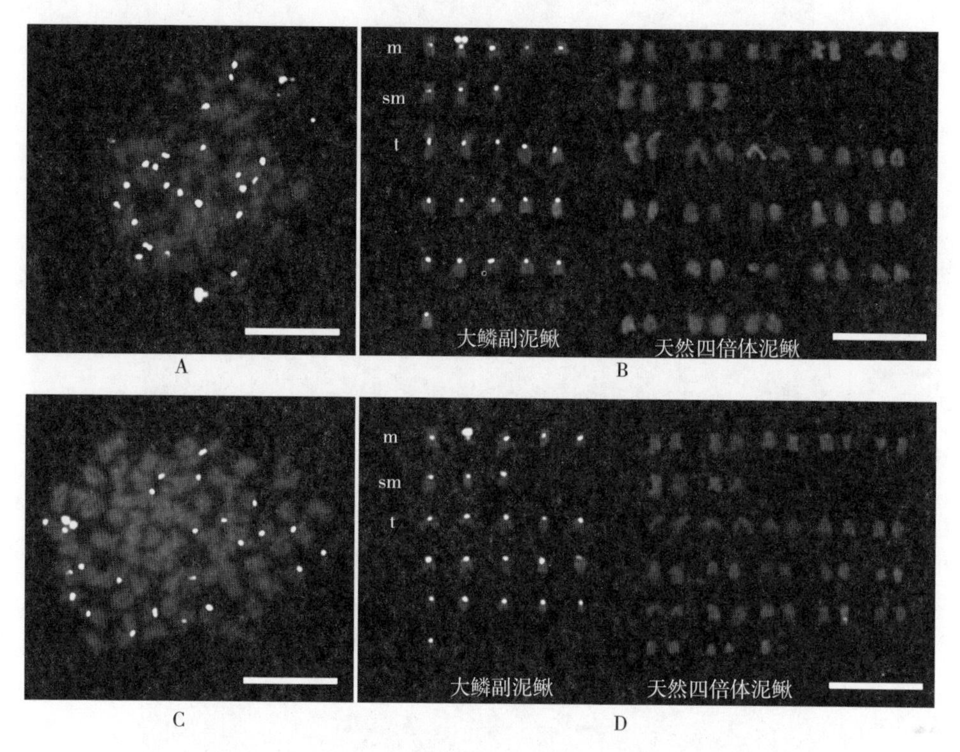

图9-5 同源三倍体泥鳅GISH分析（标尺=10μm）

A、B. 天然四倍体泥鳅雌×大鳞副泥鳅雄后代胚胎染色体中期分裂象及核型 C、D. 大鳞副泥鳅雌×天然四倍体泥鳅雄后代胚胎染色体中期分裂象及核型 m. 中部着丝粒染色体 sm. 亚中部着丝粒染色体 t. 端部着丝粒染色体

9.4 讨论

9.4.1 影响基因组原位杂交的因素

基因组原位杂交是以基因组DNA为探针与染色体标本进行原位杂交，用

于检测目标 DNA 的一种技术，是研究杂交物种染色体构成及进化的有效方法（王卫军等，2009）。GISH 试验有很多影响因素，但探针 DNA 和封阻 DNA 的制备及使用浓度是关键因素。GISH 中无论是探针还是封阻都必须通过染色体的立体结构来完成杂交，探针 DNA 过长导致探针在杂交过程中无法正常移动到染色体需要杂交的位置上，导致杂交信号缺少或者杂交信号不清晰等问题；探针 DNA 长度过短，则会导致杂交信号没有代表性，杂交信号过多且不清晰。因此，优化探针长度是一项研究基因组原位杂交的必要技术，完善和发展该技术可以显著提升 GISH 技术的成功率和分辨率。本试验中利用高温解旋原理，使基因组 DNA 片段化，结果显示，基因组 DNA 在 105℃、持续时间 2min 时片段化后探针 DNA 片段长度刚好为 500～1 000bp，封阻 DNA 在温度为 110℃、10min 时，片段长度在 100～500bp 范围，说明用高压灭菌锅对基因组 DNA 进行片段化的方法可行。加入封阻 DNA 后主要有两个方面的作用，首先由于同源序列杂交，阻止探针 DNA 与非特异性位点杂交或非目标 DNA 杂交，封闭假阳性信号。其次，封阻 DNA 可阻止探针 DNA 与相似 DNA 杂交，区分目标 DNA 和非目标 DNA（Howell et al，2008）。探针 DNA 与封阻 DNA 浓度比例（P/B）对结果的清晰度以及杂交程度都有决定性影响，是决定整个杂交效果的另一个关键因素。当封阻 DNA 过量时，封阻 DNA 与目标 DNA 杂交，只有少量的目标 DNA 与探针 DNA 杂交会产生杂交信号。Rampin 等（2012）曾经对 *Squalius alburnoides* 的染色体进行 GISH 分析，其使用的 P/B 比即为 1∶20 至 1∶40，但是其使用的探针 DNA 量只有 100ng，由于探针 DNA 的使用量过低，不得不减小杂交面积才能得到较为清晰的杂交信号。关于探针 DNA 与封阻 DNA 浓度比（P/B），本研究结果显示，P∶B=1∶25 或 1∶50 均可以获得明亮的杂交信号，过高或过低均使杂交信号不明显。另外，本试验建立的 GISH 技术体系有 2 个局限性：其一，所有的特异性杂交信号都位于染色体着丝点处（除一条染色体端部额外又有一簇杂交信号外），说明只有染色体着丝点处的序列与探针 DNA 产生了特异性反应无法捕捉到染色体臂之间的交换以及染色体变异等，其原因还不清楚。其二，现只用于泥鳅不同属间杂种，对于亲缘关系更近的种间杂种，如我们尝试做过二倍体泥鳅和四倍体泥鳅的 GISH 试验，结果不能有效分开亲本染色体组，其原因主要是两种泥鳅亲缘关系太近。

9.4.2　基因组原位杂交在水产动物杂交育种上的应用

杂交育种技术是新品种开发和品种选育的有效途径和方法。在杂交育种过程中，杂交后代的真实性鉴定是必要的，因为只有知道杂交后代是否真正含有亲本血缘，才能确定杂交利用的效果和杂交方法可行性。GISH 技术则可以从分子水平上对染色体直接进行原位定位，明确知晓杂种的核基因组组成。在国内外被广泛运用于杂种外缘染色体的检测（Schwarzacher et al，1989；Bailey et al，1993），且目前在水产动物的研究中也有应用。毕克（2004）运用GISH技术对华贵栉孔扇贝和栉孔扇贝杂交子代的染色体组成进行了分析。吕振明（2006）对栉孔扇贝和虾夷扇贝杂交后代的染色体来源进行了GISH技术鉴定；Rita（2000）对栉水虱 *Asellus aquaticus* 进行了性染色体的GISH分析，并且捕捉到了来自Y染色体的变异。这些研究表明，GISH技术在水产物种后代遗传学分析中同样具有独特的优势。本研究以大鳞副泥鳅DNA为探针，自然四倍体泥鳅DNA为封阻，对大鳞副泥鳅与天然四倍体泥鳅正反杂交由来的同源三倍体泥鳅进行了原位杂交，在染色体中期可清楚检测到24条染色体具有荧光信号，来源于大鳞副泥鳅；另外50条染色体无杂交信号，来源于四倍体泥鳅。原位杂交结果清晰显示了后代分别继承了父、母本的染色体，为真正的同源三倍体。因此，泥鳅属间杂种后代的鉴定可用GISH的方法加以有效检测。本研究结果证明了大鳞副泥鳅与四倍体泥鳅属间杂交的真实性。该研究结果不仅为同源三倍体泥鳅后代的鉴定提供了最直观的证据，也为进一步证实我国天然四倍体泥鳅是含有四套染色体组的遗传四倍体，能产生 $2n$ 的配子提供了分子细胞遗传学基础，进而对泥鳅三倍体育种研究具有一定的指导意义。

10　棘头梅童鱼性染色体发生机制的初步研究

10.1　引言

棘头梅童鱼是黄鱼亚科中体型较小的经济鱼类，隶属鲈形目、石首鱼科、黄鱼亚科、梅童鱼属。它主要分布于中国黄海、东海和南海，是我国重要的海洋经济鱼类。关于棘头梅童鱼的研究多集中于形态差异、系统发育和群体遗传等方面，染色体方面的研究相对较少。因此，本研究通过荧光染色确定其染色体核型，并利用荧光原位杂交（FISH）在棘头梅童鱼染色体上定位多种重复序列，进而寻找其性染色体相关标记，为棘头梅童鱼的性别决定机制研究提供基础数据。

10.2　材料与方法

10.2.1　试验材料的采集

本试验所用的棘头梅童鱼雌、雄各6尾，取自于福建省宁德市横屿岛水产有限公司育苗场。取棘头梅童鱼鳍条置于无水乙醇中于－20℃冰箱保存备用。

10.2.2　染色体样品的取样与制备

染色体样品通过剥取头肾制备。剥取前20h和5h，分别注射2次血细胞分裂促进液（每克体重8mg党参煎汁液＋20μg BSA）；解剖前2.5h，注射秋水仙素溶液（每克体重0.5μg）。解剖剥取头肾，制备细胞悬液，用0.075mol/L KCl溶液低渗40min；然后用现配的卡诺氏固定液固定3次，每次15min。固定后的头肾细胞于－40℃低温冰箱长期保存。取洁净的载玻片用于滴片。滴片前，头肾细胞需更换新鲜的卡诺氏固定液，建议在水浴锅附近完成滴片以保持较高的环境湿度，滴片前取载玻片过水蒸气，使载玻片上覆盖一层水雾。取20～50μL细胞悬浮液于载玻片上。滴片在洁净环境中室温干燥，然后置于60℃恒温箱老化3h，老化后的制片可置于－20℃暂存。

10.2.3 探针制备

（1）DNA 样品的制取 总 DNA 用 DNA 提取试剂盒（上海锐捷生物）按说明书从乙醇固定保存的鳍条中提取。BAC 克隆用 BAC 克隆 DNA 提取试剂盒（SIGMA）分别从菌液中提取。

（2）18S rDNA 片段的扩增 探针模板 18S rDNA 编码区部分区段通过 PCR 扩增获得。引物为 F：CGCGC AAATTACCCACTCCC；R：CTGAACGCCACT-TGTCCCT。PCR 扩增体系（20μL）包括：10×PCR 缓冲液 2μL，2.5mmol/L 的 dNTPs 1.6μL，10mmol/L 的上下游引物各 1μL，5 U/μL Taq 酶 0.2μL，50ng 基因组 DNA。扩增条件为：94℃预变性 4min；94℃变性 30s，54℃退火 60s，72℃延伸 60s，循环 30 次；最后 72℃延伸 5min。所得 PCR 产物于 4℃暂时保存。

（3）5S rDNA 片段的扩增及克隆 探针模板 5S rDNA 通过 PCR 扩增和分子克隆获得。PCR 扩增上游引物为 F：GTCAGGCCTGGTTAGTACTTG-GAT，下游引物为 R：GGGCGCATTCAGGGTGGTAT。PCR 退火温度为 52℃，其他条件同 18S rDNA 扩增。扩增产物经琼脂糖电泳检测，取长度最小的三条带切胶回收、纯化、测序；将测定序列与 NCBI 数据库中的 5S rDNA 序列比对，确定扩增产物为 5S rDNA。然后，将 250bp 的 PCR 产物连接到 pEASY－T1 载体（TransGen Biotech）中，克隆并回收质粒进行 PCR 验证。

（4）端粒无模板扩增 使用 $(TTAGGG)_5$ 和 $(TAACCC)_5$ 为引物进行无模板扩增端粒重复序列 $(TTAGGG)_n$。扩增条件为：94℃预变性 90s；94℃变性 45s，52℃退火 30s，72℃延伸 60s，循环 30 次；最后 72℃延伸 10min。产物于 4℃保存备用。

（5）微卫星的无模板扩增 微卫星 $(CAG)_n$ 和 $(CAT)_n$ 分别使用 $(CAG)_{10}$ 和 $(CAT)_{10}$ 为引物进行无模板扩增。扩增条件为：94℃预变性 90s；94℃变性 45s；60℃退火 30s；72℃延伸 60s；循环 30 次；最后 72℃延伸 10min。产物于 4℃保存备用。

（6）探针的制备 用缺口平移试剂盒按说明书操作制备探针。标记物分别为 Biotin－11－dUTP、Digoxigenin－11－dUTP 及 Cyanine 5－dUTP。标记底物分别为棘头梅童鱼总 DNA（GISH）、18S rDNA PCR 产物、5S rDNA 质粒、BAC 克隆质粒、端粒无模板扩增产物和微卫星重复序列无模板扩增产物。其中 BAC 克隆质粒由于片段长度较大，需适当增加 DNase I 的用量。标记后的产物经琼脂糖电泳法检测，需取长度范围 200～500bp 者。探针长度不符合时，可通化优化 DNase I 的用量调整。探针用乙醇沉淀后可置于－20℃冰箱保存。

10.2.4　探针和染色体的变性

(1) 探针的变性　将探针加入 30μL 杂交缓冲液 50%去离子甲酰胺，2×SSC 500μL 中，使探针终浓度约为 2ng/μL；多色 FISH 探针需将两种或三种不同标记的探针同时加入 30μL 杂交缓冲液中，每种探针终浓度均为2ng/μL。将探针杂交混合液置于 72℃水浴锅中变性 8min，然后迅速放置于冰上至少 10min。

(2) 染色体的变性　染色体变性缓冲液（80% 甲酰胺/1×SSC）置于水浴锅中平衡至 74℃，将染色体制片依次置于变性缓冲液中处理 2 ～ 3min，然后在系列梯度乙醇溶液（70%、80%、90%、95%、100%和 100%）中脱水，每个梯度 30s。脱水后的制片放在洁净环境中，室温风干。

10.2.5　杂交、严谨性洗涤与信号放大

(1) 杂交　在载玻片上样品所在位置滴加已变性预退火的探针杂交液，轻轻盖上封口膜（1cm×1cm），注意尽量避免产生气泡；置于预加入少许 2×SSC 暗盒中，于 37℃杂交 12 ～16h。

(2) 严谨性洗涤　杂交结束后，小心揭掉封口膜，将杂交后的制片置于 37℃的变性缓冲液Ⅱ（50% 甲酰胺/2×SSC）中处理 5min；然后在 4×SSC 溶液（室温）中洗涤两次，每次 5min。

(3) 信号放大　制片经严谨性洗涤后，在样品所在位置滴加 50μL 信号放大溶液（生物素标记用 Avidin - Alexa fluor - 488；地高辛标记用 Anti - digoxi - Rhodamine；Cy - 5 标记无需免疫信息放大，直接镜检观察）。盖上封口膜并放置于湿盒中，在 37℃的恒温箱中温育 30min。温育结束后，取出载玻片，小心揭掉封口膜，将玻片置于 4×SSC - 0.5% Triton 溶液中室温洗涤 5min，再用 4×SSC 室温洗涤 2 次，每次 5min。最后用双蒸水轻轻冲洗，置于避光处风干。

(4) 复染与封片　在载玻片上标本位置处滴加 10μL DAPI 染色体液（1μg/mL），盖上盖玻片，然后覆盖吸水纸将多余的 DAPI 染料压出后进行封片。

(5) 镜检与图像处理　使用 Olympus BX53 荧光显微镜对样品进行观察检测与拍照。采用 DAPI、fluor - 488、Rhodamine 和 Cy - 5 对应滤光镜对试验结果进行检测。通过不用荧光滤片组合观察染色体及相应的荧光信号。为了便于区分不同波长的红色信号以更易于观察，拍照处理时深红色信号采用白色伪色替代。用带有 DP85 电荷耦合器件图像传感器（CCD）拍摄图像，CellSens 软件摄像机对图像进行采集，并进行通道组合及初步处理。最后用 Image - pro plus 6.0 等软件对图片进行进一步处理。

10.3 结果

10.3.1 棘头梅童鱼 DAPI 染色及 Self-GISH 核型分析

棘头梅童鱼染色体制片经 DAPI 染色后，在荧光显微镜观察、拍照，并统计每个细胞的染色体数目。根据染色体的相对长度排出雌、雄棘头梅童鱼核型图（图 10-1A，B），结果显示，雌性棘头梅童鱼具有 24 对端部着丝粒染色体，核型公式为 48t，臂数 NF=48（图 10-1A，C）；雄性棘头梅童鱼的染色体包括 22 对端部着丝粒染色体、2 条端部着丝粒染色体单体和 1 条中间着丝粒染色体，核型公式为 1m+46t，臂数 NF=48（图 10-1B，D）。雌、雄性棘头梅童鱼核型比较结果显示，雄性具有独特的中部着丝粒染色体，为限于雄性的 Y 染色体。通过雌雄性间染色体数目和臂数比较可推断，Y 染色体由 2 条染色体融合而成，棘头梅童鱼的性染色体系统为 $X_1X_1X_2X_2/X_1X_2Y$ 型。

DAPI 染色结果显示，1 号染色体具有明显的 DAPI 暗带，较易辨识。核型比较结果显示，雌性具有 2 条具有 DAPI 暗带的 1 号染色体，而雄性只有 1 条。据此初步推断，1 号染色体参与了 Y 染色体的融合，为 X_1 染色体。

以棘头梅童鱼总 DNA 为探针作 Self-GISH。结果显示，在 Self-GISH 后，所有染色体的着丝粒位置区域都出现了较强的荧光信号，部分染色体的端部位置呈现出较弱的荧光信号。在 X_1 染色体及 Y 染色体上，着丝粒位置区域的信号尤其强烈并进一步扩散到染色体臂上。根据染色体配对结果，初步判断，17 号染色体可能是棘头梅童鱼的 X_2 染色体。

10.3.2 棘头梅童鱼 18S rDNA、5S rDNA 和端粒序列的多色 FISH 定位

以 18S rDNA、5S rDNA 和端粒探针作三色 FISH。结果显示，在雌性中，18S rDNA 和 5S rDNA 位点共定位于 1 号染色体（X_1）；而在雄性中，18S rDNA 和 5S rDNA 信号位点定位在 X_1 和 Y 染色体上。在 X_1 和 Y 染色体上，5S rDNA 和 18S rDNA 位点相对着丝粒的位置相同，均是 5S rDNA 位于近端而 18S rDNA 位于远端，但 Y 染色体上 18S rDNA 和 5S rDNA 的信号要弱于 X_1 染色体，并且位置几乎重叠。

端粒信号在雌、雄染色体端部均可检测到。有趣的是，在 X_1 染色体臂间还观察到中间端粒信号（interstitial telomeric signal，ITS），其信号强、范围大，与 5S rDNA 信号重叠；而在 Y 染色体上却没有观察到明显的 ITS 信号（图 10-2，图 10-3）。

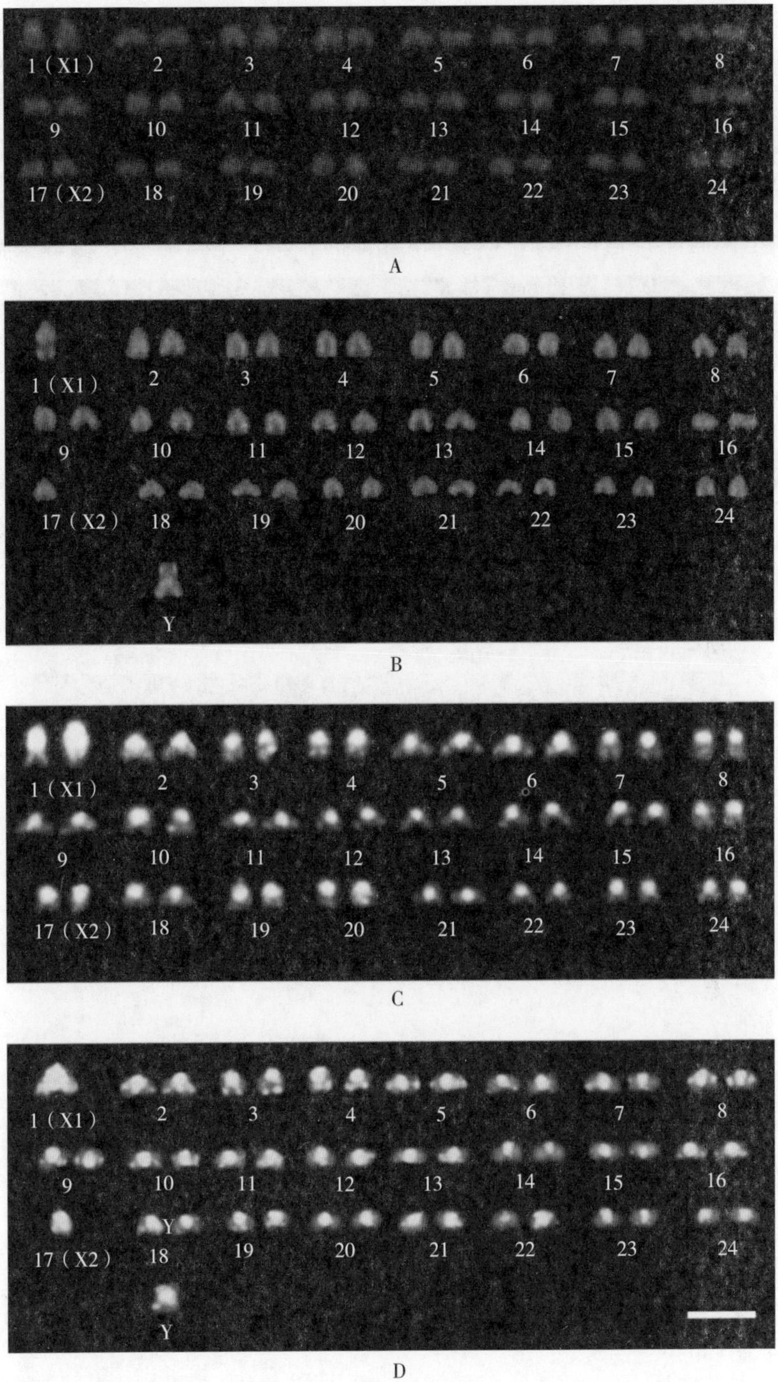

A

B

C

D

图 10-1 棘头梅童鱼染色体 DAPI 核型图及 Self-GISH 核型图（标尺=5μm）

A、C. 雌 B、D. 雄

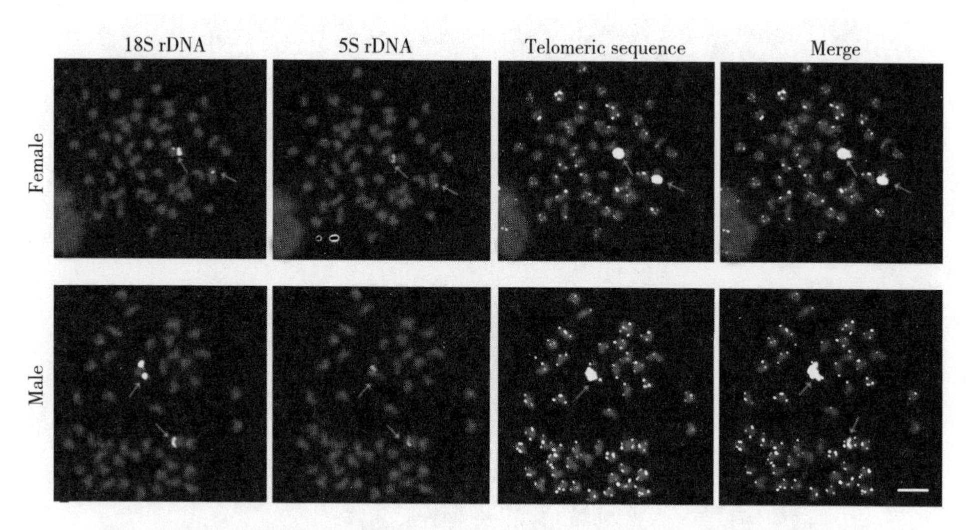

图 10-2　棘头梅童鱼 18S rDNA、5S rDNA 和端粒序列三色 FISH（标尺＝5μm）
注：箭头所指为阳性信号。

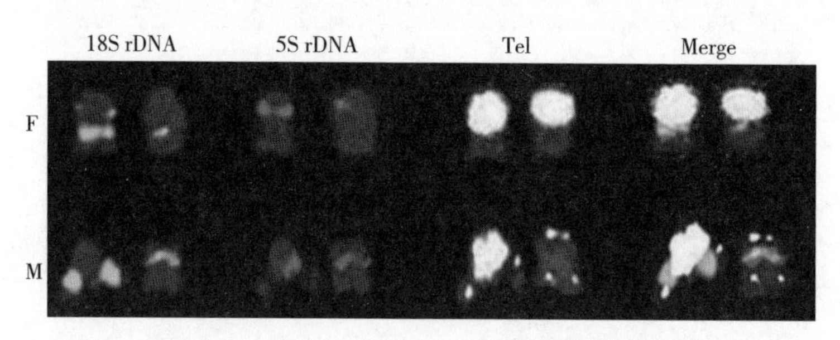

图 10-3　雌、雄性棘头梅童鱼性染色体局部
F. 雌性　M. 雄性　Tel. 端粒序列　Merge. 合成图

10.3.3　微卫星在棘头梅童鱼上的 FISH 定位

（1）探针制备结果　$(CA)_n$、$(CAA)_n$、$(CAT)_n$ 和 $(CAG)_n$ 4 种微卫星标记用于 FISH 定位。其中，$(CA)_n$ 和 $(CAA)_n$ 探针为 5′-生物素修饰的 $(CA)_{15}$ 和 5′-地高辛修饰的 $(CAA)_{10}$，由技术公司直接合成；$(CAG)_n$ 和 $(CAT)_n$ 通过无模板扩增获得（扩增结果见图 10-4），扩增产物经 DNA 纯化试剂盒纯化回收后，再通过缺口平移法分别标记生物素和地高辛（图 10-5）。

（2）FISH 结果　根据其 FISH 信号特征可以将检测的 4 种微卫星分为 3 类：第一类，$(CA)_n$ 和 $(CAA)_n$，散在分布于多条染色体，并在染色体端部呈现较

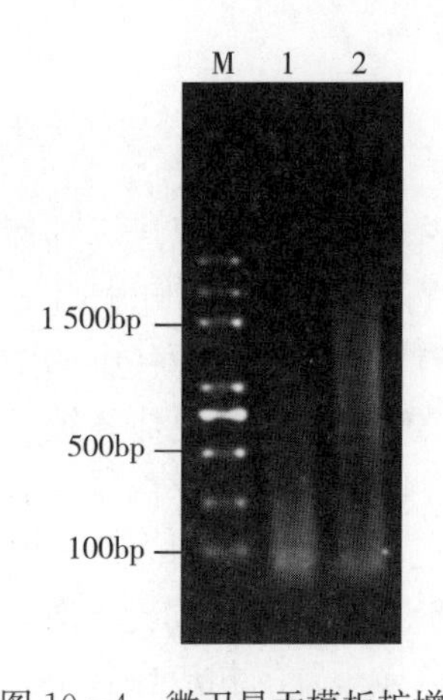

图 10-4　微卫星无模板扩增电泳结果

M. DL 2000 plus marker　1. $(CAG)_n$ 序列泳道　2. $(CAT)_n$ 序列

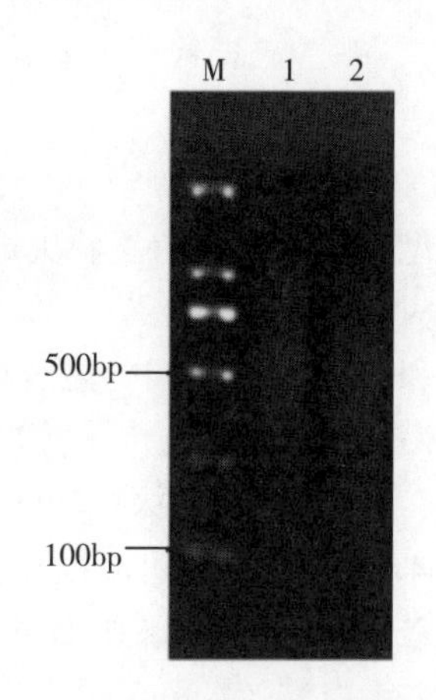

图 10-5　缺口平移方法标记的简单重复序列探针 DNA 电泳结果

M. DL 2000marker　1. 标记的 $(CAG)_n$　2. 标记的 $(CAT)_n$

强信号，信号分布与性染色体没有明显关系（图 10-6A～E）；第二类，$(CAT)_n$，其分布与第一类类似，但在 X_1 染色体臂间呈现与 ITS 共位的强阳信号（图 10-6G，H）；第三类，$(CAT)_n$，其 FISH 信号仅在 X_1 染色体及 Y 染色体上检出，并且 X_1 染色体的信号明显强于 Y 染色体（图 10-6E，F）。

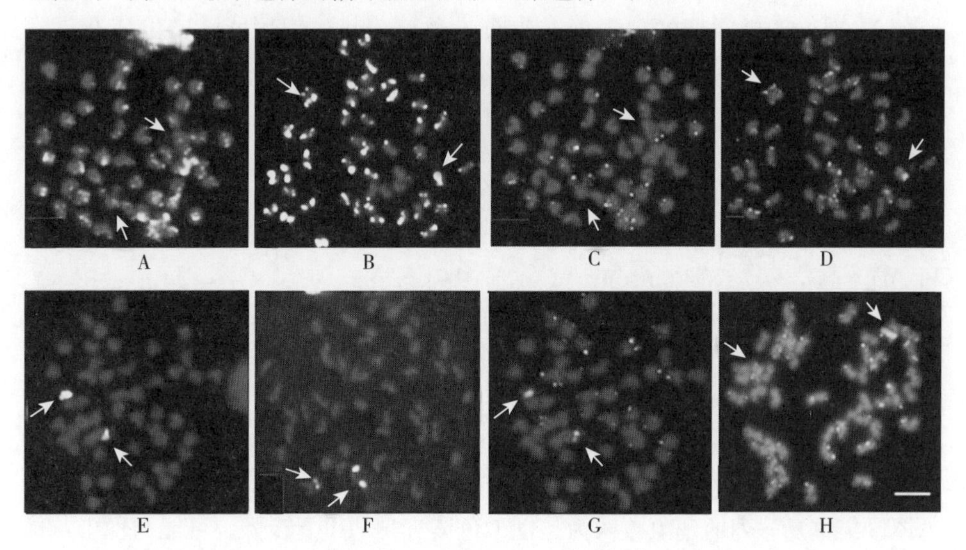

图 10-6　棘头梅童鱼简单重复序列的 FISH 定位（标尺=5μm）

A. 雌鱼 $(CA)_{15}$　B. 雄鱼 $(CA)_{15}$　C. 雌鱼 $(CAA)_{10}$　D. 雄鱼 $(CAA)_{10}$　E. 雌鱼 $(CAG)_n$　F. 雄鱼 $(CAG)_n$　G. 雌鱼 $(CAT)_n$　H. 雄鱼 $(CAT)_n$

10.4 讨论

核型比较结果显示，棘头梅童鱼的核型在雌、雄性间存在差异，其性染色体类型应为 $X_1X_1X_2X_2/X_1X_2Y$。这种性染色体系统可能通过 3 种机制产生：①常染色体和 Y 染色体之间的融合，②X 染色体在具有 XY 系统的物种中的中心裂变，③X 染色体和常染色体在具有祖先 XX 雌性/ XO 雄性性染色体系统的物种中融合。由于雌性棘头梅童鱼和近缘种的核型均含 48 条染色体，而雄性棘头梅童鱼含 47 条染色体，可以推断棘头梅童鱼的 Y 染色体的起源机制为第一种。

FISH 结果显示，棘头梅童鱼的 18S rDNA 和 5S rDNA 位点均为一对，同线分布于最大端着丝粒染色体（X_1）的臂间和 Y 染色体短臂的相应位置上。这一对应关系进一步证明了，涉及原始 X_1 的染色体融合事件。rDNA 位点分布于性染色体的现象，已报道于多种鱼类，如 *Hoplias malabaricus*（Born et al，2000），*Triportheus guentheri*（Artoni et al，2002；Diniz et al，2007）和 *Harttia punctata*（Blanco et al，2014）。在减数分裂期间，rDNA 位点可能在性染色体的联会中发挥作用（Ren et al，1997；Stitou et al，1997），或有助于性别决定区域的重组抑制（Reed et al，1997）。然而，两种 rDNA 同线分布的情况并不常见，除棘头梅童鱼外，目前仅见 *H. punctata* 中的报道（Blanco et al，2014）。

端粒序列 FISH 揭示，X_1 染色体臂间特异分布 ITS。这一现象极罕见，提示 X_1 染色体可能在融合之前发生过染色体重排。相比，Y 染色体并没有 ITS，并且 Y 染色体的短臂比 X_1 的预期长度小约 50%。这些现象的一个可能原因是，Y 融合后，可能发生过片段删除；另一可能原因是，Y 融合后，X_1 染色体发生了重复序列事件。在其他具有 $X_1X_1X_2X_2/X_1X_2Y$ 系统的鱼类中也观察到类似的 Y 染色体形成模式，即染色体融合后片段缺失的现象，如 *Gasterosteus wheatlandi*（Ross et al，2009），*H. punctata*（Blanco et al，2014）和 *Achirus achirus*（Bitencourt et al，2016）。

Self - GISH 是 GISH 的一种变化程序，即使用同种 DNA 作为杂交探针的 GISH。已有研究结果显示，Self - GISH 的信号模式与 Cot - 1 DNA 作探针的 FISH 获得的信号模式一致，因而 Self - GISH 可用于调查染色体中重复 DNA 的分布（She et al，2007）。本研究中，Self - GISH 信号主要分布于常染色体的着丝粒和端粒区域，并拓展到推定性染色体（X_1 和 Y）的臂间区域。性染色体聚集重复序列的现象被认为是性染色体进化的重要步骤，可能与性染色体的重组抑制有关（Graves，2006）。重复序列的聚集不仅发生于异配性染色体（Y 和 W），同样发生与同配性染色体上（X 和 Z）。重复序列可能在性染色体的进化与功能中具有重要作用，但尚待进一步研究。

11 杂交鲍染色体 GISH 的优化

11.1 引言

鲍是我国传统的海珍品和重要的海水养殖贝类。近年来，鲍的遗传育种研究发展迅速，其中杂交育种的成果最为突出。基于杂交，我国科研工作者已先后育成“大连 1 号”“东优 1 号”和“西盘鲍”等品种，推动了我国鲍养殖产业的健康发展（赖龙玉等，2013；柯才焕等，2016；张国范，2010）。在鲍的杂交育种中，杂交后代的遗传分析是结果鉴定的重要内容，也是深入研究杂种优势机理的基础（Di et al，2015）。

基因组原位杂交（GISH）是分析远缘杂交染色体组结构的有力工具。它用一个亲本的总 DNA 制备杂交探针，对目标染色体进行原位杂交，可以用不同颜色的荧光区别显示杂交细胞染色体的亲本来源（Schwarzacher et al，1989）。目前，GISH 已广泛应用于众多动植物远缘的杂交结果鉴定、异源多倍体识别以及基因流与基因渗入检出等研究中（王燕等，2017；周贺等，2017；Piperidis，2014）。在鲍的远缘杂交研究中，GISH 也初步应用于杂交子代的染色体结构及其动态变化（Cai et al，2010；刘圆圆，2016）。然而，前期研究结果显示，对于亲本亲缘关系较近的杂交鲍，利用 GISH 分辨父母本染色体的难度仍然较高，较难得到稳定的结果（王海山，2014）。因此，本文拟以皱纹盘鲍（*Haliotis discus hannai*）和杂色鲍（*H. diversicolor*）杂交子代为研究对象，分析杂交缓冲液中探针用量、封阻 DNA 浓度、去离子甲酰胺（dFA）浓度和硫酸葡聚糖（DS）或聚乙二醇（PEG）6000 浓度对 GISH 信号强度的影响，以提高杂交鲍 GISH 的灵敏度与稳定性，为杂交鲍染色体组结构分析提供可靠的工具，也可为其他探针的荧光原位杂交（FISH）提供借鉴。

11.2 材料与方法

（1）鲍肌肉组织的采集 试验所用杂色鲍足部肌肉组织采自福建省晋江福大鲍水产有限公司，固定于无水乙醇中−20℃保存。

（2）染色体样品的采集 采用阴干、流水刺激和经过紫外照射的海水刺激等催产性腺成熟的雌性杂色鲍和雄性皱纹盘鲍，获得杂色鲍卵子与皱纹盘鲍精子，按蔡明夷等（2006）描述的方法获得杂色鲍×盘鲍杂交幼体，然后秋水素处理、低渗、固定，固定样品置于于－20℃保存。

（3）GISH 探针和封阻 DNA 的制备 取杂色鲍足部肌肉组织提取 DNA，具体操作参照血液/细胞/组织基因组 DNA 提取试剂盒（天根生化有限公司）说明书。采用切口平移法制备生物素标记的皱纹盘鲍基因组 DNA 探针，操作方法参考试剂盒说明书（Roche）。鲑精 DNA（厦门海琪生物技术有限公司）利用高压灭菌剪切法剪切成合适片段（100～200bp）。用 1%琼脂糖凝胶电泳检测探针和封阻 DNA 的质量。按照试验所需封阻 DNA 用量，向上述探针溶液中加入打断的鲑精 DNA，然后采用乙醇沉淀法纯化探针和封阻 DNA，再用不同体积的 TE 缓冲液溶解沉淀，－20℃保存备用。

（4）染色体制片的准备 染色体制片的制备采用蒸汽滴片法，具体操作方法参考蔡明夷等（2013）的描述，滴好的片子经空气干燥后于 60℃恒温箱中老化 30min。

（5）基因组荧光原位杂交 GISH 的一般程序包括探针变性、染色体制片变性、杂交、杂交后洗涤和信号放大 5 个步骤。本研究的试验因素探针用量、封阻 DNA 浓度、dFA 浓度以及 DS 或 PEG（PEG）6000 浓度均在下文特别说明。如无特殊说明，杂交缓冲液成分为 30% dFA、2×SSC、12.5% DS、6.25ng/μL 探针、62.5ng/μL 鲑精 DNA，操作程序与蔡明夷等（2013）的描述 FISH 方法相同。

①探针浓度试验 使各试验组探针的终浓度分别为 1.56ng/μL、3.13ng/μL、6.25ng/μL、12.50ng/μL、25.00ng/μL。

②鲑精 DNA 浓度试验 各试验组鲑精 DNA 的浓度分别为探针的 0 倍（0ng/μL）、5 倍（31.3ng/μL）10 倍（62.5ng/μL）、20 倍（125.0ng/μL）、40 倍（250.0ng/μL）。

③去离子甲酰胺浓度试验 各试验组杂交缓冲液中 dFA 含量分别为 10%、20%、30%、40%和 50%。

④硫酸葡聚糖试验 各试验组 DS 浓度分别为 2.5%、7.5%、12.5%、17.5%、25%。

⑤聚乙二醇 6000 浓度试验 用 PEG 600 替代杂交缓冲液中的 DS，各试验组 PEG 6000 浓度分别 2.5%、7.5%、12.5%、17.5%、25%。

⑥显微观察、测量与数据处理 在荧光显微镜下固定条件拍照，获取分散良好、形态清晰且数目完整的皱纹盘鲍和杂色鲍的杂交子代的中期分裂象。每个试验选取 5 个分裂象，利用 Image-pro plus 6.0（IPP 6.0）软件对染色体的面积和荧光强度（integrated optical density，IOD）进行测量，然后通过 Excel 计算染色体上单位面积的荧光强度，得出计算 IOD 平均值，统计 5 个试验条件下染

色体单位面积上荧光强度，并得出相应的变化折线图。最后用 SPSS 21.0 作单因素方差分析，平均值差异的显著差异以不同小写字母标识在折线图上。

11.3 结果

(1) 探针浓度对杂交信号的影响 探针含量单因素试验中，不同质量浓度下的 GISH 图像如图 11-1A～E 所示。其中，绿色荧光为杂色鲍探针杂交信号，红色为负染的 PI 信号。当探针质量浓度为 1.56ng/μL（图 11-1A）和 3.13ng/μL（图 11-1B）时，杂交信号均较弱，不能明显区分杂交子代中染色体的亲本来源。当探针质量浓度高于 6.25ng/μL 时，杂交信号强，染色体亲本来源明显区别为红、绿两色。定量分析结果表明，当探针质量浓度从 1.56ng/μL 增加至 6.25ng/μL 时，靶染色体的平均荧光强度由（7.53±1.76）上升至（12.46±2.38）；当探针质量浓度从 6.25ng/μL 增加至 25.00ng/μL 时，染色体平均荧光强度依然有所增强，但是增强趋势已趋于平缓，平均值间的差异不显著（$P>0.05$，图 11-2A）。

(2) 封阻 DNA 浓度对杂交信号的影响 封阻 DNA 含量单因素试验中，在其不同质量浓度下的 GISH 图像如图 11-1F～J 所示。其中，绿色荧光为杂色鲍探针杂交信号，红色为负染的 PI 信号。各试验组间均可明显区别染色体亲本来源，当鲑精 DNA 质量浓度为探针 10 倍时信号最强。定量分析结果表明，当封阻 DNA 质量浓度由 0 倍增加至 10 倍过程中，靶染色体的平均荧光强度由（5.41±0.71）逐渐增强到（11.39±2.28）；当封阻 DNA 质量浓度由 10 倍增加至 40 倍过程中，荧光强度又逐步减弱至（2.81±0.55），各处理水平间荧光强度差异显著（$P<0.05$，见图 11-2B）。

(3) 去离子甲酰胺浓度（dFA）对杂交信号的影响 dFA 含量单因素试验中，在其不同体积分数下的 GISH 图像如图 11-1K～O 所示。其中，绿色荧光为杂色鲍探针杂交信号，红色为负染的 PI 信号。当 dFA 体积分数为 30%时，染色体亲本来源的区分度最明显，探针杂交信号涂布的完整性最好（图 11-1M）；当 dFA 体积分数高于 40%时，探针杂交的涂布均一性变差，杂交信号只出现于某些异染色质区域，无法明确区分染色体的亲本来源（图 11-1N，O）。定量分析结果表明，当 dFA 体积分数由 10%增至 30%时，靶染色体的平均荧光强度由（5.07±0.15）逐渐增强到（11.40±2.09）；而当 dFA 体积分数由 30%增至 40%，靶染色体的平均荧光强度度急剧变弱至（4.63±0.49）（图 11-2C）。

(4) 硫酸葡聚糖（DS）或聚乙二醇 6000（PEG 6000）浓度对杂交信号的影响 DS 含量单因素试验中，在其不同体积分数下的 GISH 图像如图 11-1P～T所示。其中，绿色荧光为杂色鲍探针杂交信号，红色为负染的 PI 信号。

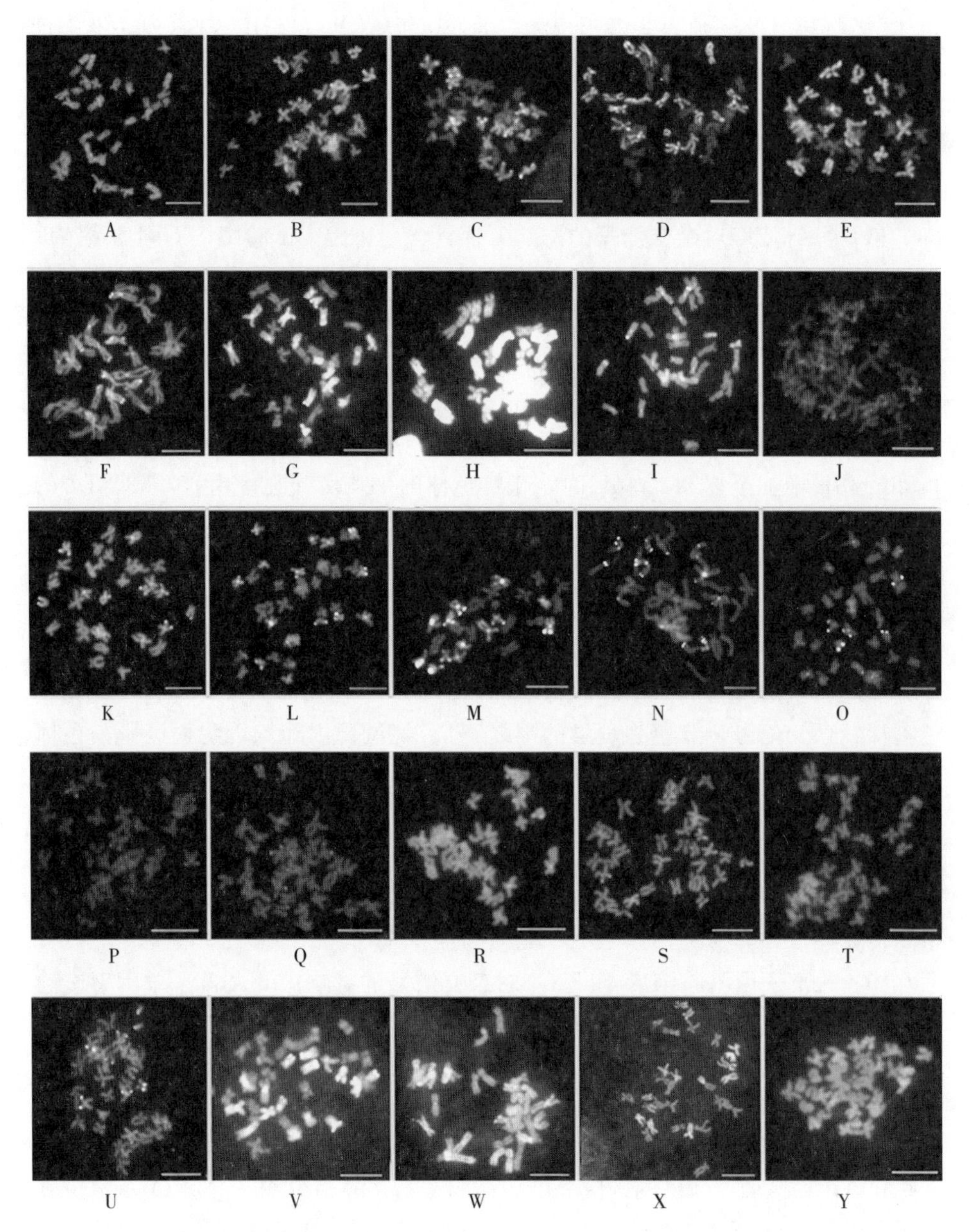

图 11-1　不同探针、封阻 DNA、去离子甲酰胺、DS 或 PEG 浓度下的 GISH 图（标尺=10μm）

注：A～E 依次表示 1.56ng/μL、3.13ng/μL、6.25ng/μL、12.50ng/μL、25.00ng/μL 探针浓度下的 GISH 图；F～J 依次表示 0、5、10、20、40 倍鲑精 DNA 封阻浓度下 GISH 图；K～O 依次表示 10%、20%、30%、40%、50%去离子甲酰胺浓度下 GISH 图；P～T 依次表示 2.5%、7.5%、12.5%、17.5%、25% DS 浓度下 GISH 图；U～Y 依次表示 2.5%、7.5%、12.5%、17.5%、25% PEG 浓度下 GISH 图。

结果直观显示，DS 体积分数为 12.5%和 17.5%时信号最强，涂布均匀，亲本来源区分度较高（图 11-1Q，S）。定量分析结果表明，DS 试剂的体积分数由 2.5%增加至 12.5%的过程中，靶染色体的平均荧光强度由（5.25±2.41）逐渐增强到（9.96±2.05）；当其体积分数由 12.5%增加至 17.5%时荧光强度略略下降；当其体积分数由 17.5%增加至 25.0%时，荧光强度骤减至（2.45±0.80）（图 11-2D）。

在 PEG 6000 不同体积分数下的 GISH 图像如图 11-1P～Y 所示。绿色荧光为杂色鲍探针杂交信号，红色为负染的 PI 信号。7.5% PEG 6000 荧光信号极强，但亲本来源区分度并不高（图 11-1V）。定量分析结果表明，当 PEG 6000 的体积分数由 2.5%增加至 7.5%时，染色体单位面积上的荧光强度由（14.91±3.13）剧增到（32.65±5.31）；当 PEG 6000 的体积分数继续增加至 12.5%，荧光强度反而减弱到（24.7±7.71），并随着 PEG 6000 的体积分数继续增加而略微下降，但差异不显著（$P>0.05$，图 11-2D）。

DS 和 PEG 6000 两组试验结果比较说明，使用 PEG 6000 组荧光强度明显高于用 DS 组。

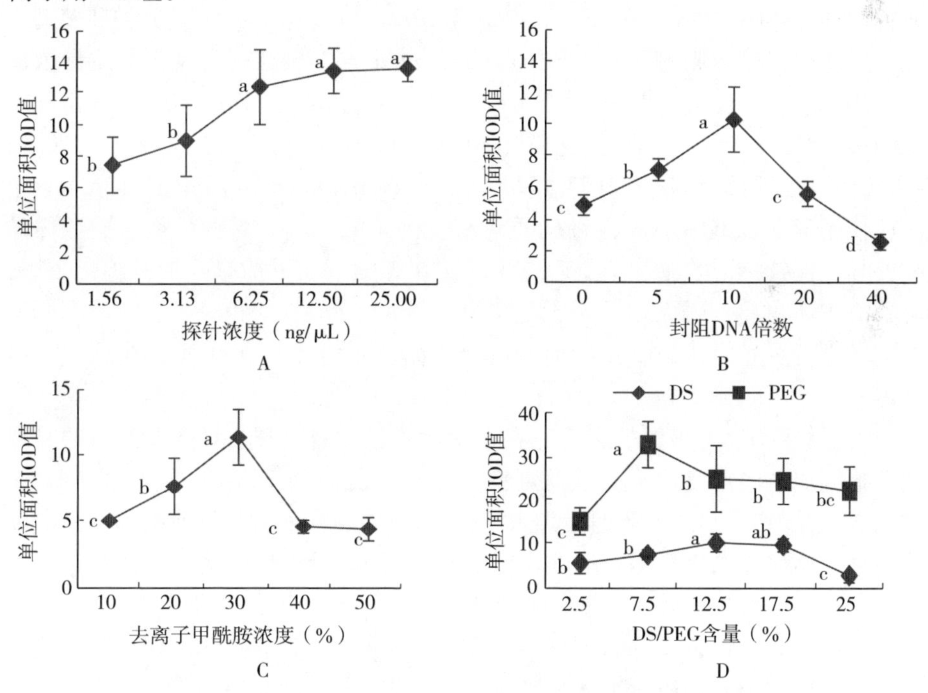

图 11-2 不同探针、封阻 DNA、去离子甲酰胺、硫酸葡聚糖（DS）和聚乙二醇（PEG）6000 浓度对染色体单位面积 IOD 值的影响

注：图中数据表示为平均值±标准差（$n=5$），不同字母表示差异显著（$P<0.05$）。

11.4 讨论

(1) 探针含量的影响 核酸杂交的反应速度与溶液中参与杂交的互补链核苷酸质量浓度的乘积成正比（Wetmyr，1975）。染色体GISH中，染色体制片上固定的DNA量基本稳定，因此探针质量浓度是影响核酸杂交效率的关键因素（Rocha et al，2016）。本研究结果显示，当探针质量浓度为1.56ng/μL时，GISH信号强度微弱，且对异源染色体的区分度差；随探针质量浓度的升高，信号强度和染色体区分度均相应提高；当探针的质量浓度升高到6.25ng/μL时荧光强度达到高位平台，且继续提高探针的质量浓度也不再显著提升GISH信号强度。可见，杂交鲍GISH试验中，探针的质量浓度应大于6.25ng/μL。综合考虑试验的成本控制和稳定性，本研究建议杂交鲍的GISH探针用量为6.25ng/μL。

不同研究所使用探针的质量浓度并不相同。Bi等（Bi et al，2006）在运用GISH鉴定两种异源三倍体蝾螈的核基因组成中所使用的蓝点钝口螈（*A. laterale*）基因组探针的质量浓度为5ng/μL。Sczepanski等在运用FISH研究两种海洋鲇（*Genidens genidens*，*Aspistor luniscutis*）细胞分类和核型进化中所使用银色鲮脂鲤（*Prochilodus argenteus*）18S rDNA探针的质量浓度为2.5ng/μL（Sczepanski et al，2010）。Jowett用双色FISH研究斑马鱼胚胎基因表达模式时所使用的反义探针的质量浓度为0.5ng/μL（Jowett，2001）。Zhang等在运用FISH研究栉孔扇贝（*Chlamys farreri*）的染色体定位与鉴定中所使用的Fosmid DNA探针的质量浓度为10ng/μL。探针种类、染色体结构差异、探针标记效率、杂交后洗涤严谨度等因素均可能影响探针检出下限，导致GISH试验信号太弱甚至无法检出（Zhang et al，2008）。因此，不同实验室在进行荧光原位杂交试验时，有必要结合自身条件优化探针使用的质量浓度。

(2) 鲑精DNA含量的影响 在杂交缓冲液中加入鲑精DNA的目的是封闭普遍同源性的重复序列，以此降低非特异杂交信号（Kato et al，2005；余舜武等，2001）。Mukai等通过加入鲑精DNA，在小麦背景下成功检测到大麦染色体。本研究结果显示，最佳的鲑精DNA的质量浓度约为探针质量浓度的10倍，过高或过低均会显著影响GISH信号强度和异源染色体的区分度（Mukai et al，1991）。可能的原因是质量浓度过低不足以封闭同源序列造成微小的跨基因组杂交，质量浓度过高会影响探针在整个目标染色体长度上的均匀杂交。

不同研究中，鲑精DNA的使用量有所差异。Hu等（2013）在运用GISH研究紫扇贝（*Argopecten purpuratus*）和海湾扇贝（*A. irradians irra-*

dians）杂交种基因组时所用鲑精 DNA 的质量浓度为探针的 100 倍。Bi 等（2010）在运用 GISH 研究蝾螈的基因组交换减数分裂机制时所用鲑精 DNA 的质量浓度为探针的 100 倍。Rampin 等（2012）在运用 GISH 研究鲤科鱼杂交（*Squalius alburnoides* complex）的亲本染色体和基因组重排时所用鲑精 DNA 的质量浓度为探针的 25 倍。可见，在不同研究中，鲑精 DNA 质量浓度的使用范围为探针的 25～100 倍。鲑精 DNA 的适宜用量的差异可能与研究对象的基因组结构不同有关。

(3) dFA 含量的影响 变性的探针和染色体 DNA 的复性是荧光原位杂交的关键步骤。已有研究证明，特定 DNA 复性的适宜温度约为 T_m-25℃（Marmur et al，1961）。然而，为了避免长时间高温孵育破坏染色体形态，探针与靶序列的复性通常 37℃中完成，因此，研究人员一般在杂交缓冲液中添加适量 dFA 来调整 DNA 的 T_m，以降低复性温度（Mcconaughy et al，1969）。目前已知，dFA 的体积分数每提高 1%，溶液中 DNA 的 T_m 下降 0.60～0.73℃（Sadhu et al，1984）。本文研究了杂交缓冲液中 dFA 的体积分数对杂交鲍幼体 GISH 信号的影响。结果显示，GISH 信号强度相对 dFA 体积分数的变化曲线为单峰曲线，峰值对应的 dFA 体积分数为 30%；dFA 体积分数过高或过低均会同时导致杂交信号强度和均一性的下降。这一曲线的特征与 Mcconaughy 等（1969）在研究 dFA 体积分数对膜结合枯草芽孢杆菌 DN 杂交效率的影响时所得的结果相符。可见，杂交缓冲液中 dFA 的含量高低是影响分子杂交效率的重要因素，含量过低或过高均会严重影响杂交信号的强度与均匀性。

不同研究报道中，杂交缓冲液中 dFA 的含量可能不同。例如，Barranger 等（2015）在运用 *rRNA* 基因做探针，用胚胎细胞核染色体制片的 FISH，研究太平洋牡蛎的胚胎染色体受敌草隆胁迫而导致非整倍性时，所用的 dFA 的体积分数为 50%；Rampin 等（2012）在用 *S. alburnoides* 的 AA 基因组做探针，用 *S. alburnoides* 的二倍体和三倍体细胞悬液制片的 GISH 研究鲤科杂交鱼的亲本染色体和基因组重排，其所用的 dFA 的体积分数为 75%；Bi 等（2010）用蓝点钝口螈基因组做探针，用火蜥蜴（*Salamandra salamandra*）卵母细胞做染色体制片的 GISH，研究蝾螈的基因组交换减数分裂机制，其所用的 dFA 的体积分数为 50%。本研究结果显示，杂交鲍 GISH 中 dFA 的适宜体积分数约为 30%，低于多数研究报道。DNA 的 T_m 值受 GC 含量、长度、复杂性、构象等因素的影响，也受缓冲液中变性剂种类和含量、一价阳离子浓度、pH 等因素的影响（Blake et al，1996；1998），这些都可能导致 dFA 的适宜含量的变化。因此，在 GISH 试验中出现杂交信号太弱或不均匀的问题时，在保证探针含量充分的前提下，需检查杂交缓冲液中 dFA 的含量是否适宜。

(4) DS或PEG6000含量的影响 在核酸杂交中，常常在杂交缓冲液中加入适量DS以促进杂交速度（Wetmur，1975）。DS是一种大分子多聚化合物，具有极强的水合作用。它在杂交缓冲液中的作用可以归纳为两点：一是增加探针含量；二是增加溶液的黏稠度（Hrabovszky et al，2016）。本研究结果显示，杂交鲍GISH杂交缓冲液中DS最适宜的体积分数约为12.5%。其体积分数太低，探针浓缩不充分；其体积分数太高，溶液过于黏稠，导致分子扩散速度降低。因此，其体积分数太低或太高均会影响杂交效率。不同研究中DS的使用量差别不大。Bi等在利用GISH研究蝾螈的基因组交换减数分裂机制时，所用的DS的体积分数为10%（Bi et al，2010）。Yang等在利用FISH研究虾夷扇贝（*Patinopecten yessoensis*）免疫相关基因定位时，以及Feng等在FISH研究栉孔扇贝（*Chlamys farreri*）微卫星标记的细胞遗传图谱时，他们所用的DS的体积分数都为10%（Yang et al，2014；Feng et al，2014）。Rampin等在利用GISH研究鱼类（*Squalius alburnoides* complex）的亲本染色体和基因组重排时，Boonanuntanasarn等在利用FISH研究石斑鱼（*Epinephelus fuscoguttatus*）*vasa*基因表达时，他们所用的DS的体积分数都为10%（Rampin et al，2012；Boonanuntanasarn et al，2016）。可见，与其他因素相比，杂交缓冲液中DS含量的作用相对独立且相对稳定，在不同的研究中无需特别优化。然而值得注意的是，DS液体比较黏稠，精确量取较困难，在配液中要注意准确量取。

Amasin在Southern杂交中用PEG6000替代核酸杂交缓冲液中的DS，发现PEG6000具有信号强、黏度低和价格低等优势。因此，本研究尝试用PEG6000替代GISH杂交缓冲液中的DS（Amasino，1986）。结果显示，PEG6000组的信号强度总体高于DS组，适宜的体积分数为7.5%。但研究结果也显示，PEG6000组存在杂交信号不稳定、信号噪点多、制片标本易“掉片”等问题。

12　四种鲍 18S rDNA 的染色体定位

12.1　引言

鲍（*Haliotis*），在分类学上隶属于软体动物门（Mollusca）腹足纲（Gastropoda）前鳃亚纲（Prosobranchia）原始腹足目（Archaeogastropoda）鲍科（Haliotidae），是我国传统的海珍品。迄今为止，全世界已发现的现存种类有近百种，已命名的约 56 种（Franchini et al，2010）。在已查明染色体组型的鲍约 17 种（郭战胜等，2016）。现有的核型数据显示，鲍属的染色体数目与其地理分布具有明显的相关性，地中海地区的鲍种 $2n=28$；印度-太平洋亚洲地区鲍种 $2n=32$；北太平洋地区鲍种、南非-澳大利亚鲍种染色体数目均为 $2n=36$（蔡明夷等，2013）。可见，染色体进化可能在鲍属的物种发生与进化中具有重要作用（Cai et al，2010）。

然而，目前鲍属的染色体研究主要还局限于染色体数目和基本形态特征的简单描述。荧光原位杂交是一种将分子生物学方法与细胞遗传学方法相整合的技术，近 30 年内得到了长足的发展，为精细研究贝类染色体形态、结构提供了有力工具。鲍染色体的 FISH 研究尚处于起步阶段，研究资料匮乏，阻碍了鲍属染色体进化机制研究的深入，不足以支持鲍遗传育种研究的迅速发展（Gallardo - Escárate et al，2005；Hernandez - Ibarra et al，2007；王海山，2014；刘圆圆，2016）。因而，本研究利用 FISH 比较定位了我国 4 种重要的养殖鲍类——皱纹盘鲍、西氏鲍（*H. gigantea*）、绿鲍（*H. fulgens*）和杂色鲍的 18S rDNA，为深入研究鲍的染色体进化与遗传育种提供必要的基础数据。

12.2　材料方法

12.2.1　样品的采集

试验所用亲鲍均来自中国福建省晋江市福大鲍养殖场。紫外线水刺激亲鲍催产，精卵排放后按一定比例混合进行人工授精。受精卵在室温下孵育，孵化成担轮幼虫时，即使用 300 目筛绢网进行鲍幼体的收集。同时取鲍肌肉固定于无水乙醇中备用。

12.2.2 DNA 提取与染色体的制备

取鲍成体肌肉约 30mg，使用 DNA 提取试剂盒（上海捷瑞生物）提取鲍全基因组 DNA。按 Arai 等的方法制备鲍染色体。

12.2.3 FISH

（1）探针制备 试验以 18S rDNA 部分序列（18S rDNA 编码区的一个保守区段）为模板制备探针。这一区段序列通过 PCR 获得，引物为贝类 18S rD-NA 通用引物 18F（5′-AACCTGGTTGATCCTGCCAGT-3′）、18R（5′-TGATCCTTCTGCAGGTTCA-3′）（杨文杰等，2012）。扩增产物采用缺口平移法标记上生物素，具体操作参照试剂盒说明书（Roche）。

（2）探针变性 将已知浓度的探针加入 35μL 杂交缓冲液（50% 硫酸葡聚糖、去离子甲酰胺、20×SSC）中，使探针终浓度约为 2 ng/μL。将混合液置于 72℃水浴锅中变性 8min，然后置于冰上 10min 以上。

（3）染色体变性 74℃水浴锅中加热变性缓冲液（去离子甲酰胺、20×SSC、蒸馏水）约 5min，将老化过的染色体载玻片置于变性缓冲液处理 2～3min，变性过的染色体载玻片在梯度乙醇（70%、80%、90%、100% 和 100%）中脱水各 30s，最后将脱水后的玻片风干。

（4）分子杂交 在风干后的玻片样本位置上滴加变性过的探针杂交混合液，均匀平整的盖上封口膜，置于湿盒（内有少量 2×SSC 溶液）内，37℃（恒温箱或杂交炉）杂交过夜（12～16h）。

（5）洗涤及信号放大 揭去封口膜，将杂交后的玻片依次置于洗脱缓冲液（去离子甲酰胺、20×SSC、蒸馏水）（37℃）、4×SSC（室温）、4×SSC（室温）中各处理 5min，以便洗脱未杂交成功的残余探针。完成上述步骤后甩去玻片表面液体，将 100μL 的探针的一抗溶液（Avidin-Alexa Fluor 488 溶液）滴加在样品上，盖上封口膜放于湿盒中，37℃恒温箱中温育 30min。黑暗环境揭掉载玻片上封口膜，将玻片依次置于室温下的 4×SSC-Triton、4×SSC、4×SSC中各洗涤 5min。最后用双蒸水轻轻冲洗，置于避光处风干。

（6）负染、镜检及图像处理 用 10μL 的 PI 负染 10min，使用 Olympus BX53 荧光显微镜完成观察与拍照。通过相应荧光滤片组观察 FISH 荧光信号。用带有 DP73 电荷耦合器件图像传感器（CCD）拍摄图像，使用 CellSens 软件摄像机采集图像，并进行图像的多通道组合及初步处理，后期再用 Image-pro plus 6.0 等生物学图像软件进行精确的染色体核型结构与信号位点等分析与测量。参照 Levan 等（1964）提出的分组标准进行染色体分类，同一类染色体按相对长度递减顺序排列。

12.3　结果

利用 FISH 技术显示皱纹盘鲍、西氏鲍、绿鲍和杂色鲍中期染色体上 18S rDNA 的位置，染色体被 PI 染为红色，18S rDNA 位点呈现黄绿色荧光信号。每个物种取 100 个中相细胞进行观察、计数，获得 18S rRNA 基因簇数目直方图如图 12 - 1 所示。其中，西氏鲍、绿鲍和杂色鲍等 3 种鲍的 18S rRNA 基因簇数目的众数均为 3 对，而皱纹盘鲍为 2 对。

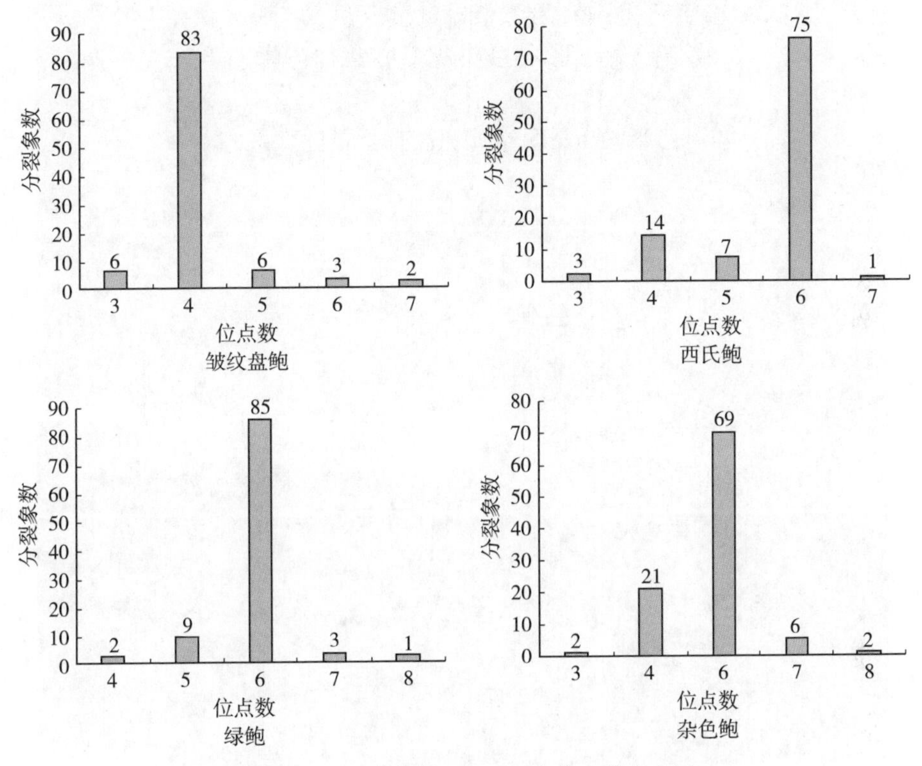

图 12 - 1　四种鲍的 18S rDNA 位点数直方图

取染色体数目和 18S rDNA 位点数都与其众数相符的中期相进行核型分析，结果如图 12 - 2 所示。皱纹盘鲍核型公式都为 20m＋16sm，约 83％的中期细胞检出 2 对 18S rDNA 位点，分别位于 13 号染色体（sm）长臂和 15 号染色体（sm）长臂的端部（图 12 - 2A，B）。西氏鲍的核型也为 20m＋16sm，约 75％的中期细胞检出 3 对 18S rDNA 位点，其中 2 对位于 14 号染色体（sm）长臂和 17 号染色体（sm）长臂的端部，1 对位于 5 号染色体（m）短臂端部（图 12 - 2C，D）。绿鲍的核型公式为 16m＋16sm＋4st，约 85％的中期细胞检

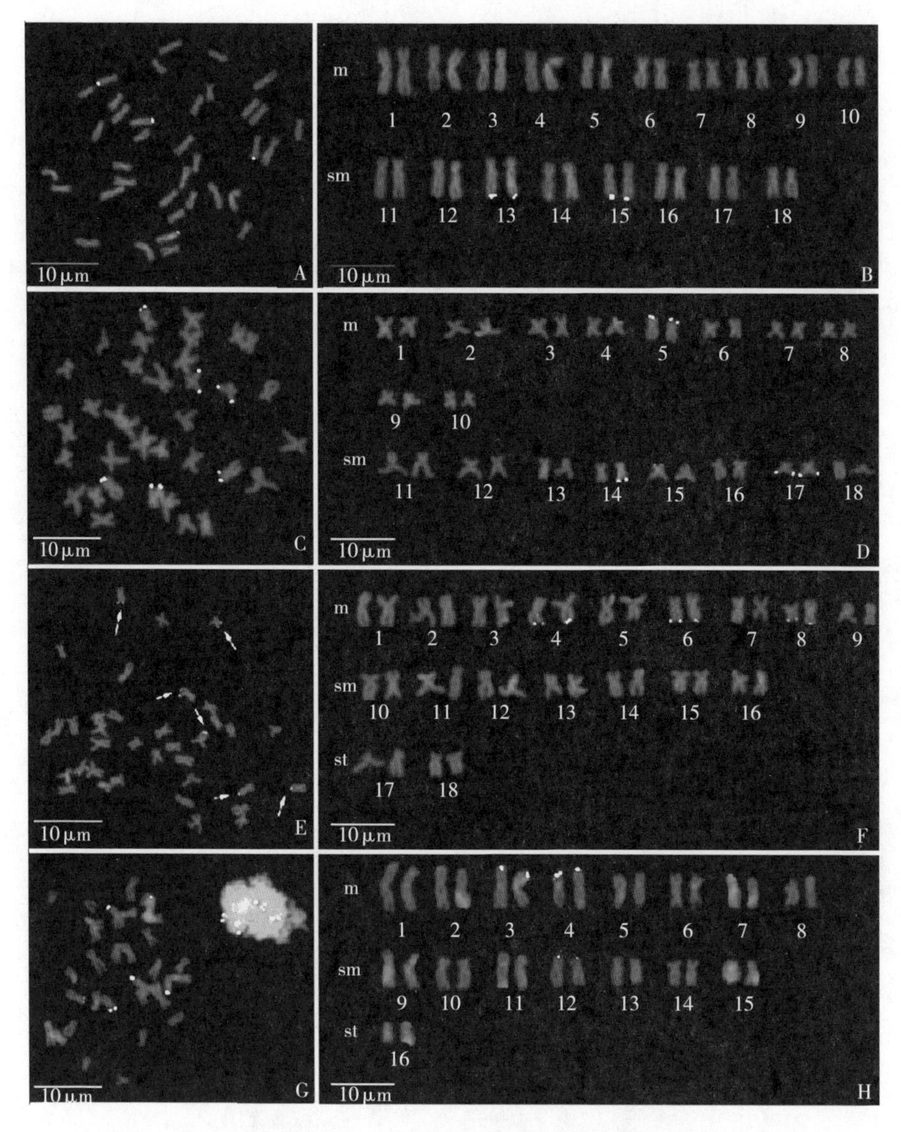

图 12-2　4 种鲍的 18S rDNA 的 FISH 及核型排列图（标尺＝10μm）

注：A、C、E、G 左侧分别为皱纹盘鲍、西氏鲍、绿鲍和杂色鲍的 18S rDNA 中期分裂象，右侧为对应的染色体核型排列。m 表示中部着丝粒染色体，sm 表示亚中部着丝粒染色体，st 表示近端部着丝粒染色体。绿色信号为 18S rDNA。

出 3 对 18S rDNA 位点，全部位于 m 染色体（4 号、6 号和 8 号）长臂的端部（图 12-2E，F）。杂色鲍的核型公式为 16m＋14sm＋2st，约 65％的中期细胞检出 3 对 18S rDNA 位点，其中 2 对位于 m 染色体（3 号和 4 号）短臂端部，1 对位于 sm 染色体（12 号）短臂端部（图 12-2G，H）。除了主要模式外，

4 种鲍的 18S rDNA 信号还有其他出现频率较低的分布模式（图 12-3）。

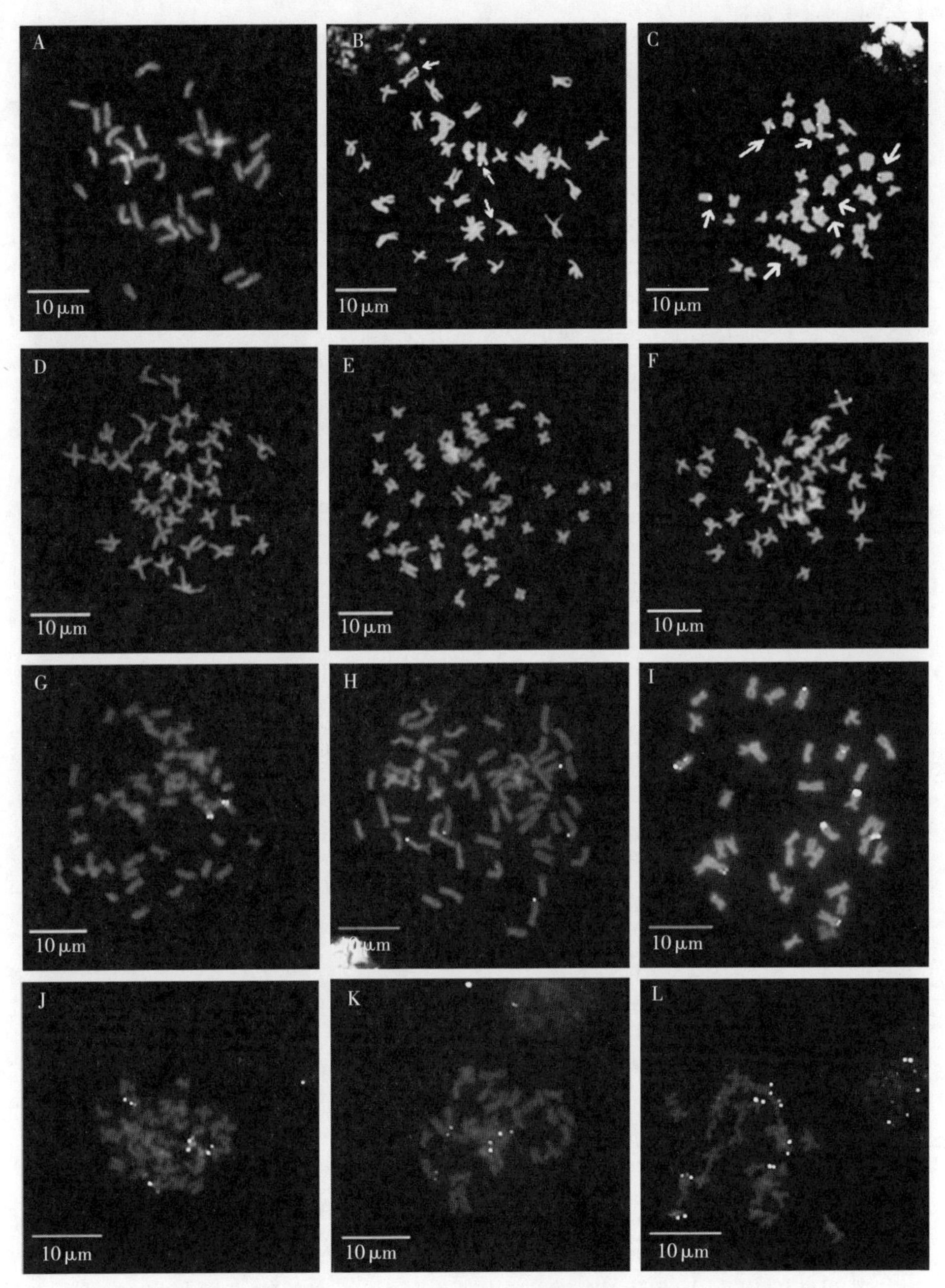

图 12-3　4 种鲍中 18S rDNA 位点的其他模式（标尺＝10μm）

注：A～C 为皱纹盘鲍 18S rDNA 中期分裂象；D～F 为西氏鲍 18S rDNA 中期分裂象；G～I 为绿鲍 18S rDNA 中期分裂象；J～L 为杂色鲍 18S rDNA 中期分裂象。绿色信号为 18S rDNA。

12.4 讨论

真核生物中，小亚基 rRNA 基因（18S rDNA）、2 种大亚基 rRNA 基因（5.8S rDNA 和 28S rDNA）以及 2 段间隔序列（ITS1 和 ITS2）共同组成 1 个转录单位，即 18S rDNA。18S rDNA 通常在基因组中成簇排列（Martins et al，2004）。18S rDNA 编码序列在种间具有极高的保守性，且不同重复单元序列高度一致，是研究重复序列分子进化机制的模型（Gornung，2013）。在细胞遗传学研究中，18S rDNA 位点研究也是最多的细胞遗传标记，在一些物种中还可能与性别决定区域相关联（Yano et al，2014）。18S rDNA 的染色体分布可以通过银染、CMA 染色或 DAPI 染色等方法来显示，更直接的方法是以 18S rDNA 或其中部分序列（如 18S rDNA）为探针作 FISH 定位（Wang et al，2015）。

目前，已利用 FISH 定位 18S rDNA（或 18S rDNA）的鲍共 6 种（表12-1）。这些结果表明，鲍类 18S rDNA 位点的数目和位置普遍存在较大的种内变化。以皱纹盘鲍为例，现有的 3 篇报道结果互不相同。蔡明夷等（2013）以 2 个质粒（含人类的 18S rDNA、5.8S rDNA、28S rDNA 和一段 7.3kb 间隔序列片段）制备杂交探针作 FISH，共检出 4 对阳性信号。Wang 等（2013）以 PCR 扩增 18S rDNA 部分编码区制备杂交探针作 FISH，发现 81%的细胞具有 2 对信号，分别位于 13 号和 17 号染色体长臂端部；同时，还存在着其他低频率模式，表现出较高的种内多态性（Yano et al，2014）。本研究中，皱纹盘鲍 18S rDNA 位点染色体定位结果与 Wang 等（2013）的结果相近，也检出 2 对阳性信号，少于蔡明夷等（2013）所报道的 4 对阳性信号。造成这些结果差异的主要原因可能是蔡明夷等（2013）用以制备探针的 DNA 片段较长，因而检出的灵敏度相应较高。综合现有研究结果可以推测，皱纹盘鲍至少存在 2 对大的 18S rDNA 位点，FISH 信号稳定；同时可能还存在若干对小的 18S rDNA 位点，FISH 信号不稳定。Gallardo-Escárate 等（2005a；2005b）在红鲍、绿鲍和粉红鲍也观察同样的结果，3 种鲍的中期染色体中均有 2 对信号明确的和若干对不稳定的 18S rDNA 信号。在现有动物细胞遗传学研究资料中，约有 12%的物种表现出 rDNA 数目和分布位置的种内变化（朱齐春等，2018）。基因组中，低于 FISH 检测灵敏度下限的 rDNA 位点的扩增，或者失去活性的 rDNA 逐渐被排除，可能是导致 rDNA 位点数目和位置多态的重要原因。此外，不同实验室 FISH 程序的检测灵敏度差异也可能导致 18S rDNA 定位结果的变动。

表 12 - 1　鲍类 18S rDNA 位点定位研究概况

种类	核型	18S rDNA		文献
		对数	位置	
皱纹盘鲍	14m+6m/sm+16sm	4	2th，TER；7th，TER；12th，TER；18th，TER	（蔡明夷等，2013）
	20m+16sm	2	13th，TER；17th，TER	（Wang et al，2015）
	20m+16sm	2	13th，TER；15th，TER	（张建鹏等，2019）
西氏鲍	20m+16sm	3	9th，TER；12th，TER；14th，TER	（王海山，2014）
	20m+16sm	3	5th，TER；14th，TER；17th，TER	（张建鹏等，2019）
绿鲍	16m+16sm+4st	2	4th，TER；11th，TER	（Gallardo - Escárate et al，2005a）
	16m+16sm+4st	3	4th，TER；6th，TER；8th，TER	（张建鹏等，2019）
红鲍（*H. rufescens*）	16m+18sm+2st	2	4th，TER；5th，TER	（Gallardo - Escárate et al，2005b）
粉红鲍（*H. corrugata*）	20m+14sm+2st	2	2nd，TER；4th，TER	（Gallardo - Escárate et al，2005a）
杂色鲍	16m+14sm+2t	3	3rd，TER；4th，TER；12th，TER	（张建鹏等，2019）

注：相对位置参考朱齐春等（2018），TER 表示端部着丝粒染色体着丝粒末端或者亚端部着丝粒染色体的短臂端部。

目前已报道的动物核型中，约 60%具有单对 18S rDNA 位点，但几乎在所有类群中都存在多对位点的核型（Sochorová et al，2018）。贝类核型中，18S rDNA 位点的众数为 1 对，平均数为 3.18 对（Sochorová et al，2018）。鲍一般具有 2～3 对明确的 18S rDNA 位点和若干对不稳定的小位点，为多对位点模式。目前认为，多倍化（Gromicho et al，2006）、种间杂交（Książczyk et al，2010）、非同源位点间重组（Cazaux et al，2010）、转座子的作用（Symonová et al，2013）等原因可能导致 45 rDNA 位点数目增多。鲍属中，什么原因导致其 18S rDNA 位点数目普遍高于贝类 45 rDNA 位点的众数，以及 18S rDNA 位点的扩张的生物学意义是什么，这些问题值得深入研究。

虽然鲍 18S rDNA 的位点数目扑朔迷离，但其染色体分布区域非常稳定，全部信号均分布于染色体端部。真核生物中，18S rDNA 位点分布染色体端部是主流模式。Roa 等（2012）等和 Gornung（2013）分别综述了植物和鱼类

18S rDNA 定位研究资料，结果表明，超过 50%的被子植物和约 43%的鱼类具有染色体端部分布的 18S rDNA 位点。Sochorová 等（2018）统计了 54 种贝类的 18S rDNA 定位结果，发现 67%的位点为染色体端部分布。研究人员认为，rDNA 分布于染色体端部利于其发生同源重组，而同源重组可能 rDNA 协同进化的重要维持机制（Kovarik et al，2008）；染色体端部分布也便于 rDNA 位点在染色体间扩增与重排（Pedrosa - Harand et al，2006）。此外，端部分布串联重复 rDNA 可能还具有保护染色体的作用，与端粒作用类似（Pich et al，1996）。综上所述，皱纹盘鲍、西氏鲍、绿鲍和杂色鲍 4 种鲍均具有多对 18S rDNA 信号，其中 2～3 对信号明确，全部位于染色体端部。鲍的 18S rDNA 位点的数目和位置普遍表现出较高水平的种内变化，位点数目与物种的地理分布之间未发现明显的相关性。与鲍的经济价值及其遗传育种研究的发展状况相比，现有鲍的细胞遗传学研究水平明显落后。要支持鲍染色体进化研究以及杂交育种和多倍体育种，有必要开展更多的分子细胞遗传学研究。

主要参考文献

蔡明夷，柯才焕，王桂忠，等，2006. 杂色鲍与盘鲍种间杂交受精率的影响因素［J］. 中国水产科学，13（2）：230－236.

蔡明夷，刘贤德，陈紫莹，等，2013. 皱纹盘鲍染色体C带和rDNA定位［J］. 水产学报，37（7）：1002－1008.

曹文宣，陈宜瑜，武云飞，等，1981. 裂腹鱼类的起源和演化及其与青藏高原的隆起关系［M］. 北京：科学出版社，118－130.

常重杰，杜启艳，余其兴，2000. 泥鳅的Ag－NORs带和C带研究［J］. 河南师范大学学报（自然科学版），28（2）：71－73.

陈景星，1980. 中国沙鳅亚科鱼类系统分类的研究［J］. 动物学研究，1（1）：3－26.

陈毅峰，2000. 裂腹鱼类的系统进化及资源生物学［D］. 武汉：中国科学院水生生物研究所，21－82.

陈友铃，汪彦愔，吴文珊，等，2005. 星丽鱼和天使鱼的核型及银染和C带［J］. 动物学杂志，40（6）：84－90.

代应贵，肖海，2011. 裂腹鱼类种质多样性研究综述［J］. 中国农学通报，27（32）：38－46.

范兆廷，2014. 水产动物育种学［M］. 2版. 北京：中国农业出版社：114.

高文，2005. 鱼类染色体研究进展［J］. 宁德师专学报（自然科学版），17（1）：15－18.

高泽霞，王卫民，周小云，2007. 2种鉴定泥鳅多倍体方法的比较［J］. 华中农业大学学报，26（4）：524－527.

桂建芳，梁绍昌，蒋一珪，1991. 人工三倍体水晶彩鲫雌性型间性体减数分裂的染色体行为［J］. 中国科学（B辑 化学 生命科学 地学），4：388－396.

桂建芳，肖武汉，陈丽，等，1991. 人工三倍体水晶彩鲫的性腺发育［J］. 动物学报，37（3）：297－304.

桂建芳，周莉，殷战，等，2021. 水产遗传育种学［M］. 北京：科学出版社.

桂建芳，周暾，1986. 四种鲤科鱼类和一种鮠科鱼类的银染核型研究［J］. 武汉大学学报（自然科学版），1：106－112.

郭战胜，侯旭光，2016. 鲍科染色体研究进展［J］. 水产科学，35（5）：597－602.

何德奎，陈毅峰，蔡斌，2001. 纳木错裸鲤性腺发育的组织学研究［J］. 水生生物学报（1）：1－13.

贾光凤，李雅娟，钱聪，等，2011. 大鳞副泥鳅（2*n*♀）×泥鳅（4*n*♂）杂种后代染色体带型及FISH分析［J］. 东北农业大学学报，42（9）：72－75.

姜波，王昭萍，于瑞海，等，2007. 杂交三倍体太平洋牡蛎群体的染色体数目组成初步观察［J］. 中国海洋大学学报（自然科学版），37（2）：255－258.

姜志强，吴立新，郝拉娣，等，2004. 海水养殖鱼类生物学及养殖 [M]. 北京：海洋出版社：61.

蒋志刚，江建平，王跃招，等，2016. 中国脊椎动物红色名录 [J]. 生物多样性，24 (5)：500 - 551.

柯才焕，骆轩，游伟伟，等，2016. 西盘鲍 [J]. 中国水产 (3)：53 - 55.

赖龙玉，严正凛，2013. 鲍遗传育种研究进展 [J]. 福建农业学报，28 (12)：1303 - 1309.

李碧春，2008. 动物遗传学 [M]. 北京：中国农业大学出版社.

李集临，徐香玲，2006. 细胞遗传学 [M]. 北京：科学出版社.

李康，李渝成，周暾，1983. 两种泥鳅染色体组型的比较研究 [J]. 动物学研究，4 (1)：75 - 81，112.

李雷，马波，金星，等，2019. 西藏雅鲁藏布江中游裂腹鱼类优先保护等级定量评价 [J]. 中国水产科学，26 (5)：914 - 924.

李新江，张道川，王文强，等，2008. 中国二种癞蝗染色体 C 带核型 [J]. 昆虫知识，45 (4)：549 - 553.

李雅娟，高敏，钱聪，等，2012. 德国镜鲤和不同倍性泥鳅银染核型的比较研究 [J]. 东北农业大学学报，43 (12)：127 - 133.

李雅娟，庞义猛，于卓，等，2010. 利用天然四倍体泥鳅生产全三倍体泥鳅的初步研究 [J]. 东北农业大学学报，41 (11)：92 - 96.

李雅娟，钱聪，印杰，等，2012. 不同倍性泥鳅杂交后代染色体数目组成的研究 [J]. 大连海洋大学学报，27 (4)：326 - 332.

李雅娟，田萍萍，李莹，等，2009. 中国洪湖不同倍性泥鳅的染色体组型及形态特征比较分析 [J]. 大连水产学院学报，24 (3)：236 - 241.

李雅娟，张明昭，于卓，等，2010. 黑龙江泥鳅、北方泥鳅和泥鳅的形态差异分析 [J]. 大连海洋大学学报，25 (5)：397 - 401.

李渝成，李康，1987. 马口鱼和泥鳅的核型研究，兼论鱼类染色体数目多态与分类的关系 [J]. 武汉大学学报 (自然科学版) (1)：107 - 112，132.

梁雨婷，隋燚，庄子昕，等，2018. 杂交三倍体泥鳅×二倍体泥鳅杂交后代胚胎染色体组构成的研究 [J]. 大连海洋大学学报，33 (4)：477 - 480.

林义浩，1982. 快速获得大量鱼类肾细胞中期分裂象的 PHA 体内注射法 [J]. 水产学报，6 (3)：201 - 208.

林忠乔，李雅娟，张赛赛，等，2015. 天然四倍体泥鳅雄核发育二倍体诱导条件优化 [J]. 东北农业大学学报，46 (12)：58 - 64.

刘大钧，2004. 细胞遗传学 [M]. 北京：中国农业出版社.

刘凌云，等，2002. 细胞生物学 [M]. 北京：高等教育出版社.

刘庆昌，2010. 遗传学 [M]. 2 版. 北京：科学出版社.

刘少军，胡芳，周工建，等，2000. 三倍体湘云鲫繁殖季节的性腺结构观察 [J]. 水生生物学报，24 (4)：301 - 306.

刘少军，孙远东，黎双飞，等，2002. 三倍体湘云鲫性腺指数分析 [J]. 水产学报，26

(2)：111-114.
刘少军，孙远东，张纯，等，2004. 三倍体鲫鱼——异源四倍体鲫鲤（♂）×金鱼（♀）[J]. 遗传学报，31（1）：31-38.
刘孝华，2008. 泥鳅的生物学特性及养殖技术［J]. 湖北农业科学，47（1）：93-95.
刘圆圆，2016. 杂色鲍与皱纹盘鲍及其杂交子代的分子细胞遗传学研究［D]. 厦门：厦门大学.
吕振明，杨爱国，王清印，等，2006. 栉孔扇贝和虾夷扇贝杂交子代的细胞遗传学研究［J]. 高技术通讯，16（8）：853-858.
马宝珊，谢从新，霍斌，等，2011. 裂腹鱼类生物学研究进展［J]. 江西水产科技（4）：36-40.
马凯，佟广香，张永泉，等，2021. 尖裸鲤染色体核型分析及进化地位研究［J]. 西北农林科技大学学报（自然科学版），49（12）：28-33.
马秀慧，2015. 中国鮡科鱼类系统发育、生物地理及高原适应进化研究［D]. 重庆：西南大学：22.
马跃岗，张峰，牟平，等，2013. 嘉陵江大鳍鳠染色体组型分析［J]. 现代农业科技（2）：260-261.
祁得林，2004. 青海湖裸鲤染色体核型及多倍性的初步研究［J]. 青海大学学报（自然科学版），22（2）：44-47.
任修海，崔建勋，余其兴，1993. 六种鲤科鱼类核仁组织者区的研究［J]. 遗传，15（4）：11-13.
任修海，余其兴，崔建勋，等，1993. 鱼类染色体的荧光显带研究［J]. 遗传学报，20（2）：116-121.
施立明，1990. 遗传多样性及其保存［J]. 生物科学信息，2（4）：158-164.
王海山，2014. 三种鲍种间杂交的细胞遗传学研究［D]. 厦门：厦门大学.
王金林，牟振波，王且鲁，等，2018. 西藏裂腹鱼亚科鱼类研究进展［J]. 安徽农业科学，46（24）：16-19.
王卫军，杨建敏，刘志鸿，等，2009. 异源精子诱导栉孔扇贝（*Chlamys farreri*）雌核发育二倍体早期胚胎的细胞学研究及 GISH 鉴定［J]. 海洋与湖沼，40（3）：325-329.
王亚馥，戴灼华，1999. 遗传学［M]. 北京：高等教育出版社.
王燕，陈清，陈涛，等，2017. 基因组原位杂交技术及其在园艺植物基因组研究中的应用［J]. 西北植物学报，37（10）：2087-2096.
王玉生，李雅娟，于长宁，等，2014. 冷休克诱导大鳞副泥鳅雄核发育单倍体［J]. 水产学报，38（2）：161-169.
文永彬，史怡雪，刘良国，等，2013. 洞庭湖水系 3 种鲶科鱼的染色体核型分析［J]. 江苏农业科学，41（12）：235-238.
吴仲庆，2000. 水产生物遗传育种学［M]. 3 版. 北京：中国农业出版社.
武云飞，康斌，门强，等，1999. 西藏鱼类染色体多样性的研究［J]. 动物学研究，20（4）：258-264.

徐晋麟，徐沁，等，2004. 现代遗传学原理［M］. 2 版 . 北京：科学出版社 .
许静，2011. 雅鲁藏布江四种特有裂腹鱼类早期发育的研究［D］. 武汉：华中农业大学：8.
轩淑欣，张成合，申书兴，等，2008. 二倍体和四倍体结球甘蓝减数分裂观察［J］. 河北农业大学学报，31（2）：21 - 26.
杨承泰，王卫民，曹玲，等，2007. 二倍体泥鳅线粒体细胞色素 b 基因的序列分析［J］. 水产科学，26（12）：652 - 655.
杨文杰，黄勃，王仁恩，等，2012. 海南不同地理群体羊鲍 18S rDNA 的克隆与序列分析［J］. 安徽农业科学，40（20）：10370 - 10373.
杨业华，2006. 普通遗传学［M］. 2 版 . 北京：高等教育出版社 .
印杰，赵振山，陈小奇，等，2005. 二倍体和四倍体泥鳅染色体组型比较［J］. 水生生物学报，29（4）：469 - 472.
余舜武，宋运淳，2001. 基因组原位杂交的新进展及其在植物中的应用［J］. 植物科学学报，19（3）：248 - 254.
余先觉，周暾，李渝成，等，1989. 中国淡水鱼类染色体［M］. 北京：科学出版社：152 - 153.
余祥勇，李渝成，周暾，1990. 中国鲤科鱼类染色体组型研究——8 种裂腹鱼亚科鱼类核型研究［J］. 武汉大学学报（自然科学版）（2）：97 - 104.
昝瑞光，刘万国，宋峥，1985. 裂腹鱼亚科中的四倍体—六倍体相互关系［J］. 遗传学报，12（2）：137 - 142，167 - 168.
张成合，祝海燕，王梅，等，2008. 结球甘蓝不同初级三体 $n+1$ 配子的形成及传递率研究［J］. 中国农业科学，41（3）：766 - 771.
张纯，何晓晓，刘少军，等，2005. 四倍体鲫鲤、三倍体湘云鲫染色体减数分裂观察［J］. 动物学报，51（1）：89 - 94.
张纯，孙远东，刘少军，等，2005. 二倍体雌核发育鱼产生二倍体卵子的证据［J］. 遗传学报，32（2）：136 - 144.
张德华，2007. 琴鱼的核型、C 带和银染分析［J］. 淡水渔业，37（2）：16 - 19.
张桂权，2005. 普通遗传学［M］. 北京：中国农业出版社 .
张国范，2010. 杂交鲍“大连 1 号”［J］. 农民科技培训（7）：30.
张建民，2005. 现代遗传学［M］. 北京：化学工业出版社 .
张健鹏，王铜毅，骆轩，等，2019. 四种鲍 45S rDNA 在染色体上的比较定位［J］. 水产学报，43（12）：2459 - 2467.
赵寿元，乔守怡，2001. 现代遗传学［M］. 北京：高等教育出版社 .
赵新全，祁得林，杨洁，2008. 青藏高原代表性土著动物分子进化与适应研究［M］. 北京：科学出版社：1 - 70.
赵亚辉，张洁，张春光，2008. 青藏高原鱼类的多样性［J］. 生物学通报（7）：8 - 10.
周工健，2006. 三倍体新型鱼类——湘云鲫、湘云鲤［J］. 农村实用技术与信息，6：12.
周贺，蔡明夷，魏杰，等，2018. 鱼类染色体标本制备技术及应用［M］. 北京：中国农业科学技术出版社：5.

周贺，庄子昕，查荒源，等，2018. 杂交三倍体泥鳅 GISH 技术反应体系的建立及应用 [J]. 大连海洋大学学报，33 (1)：1-6.

周贤君，2014. 拉萨裂腹鱼个体生物学和种群动态研究 [D]. 武汉：华中农业大学：11.

周小云，2009. 湖北省多倍体泥鳅分布格局及泥鳅育种基础研究 [D]. 武汉：华中农业大学.

朱军，2009. 遗传学 [M]. 3 版. 北京：中国农业出版社.

邹记兴，余其兴，周菲，2005. 点带石斑鱼的核型、C 带、Ag-NORs [J]. 水产学报，29 (1)：33-37.

Amores A, Martinez G, Reina J, et al, 1993. Karyotype, C-banding, and Ag-NOR analysis in *Diplodus bellottii* (Sparidae, Perciforms): Intra-individual polymorphism involving heterochromatic regions [J]. Genome, 36 (4): 672-675.

Amasino R M, 1986. Acceleration of nucleic acid hybridization rate by polyethylene glycol [J]. Analytical biochemistry, 152 (2): 304-307.

Arai K, Matsubara K, Suzuki R, 1991. Karyotype and erythrocyte size of spontaneous tetraploidy and triploidy in the loach *Misgurnus anguillicaudatus* [J]. Nippon Suisan Gakkaishi, 57 (12): 2167-2172.

Arai K, Onozato H, Yamazaki F, 1979. Artificial androgenesis induced with gamma irradiation in masu salmon, *Oncorhynchus masou* [J]. Bull Fac Fish Hokkaido Univ, 30 (3): 181-186.

Artoni R F, Bertollo L A C, 2002. Evolutionary aspects of the ZZ/ZW sex chromosome system in the Characidae fish, genus *Triportheus*: A monophyletic state and NOR location on the W chromosome [J]. Heredity, 89 (1): 15-19.

Artyukhin E N, Andronov A E, 1990. A morphological study of the green sturgeon, *Acipenser medirostris* (Chondrostei, Acipenseridea), from the Tumnin (Datta) River and some aspects of the ecology and zoogeography of Acipenseridae-Zool [J]. Zhurn, 69: 81-91.

Bailey J P, Bennett M D, Bennett M D, et al, 1993. Genomic *in situ* hybridization identifies parental chromosomes in the wild grass hybrid × *Festulpia hubbardii* [J]. Heredity, 71 (4): 413-420.

Barranger A, Benabdelmouna A, Dégremont L, et al, 2015. Parental exposure to environmental concentrations of diuron leads to aneuploidy in embryos of the Pacific oyster, as evidenced by fluorescent *in situ* hybridization [J]. Aquatic Toxicology, 159: 36-43.

Barzotti R, Pelliccia F, Rocchi A, 2000. Sex chromosome differentiation revealed by genomic *in situ* hybridization [J]. Chromosome Research, 8 (6): 459-464.

Bi K, Bogart J P, 2006. Identification of intergenomic recombinations in unisexual salamanders of the genus *Ambystoma* by genomic *in situ* hybridization (GISH) [J]. Cytogenetic and Genome Research, 112 (3-4): 307-312.

Birstein V J, Poletaev A I, Goncharov B F, 1993. DNA content in Eurasian sturgeon species determined by flow cytometry [J]. Cytometry, 14 (4): 377-383.

Bitencourt J A, Sampaio I, Ramos R T C, et al, 2017. First report of sex chromosomes in

Achiridae (Teleostei: Pleuronectiformes) with inferences about the origin of the multiple $X_1X_1X_2X_2/X_1X_2Y$ system and dispersal of ribosomal genes in *Achirus achirus* [J]. Zebrafish, 14 (1): 90-95.

Blacklidge K H, Bidwell C A, 1993. Three ploidy levels indicated by genome quantification in *Acipenser iformes* of North America [J]. J. Hered, 84: 427-430.

Blake R D, Delcourt S G, 1998. Thermal stability of DNA [J]. Nucleic acids research, 26 (14): 3323-3332.

Blanco D R, Vicari M R, Lui R L, et al, 2014. Origin of the $X_1X_1X_2X_2/X_1X_2Y$ sex chromosome system of *Harttia punctata* (Siluriformes, Loricariidae) inferred from chromosome painting and FISH with ribosomal DNA markers [J]. Genetica, 142 (2): 119-126.

Boonanuntanasarn S, Bunlipatanon P, Ichida K, et al, 2016. Characterization of a vasa homolog in the brown-marbled grouper (*Epinephelus fuscoguttatus*) and its expression in gonad and germ cells during larval development [J]. Fish physiology and biochemistry, 42 (6): 1621-1636.

Born G G, Bertollo L A C, 2000. An XX/XY sex chromosome system in a fish species, *Hoplias malabaricus* with a polymorphic NOR bearing X chromosome [J]. Chromosome Res, 8 (2): 111-118.

Cai M, Ke C, Luo X, et al, 2010. Karyological studies of the hybrid larvae of *Haliotis diversicolor supertexta* female and *Haliotis discus discus* male [J]. Journal of Shellfish Research, 29 (3): 735-740.

Chicca M, Suciu R, Ene C, et al, 2002. Karyotype characterization of the stellate sturgeon, *Acipenser stellatus* by chromosome banding and fluorescent *in situ* hybridization [J]. J. Appl. Ichthyol, 18: 298-300.

Corley-Smith G E, Lim C J, Brandhorst B P, 1996. Production of androgenetic zebrafish (*Danio rerio*) [J]. Genetics, 142 (4): 1265-1276.

Debus L, Winkler M, Billard R, 2008. Ultrastructure of the oocyte envelopes of some Eurasian acipenserids [J]. J. Appl. Ichthyol, 24: 57-64.

Di G, Luo X, Huang M, et al, 2015. Proteomic profiling of eggs from a hybrid abalone and its parental lines: *Haliotis discus hannai* Ino and *Haliotis gigantea* [J]. Animal genetics, 46 (6): 646-654.

Diniz D, Moreira-Filho O, Bertollo L A C, 2014. Molecular cytogenetics and characterization of a ZZ/ZW sex chromosome system in *Triportheus nematurus* (Characiformes, Characidae) [J]. Genetica, 2008, 133 (1): 85-91.

Feng L, Hu L, Fu X, et al, 2014. An integrated genetic and cytogenetic map for Zhikong scallop, *Chlamys farreri*, based on microsatellite markers [J]. PloS One, 9 (4): e92567.

Fontana F, Congiu L, Mudrak V A, et al, 2008. Evidence of hexaploid karyotype in shortnose sturgeon [J]. Genome, 51: 113-119.

Fontana F, Lanfredi M, Chicca M, et al, 1999. Fluorescent in situ hybridization with rDNA probes on chromosomes of *Acipenser ruthenus* and *Acipenser naccarii* (Osteichthyes, Acipenseriformes) [J]. Genome, 42: 1008 - 1012.

Fontana F, Tagliavini J, Congiu L, 2001. Sturgeon genetics and cytogenetics: recent advancements and perspectives [J]. Genetica, 111: 359 - 373.

Fontana F, Tagliavini J, Congiu L, et al, 1998. Karyotypic characterization of the great sturgeon, *Huso huso*, by multiple staining techniques and fluorescent *in situ* hybridization [J]. Mar. Biol, 132: 495 - 501.

Franchini P, Slabbert R, Van Der Merwe M, et al, 2010. Karyotype and genome size estimation of *Haliotis midae*: estimators to assist future studies on the evolutionary history of Haliotidae [J]. Journal of Shellfish Research, 29 (4): 945 - 950.

Gallardo - Escárate C, Álvarez - Borrego J, Ángel Del RíoPortilla M, et al, 2005. Fluorescence *in situ* hybridization of rDNA, telomeric (TTAGGG)$_n$ and (GATA)$_n$ repeats in the red abalone *Haliotis rufescens* (Archaeogastropoda: Haliotidae) [J]. Hereditas, 142 (2005): 73 - 79.

Gallardo - Escarate C, Alvarez - Borrego J, Del Rio - Portilla M A, et al, 2005. Karyotype analysis and chromosomal localization by FISH of ribosomal DNA, telomeric (TTAGGG)$_n$ and (GATA)$_n$ repeats in *Haliotis fulgens* and *H. corrugata* (Archeogastropoda: Haliotidae) [J]. Journal of Shellfish Research, 24 (4): 1153 - 1159.

Gallardo - Escarate C, Del Rio - Portilla M A, 2007. Karyotype Composition in Three California Abalones and Their Relationship with Genome Size [J]. Journal of Shellfish Research, 26 (3): 825 - 832.

Gervai J, Páter S, Nagy A, et al, 1980. Induced triploidy in carp, *Cyprinus carpio* L [J]. Journal of Fish Biology, 17 (6): 667 - 671.

Gallardo - Escárate C, Álvarez - Borrego J, Ángel Del RíoPortilla M, et al, 2005. Fluorescence *in situ* hybridization of rDNA, telomeric (TTAGGG)$_n$ and (GATA)$_n$ repeats in the red abalone *Haliotis rufescens* (Archaeogastropoda: Haliotidae) [J]. Hereditas, 142 (2005): 73 - 79.

Gallardo - Escarate C, Alvarez - Borrego J, Del Rio - Portilla M A, et al, 2005. Karyotype analysis and chromosomal localization by FISH of ribosomal DNA, telomeric (TTAGGG)$_n$ and (GATA)$_n$ repeats in *Haliotis fulgens* and *H. corrugata* (Archeogastropoda: Haliotidae) [J]. Journal of Shellfish Research, 24 (4): 1153 - 1159.

Grunina A S, Gomelsky B, NeyFakh A A, 1990. Diploid androgenesis in carp [J]. Genetika (Moskva), 26 (11): 2037 - 2043.

Guo X, Allen S K, 1997. Sex and meiosis in autotetraploid Pacific oyster, *Crassostrea gigas* (Thunberg) [J]. Genome, 40 (3): 397 - 405.

Hernandez - Ibarra N K, Ibarra A M, Cruz P, et al, 2007. FISH mapping of 5S rRNA genes in chromosomes of North American abalone species, *Haliotis rufescens* and

H. fulgens [J]. Aquaculture (272): S268.

Hou J L, Fujimoto T, Yamaha E, et al, 2013. Production of an drogenetic diploid loach by cold - shock of eggs fertilized with diploid sperm [J]. Theriogenology, 80: 125 - 130.

Hou J, Fujimoto T, Saito T, et al, 2015. Generation of clonal zebrafish line by androgenesis without egg irradiation [J]. Scientific reports, 5: 13346.

Howell E C, Kearsey M J, Jones G H, et al, 2008. A and C genome distinction and chromosome identification in *Brassica napus* by sequential fluorescence *in situ* hybridization and genomic *in situ* hybridization [J]. Genetics, 180 (4): 1849 - 1857.

Howell W T, Black D, 1980. Controlled silver - staining of nucleolus organizer regions with a protective colloidal developer: a 1 - step method [J]. Experientia, 36 (8): 1014 - 1015.

Hrabovszky E, Petersen S L, 2002. Increased concentrations of radioisotopically - labeled complementary ribonucleic acid probe, dextran sulfate, and dithiothreitol in the hybridization buffer can improve results of *in situ* hybridization histochemistry [J]. Journal of Histochemistry & Cytochemistry, 50 (10): 1389 - 1400.

Hu L, Huang X, Mao J, et al, 2013. Genomic characterization of interspecific hybrids between the scallops *Argopecten purpuratus* and *A. irradians irradians* [J]. PLoS One, 8 (4): e62432.

Itono M, Morishima K, Fujimoto T, et al, 2006. Premeiotic endomitosis produces diploid eggs in the natural clone loach, *Misgurnus anguillicaudatus* (Teleostei: Cobitidae) [J]. Journal of Experimental Zoology Part A: Comparative Experimental Biology, 305 (6): 513 - 523.

Jowett T, 2001. Double *in situ* hybridization techniques in zebrafish [J]. Methods, 23 (4): 345 - 358.

Kato A, Vega J M, Han F, et al, 2005. Advances in plant chromosome identification and cytogenetic techniques [J]. Current Opinion in Plant Biology, 8 (2): 148 - 154.

Kovarik A, Dadejova M, Lim Y K, et al, 2008. Evolution of rDNA in *Nicotiana* allopolyploids: a potential link between rDNA homogenization and epigenetics [J]. Annals of Botany, 101 (6): 815 - 823.

Książczyk T, Taciak M, Zwierzykowski Z, 2010. Variability of ribosomal DNA sites in *Festuca pratensis*, *Lolium perenne*, and their intergeneric hybrids, revealed by FISH and GISH [J]. Journal of Applied Genetics, 51 (4): 449 - 460.

Levan A, Fredga K, Sandberg A A, 1964. Nomenclature for centromeric position on chromosomes [J]. Hereditas, 52 (2): 201 - 220.

Li Y J, Gao Y C, Zhou H, et al, 2014. Molecular cytogenetic study of genome ploidy in the German mirror carp *Cyprinus carpio* [J]. Fisheries science, 80 (5): 963 - 968.

Li Y J, Gao Y C, Zhou H, et al, 2015. Meiotic chromosome configurations in triploid progeny from reciprocal crosses between wild - type diploid and natural tetraploid loach *Misgurnus anguillicaudatus* in China [J]. Genetica, 143 (5): 555 - 562.

Li Y J, Gao Y C, Zhou H, et al, 2016. Aneuploid progenies of triploid hybrids between diploid and tetraploid loach *Misgurnus anguillicaudatus* in China [J]. Genetica. 144: 601 - 609.

Li Y J, Tian Y, Zhang M Z, et al, 2010. Chromosome banding and FISH with rDNA probe in the diploid and tetraploid loach *Misgurnus anguillicaudatus* [J]. Ichthyological research, 57 (4): 358 - 366.

Li Y J, Yin J, Wang J B, et al, 2008. A study on the distribution of polyploid loaches in China [J]. Nippon Suisan Gakkaishi, 74 (2): 177 - 182.

Li Y J, Yu Z, Zhang M Z, et al, 2011. The origin of natural tetraploid loach *Misgurnus anguillicaudatus* (Teleostei: Cobitidae) inferred from meiotic chromosome configurations [J]. Genetica, 139 (6): 805 - 811.

Li Y J, Yu Z, Zhang M Z, et al, 2013. Induction of viable gynogenetic progeny using eggs and UV - irradiated sperm from the Chinese tetraploid loach, *Misgurnus anguillicaudatus* [J]. Aquaculture International, 21 (4): 759 - 768.

Li Y J, Zhang M Z, Qian C, et al, 2012. Fertility and ploidy of gametes of diploid, triploid and tetraploid loaches, *Misgurnus anguillicaudatus*, in China [J]. Journal of Applied Ichthyology, 28 (6): 900 - 905.

Ludwig A, Belfiore N M, Pitra C, 2001. Genome duplication events and functional reduction of ploidy levels in sturgeon (*Acipenser*, *Huso* and *Scaphirhynchus*) [J]. Genetics, 158: 1203 - 1215.

Marmur J, Doty P, 1961. Thermal renaturation of deoxyribonucleic acids [J]. Journal of molecular biology, 3 (5): 585 - 594.

Martins C, Wasko A P, 2004. Organization and evolution of 5S ribosomal DNA in the fish genome [J]. Focus on genome research, 289: 318.

Matsubara K, Arai K, Suzuki R, 1995. Survival potential and chromosomes of progeny of triploid and pentaploid females in the loach, *Misgurnus anguillicaudatus* [J]. Aquaculture, 131 (1): 37 - 48.

Mcconaughy B L, Laird C D, McCarthy B J, 1969. Nucleic acid reassociation in formamide [J]. Biochemistry, 8 (8): 3289 - 3295.

Morishima K, Fujimoto T, Sato M, et al, 2011. Cold - shock eliminates female nucleus in fertilized eggs to induce androgenesis in the loach (*Misgurnus anguillicaudatus*), a teleost fish [J]. BMC biotechnology, 11 (1): 1 - 16.

Mukai Y, Gill B S, 1991. Detection of barley chromatin added to wheat by genomic *in situ* hybridization [J]. Genome, 34 (3): 448 - 452.

Nelson J S, Grande T C, Wilson M V H, 2016. Fishes of the World [M]. John Wiley & Sons.

Omoto N, Maebayashi M, Adachi S, et al, 2005a. Sex ratios of triploids and gynogenetic diploids induced in the hybrid sturgeon, the bester (*Huso huso* female × *Acipenser ruthenus* male) [J]. Aquaculture, 245: 39 - 47.

Omoto N, Maebayashi M, Adachi S, et al, 2005b. The influence of oocyte maturational stage on hatching and triploidy rates in hybrid (bester) sturgeon [J]. Aquaculture, 245: 287 - 294.

Omoto N, Maebayashi M, Hara A, et al, 2004. Gonadal maturity in wild sturgeons, *Huso dauricus*, *Acipenser mikadoi* and *A. schrenckii* caught near Hokkaido, Japan [J]. Environ. Biol. Fish, 70: 381 - 391.

Pedrosa - Harand A, de Almeida C C S, Mosiolek M, et al, 2006. Extensive ribosomal DNA amplification during Andean common bean (*Phaseolus vulgaris* L.) evolution [J]. Theoretical and Applied Genetics, 112 (5): 924 - 933.

Pendás A M, Morán P, García - Vázquez E, 1993. Multi - chromosomal location of ribosomal RNA genes and heterochromatin association in brown trout [J]. Chromosome Research, 1 (1): 63 - 67.

Pich U, Fuchs J, Schubert I, 1996. How do Alliaceae stabilize their chromosome ends in the absence of TTTAGGG sequences? [J]. Chromosome Research, 4 (3): 207 - 213.

Piperidis N, 2014. GISH: resolving interspecific and intergeneric hybrids [M]. Humana Press, Totowa, NJ: 325 - 336.

Purdom C E, 1969. Radiation - induced gynogenesis and androgenesis in fish [J]. Heredity, 24 (3): 431 - 444.

Rampin M, Bi K, Bogart J P, et al, 2012. Identifying parental chromosomes and genomic rearrangements in animal hybrid complexes of species with small genome size using genomic *in situ* hybridization (GISH) [J]. Comparative Cytogenetics, 6 (3): 287 - 300.

Reed K M, Phillips R B, 1997. Polymorphism of the nucleolus organizer region (NOR) on the putative sex chromosomes of Arctic char (*Salvelinus alpinus*) is not sex related [J]. Chromosome research, 5 (4): 221 - 227.

Ren X, Eisenhour L, Hong C, et al, 1997. Roles of rDNA spacer and transcription unit - sequences in XY meiotic chromosome pairing in *Drosophila melanogaster* males [J]. Chromosoma, 106 (1): 29 - 36.

Rita B, Franca P, Angela R, 2000. Sex chromosome differentiation revealed by genomic *in situ* hybridization [J]. Chromosome Research, 8 (6): 459.

Roa F, Guerra M, 2012. Distribution of 45S rDNA sites in chromosomes of plants: structural and evolutionary implications [J]. BMC Evolutionary Biology, 12 (1): 1 - 13.

Sadhu C, Dutta S, Gopinathan K P, 1984. Influence of formamide on the thermal stability of DNA [J]. Journal of Biosciences, 6 (6): 817 - 821.

Schwarzacher T, Leitch A R, Bennett M D, et al, 1989. *In situ* localization of parental genomes in a wide hybrid [J]. Annals of Botany, 64 (3): 315 - 324.

Schweizer D, 1976. Reverse fluorescent chromosome banding with chromomycin and DAPI [J]. Chromosoma, 58 (4): 307 - 324.

Schweizer D, 1980. Simultaneous fluorescent staining of R bands and specific heterochromatic regions (DA-DAPI bands) in human chromosomes [J]. Cytogenetic and Genome Research, 27 (2-3): 190-193.

Schweizer D, Ambros P, Andrle M, 1978. Modification of DAPI banding on human chromosomes by prestaining with a DNA-binding oligopeptide antibiotic, distamycin A [J]. Experimental cell research, 111 (2): 327-332.

Schwarzacher T, Leitch A R, Bennett M D, et al, 1989. *In Situ* Localization of Parental Genomes in a Wide Hybrid [J]. Annals of Botany, 64 (3): 315-324.

Sczepanski T S, Noleto R B, Cestari M M, et al, 2010. A comparative study of two marine catfish (Siluriformes, Ariidae): cytogenetic tools for determining cytotaxonomy and karyotype evolution [J]. Micron, 41 (3): 193-197.

She C, Liu J, Diao Y, et al, 2007. The distribution of repetitive DNAs along chromosomes in plants revealed by self-genomic *in situ* hybridization [J]. Genet Genomics, 34 (5): 437-448.

Shilin N I, 1995. Programme for conservation of *Acipenser medirostris mikadoi* in the Russian far east [C]. Proceedings of the International Symposium on Sturgeons, VNIRO Publishing, Moscow: 262-267.

Sochorová J, Garcia S, Gálvez F, et al, 2018. Evolutionary trends in animal ribosomal DNA loci: introduction to a new online database [J]. Chromosoma, 127 (1): 141-150.

Sola L, Cipelli O, Gornung E, et al, 1997. Cytogenetic characterization of the greater amberjack, *Seriola dumerili* (Pisces: Carangidae), by different staining techniques and fluorescence in situ hybridization [J]. Marine Biology, 128 (4): 573-577.

Speicher M R, Ballard S G, Ward D C, 1996. Computer image analysis of combinatorial multi-fluor FISH [J]. Bioimaging, 4 (2): 52-64.

Stitou S, Burgos M, Zurita F, et al, 1997. Recent evolution of NOR-bearing and sex chromosomes of the North African rodent *Lemniscomys barbarus* [J]. Chromosome Research, 5 (7): 481-485.

Thorgaard G H, Scheerer P D, Hershberger W K, et al, 1990. Androgenetic rainbow trout produced using sperm from tetraploid males show improved survival [J]. Aquaculture, 85 (1-4): 215-221.

Ueda T, 1996. The possible induction of androgenetic diploid rainbow trout by an application of heat-shock [J]. Chromosome Information Service, 61 (1): 12-13.

Vasil'ev V P, Vasil'eva E D, Shedko S V, et al, 2010. How many times has polyploidization occurred during acipenserid evolution? New data on the karyotypes of sturgeons (Acipenseridae, Actinopterygii) from the Russian Far East [J]. J. Ichthyol, 50: 950-959.

Vasil'ev V P, Vasil'eva S, Shedko S V, et al, 2009. Ploidy levels in the Kaluga, *Huso dauricus* and Sakhalin sturgeon *Acipenser Mikadoi* (Acipenseridae, Pisces) [J]. Dokl. Biol. Sci, 4 (26): 228-231.

Vishnyakova K S, Mugue N S, Zelenina D A, et al, 2009. Cell culture and karyotype of Sakhalin sturgeon *Acipenser mikadoi* [J]. Biochemistry (Moscow) Suppl. Series A: Membr. Cell Biol, 3: 42-54.

Wang H S, Luo X, You W W, et al, 2015. Cytogenetic analysis and chromosomal characteristics of the polymorphic 18S rDNA of *Haliotis discus hannai* from Fujian, China [J]. PLoS One, 10 (2): e0113816.

Wetmur J G, 1975. Acceleration of DNA renaturation rates [J]. Biopolymers: Original Research on Biomolecules, 14 (12): 2517-2524.

Yang W J, Huang B, Wang R E, et al, 2012. Cloning and sequence analysis of *Haliotis ovina* 18S rDNA in the different geographical populations of Hainan [J]. Journal of Anhui Agricultural Sciences, 40 (20): 10370-10373.

Yang Z, Li X, Liao H, et al, 2016. Physical mapping of immune-related genes in Yesso scallop (*Patinopecten yessoensis*) using fluorescent *in situ* hybridization [J]. Comparative Cytogenetics, 10 (4): 529.

Yano C F, Poltronieri J, Bertollo L A C, et al, 2014. Chromosomal mapping of repetitive DNAs in *Triportheus trifurcatus* (Characidae, Characiformes): insights into the differentiation of the Z and W chromosomes [J]. PLoS One, 9 (3): e90946.

You W W, Ke C H, Luo X, et al, 2009. Growth and Survival of Three Small Abalone *Haliotis Diversicolor* Populations and Their Reciprocal Crosses [J]. Aquaculture Research, 40 (13): 1474-1480.

Zhang L, Bao Z, Wang S, et al, 2008. FISH mapping and identification of Zhikong scallop (*Chlamys farreri*) chromosomes [J]. Marine Biotechnology, 10 (2): 151-157.

Zhang Q, Arai K, 1996. Flow Cytometry for DNA Contents of Somatic Cell and Spermatozoa in the Progeny of Natural Tetraploid Loach [J]. Fisheries science, 62 (6): 870-877.

Zhang Q, Arai K, 1999. Aberrant meioses and viable aneuploid progeny of induced triploid loach (*Misgurnus anguillicaudatus*) when crossed to natural tetraploids [J]. Aquaculture, 175 (1): 63-76.

Zhang Q, Hanada K, Arai K, 2002. Aberrant meioses in diploid and triploid progeny of gynogenetic diploids produced from eggs of natural tetraploid loach, *Misgurnus anguillicaudatus* [J]. Folla Zoologica-praha, 51 (2): 165-176.

Zhou H, Fujimoto T, Adachi S, et al, 2011. Genome size variation estimated by flow cytometry in *Acipenser mikadoi*, *Huso dauricus* in relation to other species of Acipenseriformes [J]. J. Appl. Ichthyol, 27: 484-491.

Zhou H, Gao Y C, Zhuang Z X, et al, 2018. Viable diploid progeny induced from sperm of Chinese tetraploid pond loach by cold-shock androgenesis [J]. Journal of Applied Ichthyology, 34 (4): 906-916.

李雅娟，印傑，王嘉博，等，2008. 中国におけるドジョウ倍数体の分布に関する研究 [J]. 日本水産学会誌，74 (2): 177-182.

鈴木譲，2010. ゲノム育種によりトラフグの新品種作出をめざす [J]. 生物機能開発研究所紀要，10：9－23.

青木宙，隆島史夫，平野哲也，1997. 魚類のDNA：分子遺伝学的アプローチ［M］. 東京：恒星社厚生閣.

中嶋正道，荒井克俊，岗本信明，等，2017. 水产遗传育种学［M］. 仙台：东北大学出版社.

彩图版

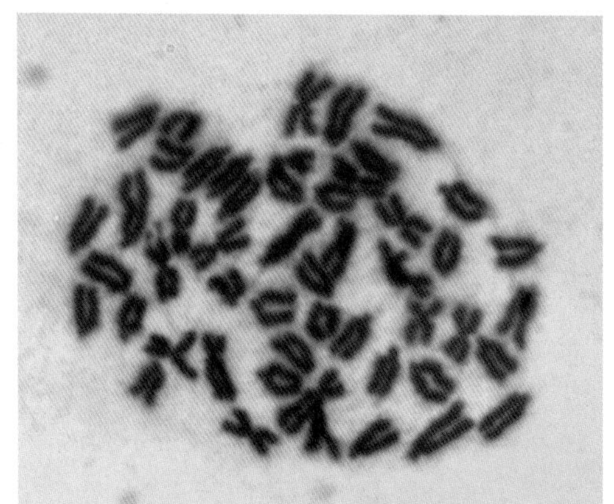

图 1-1　二倍体泥鳅染色体中期分裂象

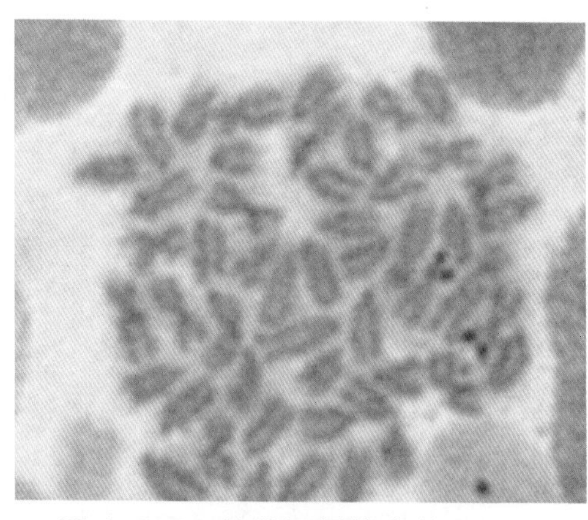

图 1-3　二倍体泥鳅染色体 NOR 带

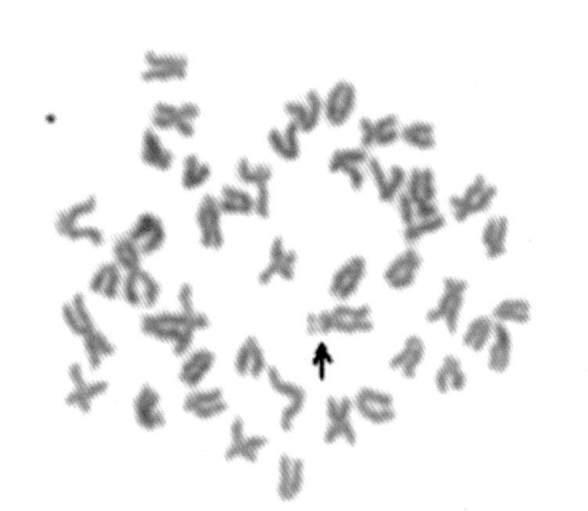

图 1-4　太平洋鳕染色体中期分裂象

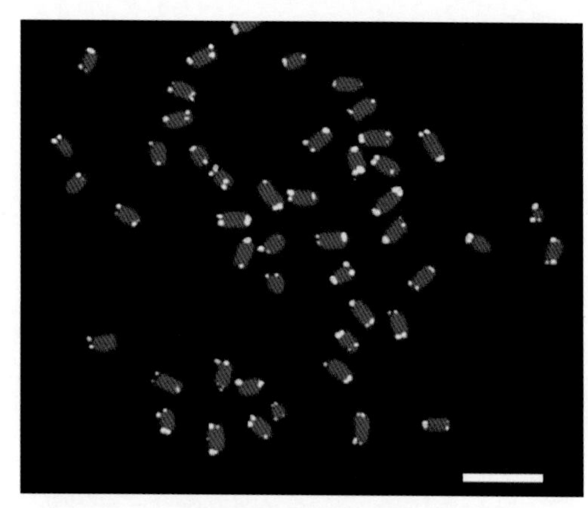

图 1-5　黄姑鱼荧光原位杂交显示端粒

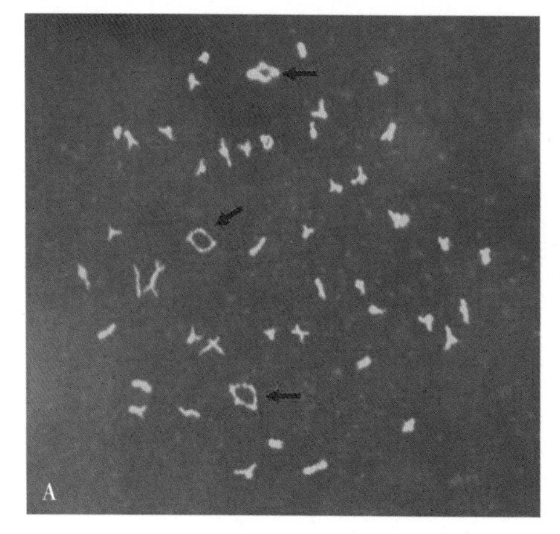

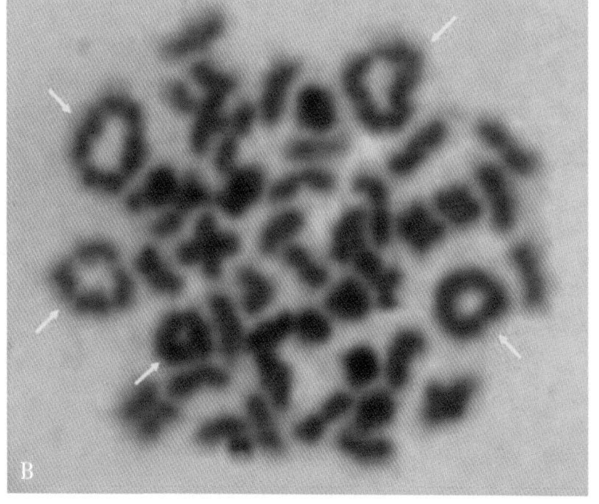

图 1-13　天然四倍体泥鳅卵（精）母细胞减数分裂象

A. 卵母细胞终变期染色体分裂象　B. 精母细胞终变期染色体分裂象

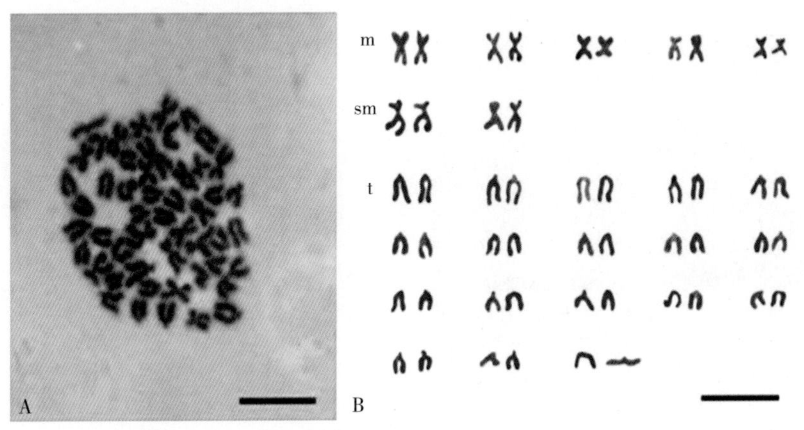

图 1-14　二倍体泥鳅染色体中期分裂象及核型

A. 染色体中期分裂象　B. 染色体核型

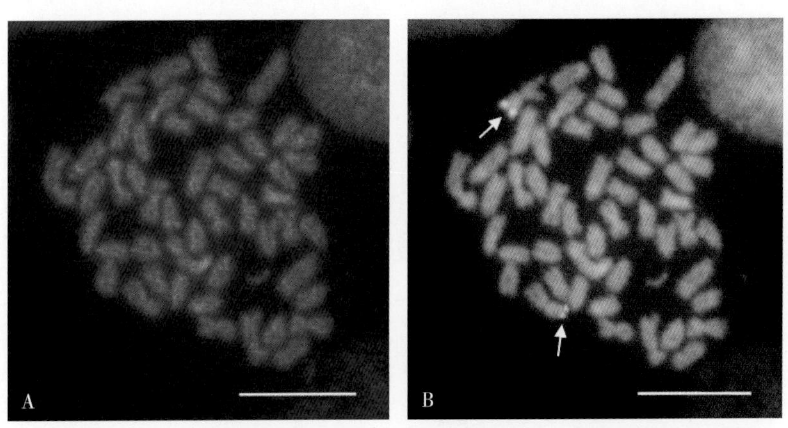

图 1-15　二倍体泥鳅 CMA_3/DA/DAPI 三重荧光染色

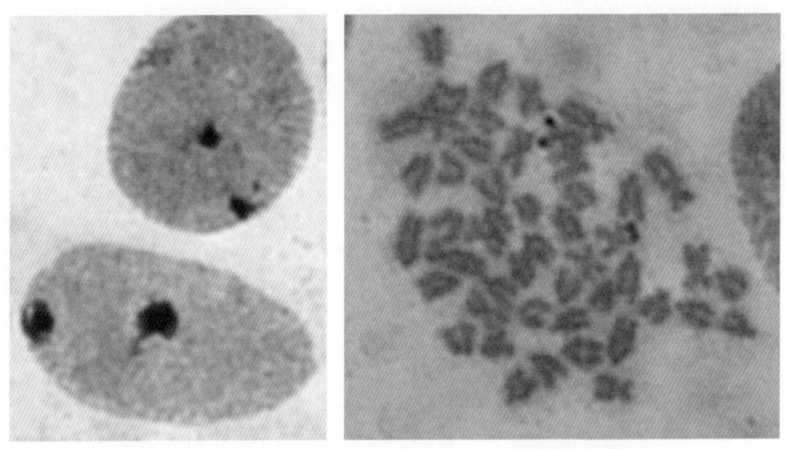

图 1-17　二倍体泥鳅间期核及染色体 NOR 带

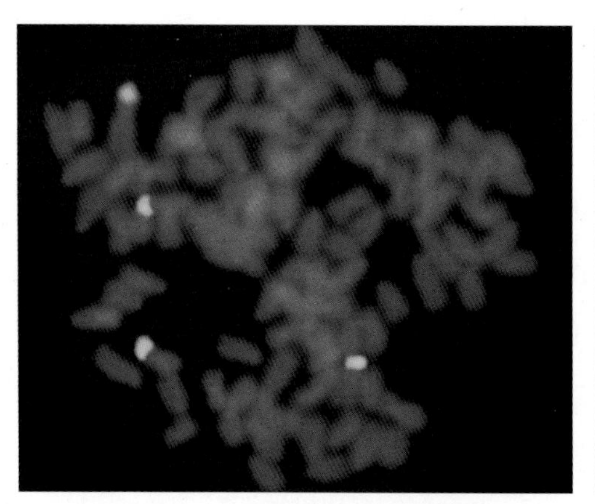

图 1-19　自然四倍体泥鳅荧光原位杂交

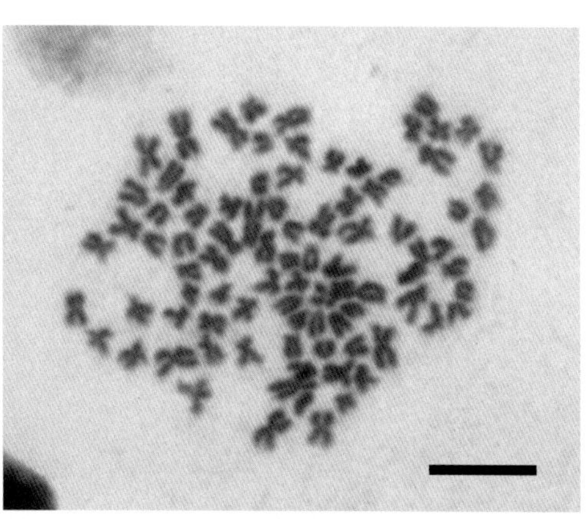

图 2-1　色林错裸鲤肾细胞中期染色体分裂象

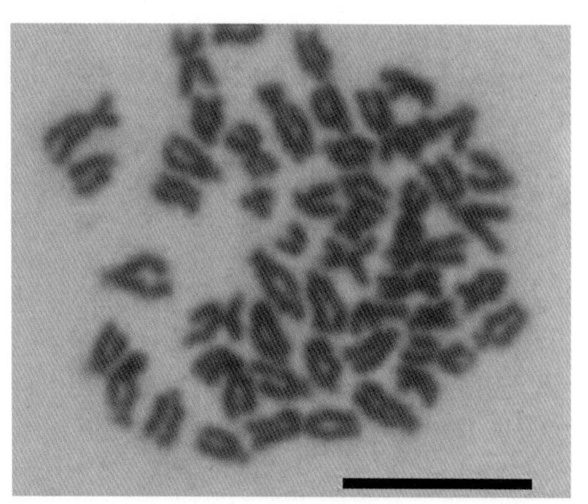

图 2-2　泥鳅鳃细胞染色体中期分裂象

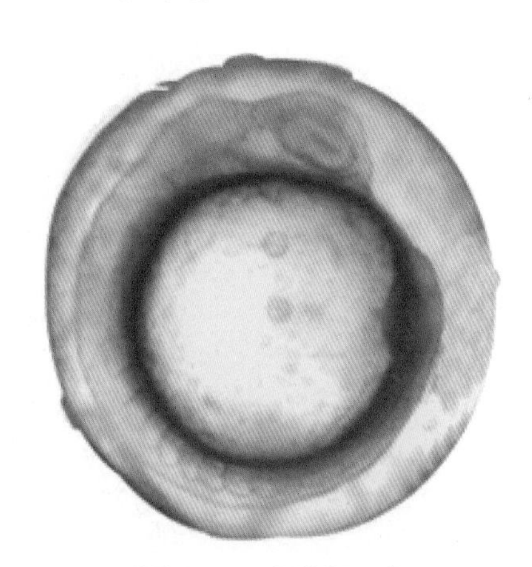

图 2-3　泥鳅胚胎

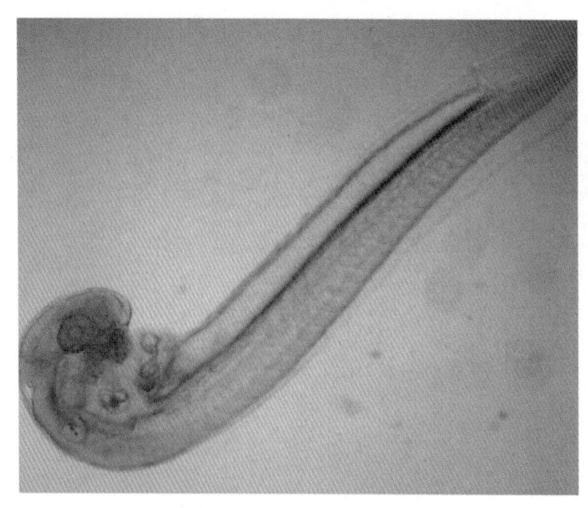

图 2-4　剥好的胚胎

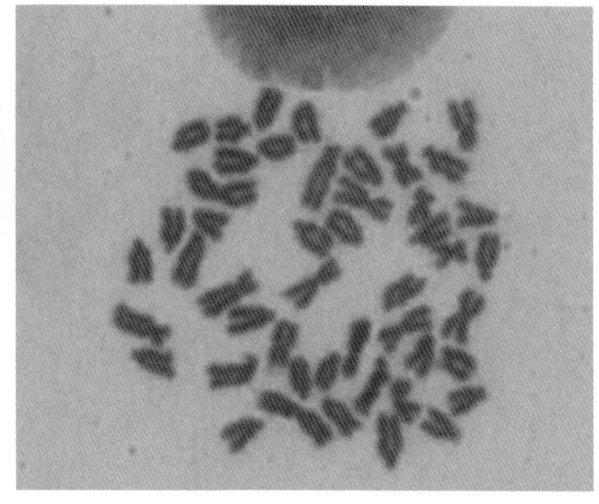

图 2-5　二倍体泥鳅胚胎染色体中期分裂象

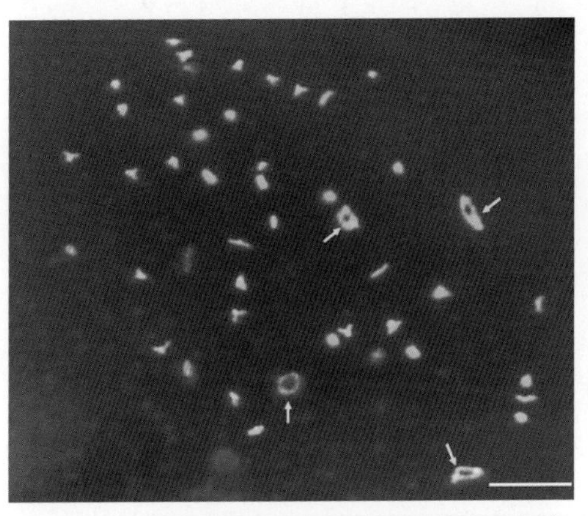

图 2-7　天然四倍体泥鳅卵母细胞减数分裂染色体分裂象

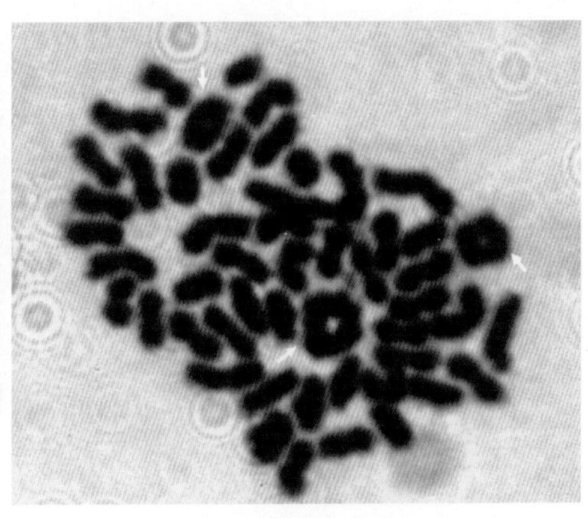

图 2-9　天然四倍体泥鳅精母细胞减数分裂染色体分裂象

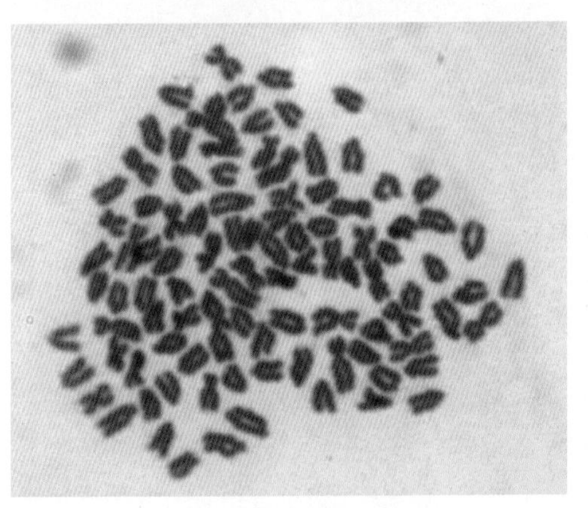

图 2-10　天然四倍体泥鳅鳍组织细胞染色体中期分裂象

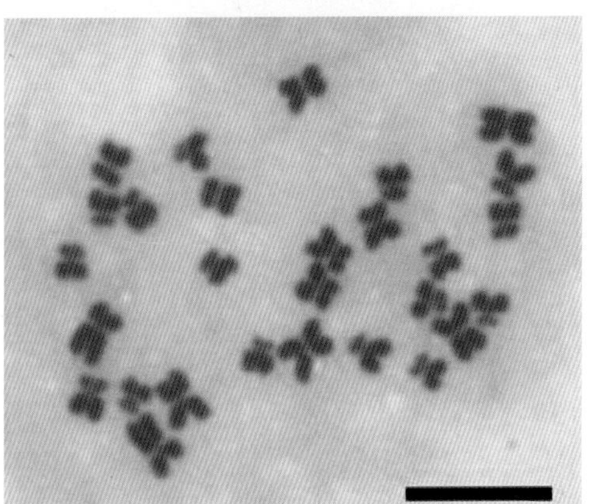

图 2-14　绿色双齿围沙蚕染色体中期分裂象

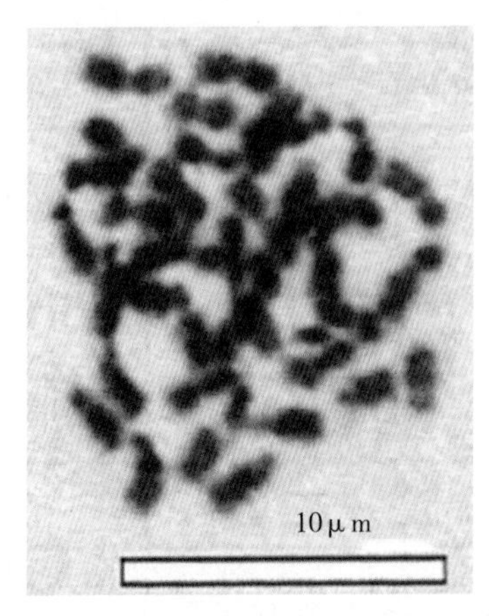

图 2-15　中间球海胆染色体中期分裂象

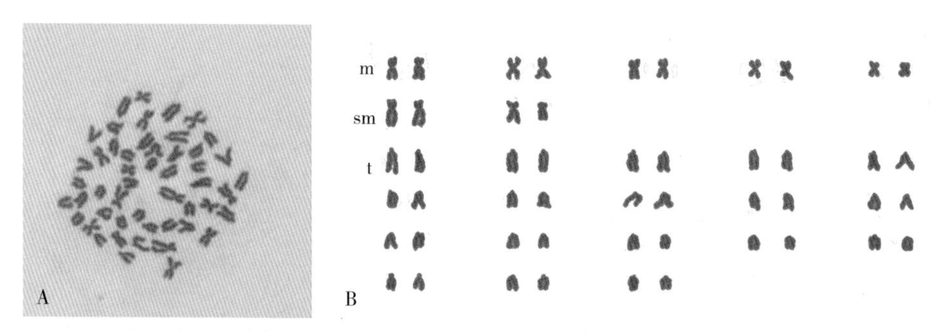

图 2-20　雄核发育二倍体泥鳅胚胎细胞染色体中期分裂象及核型

A. 染色体中期分裂象　B. 染色体核型

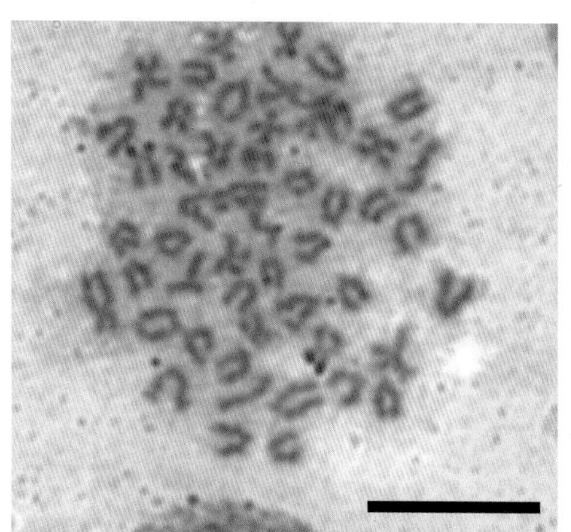

图 2-21　雌核发育二倍体泥鳅染色体 NOR 带

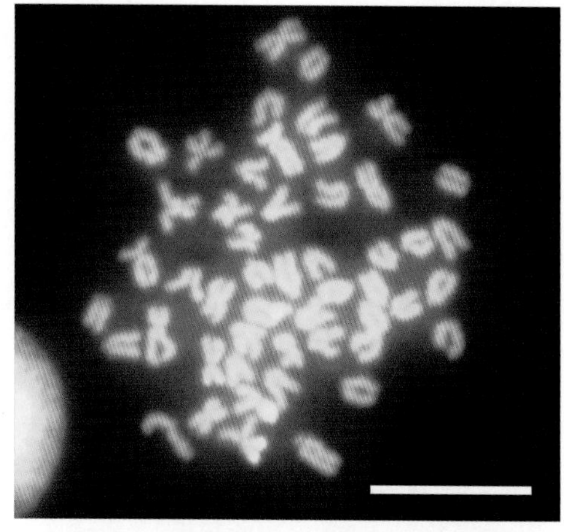

图 2-22　雌核发育二倍体泥鳅染色体 CMA_3/DA/DAPI 三重荧光染色

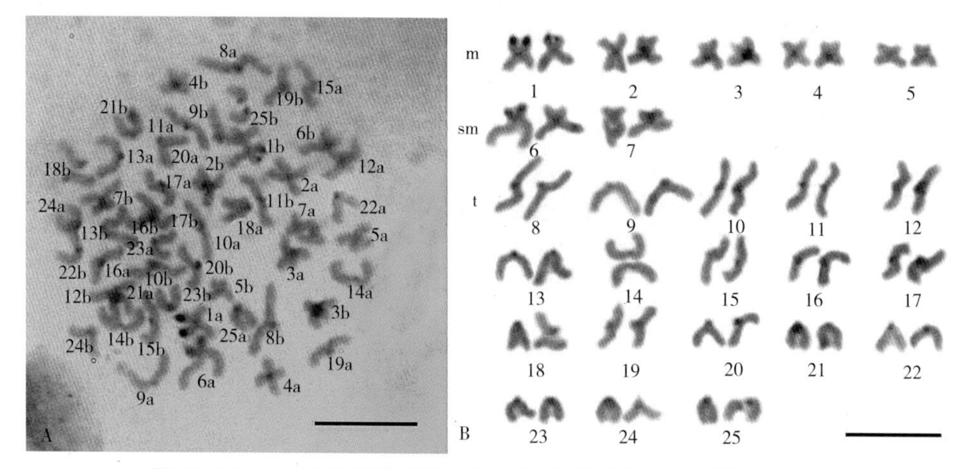

图 2-23　二倍体泥鳅胚胎染色体中期分裂象 C 带及其核型

A. C 带　B. 核型

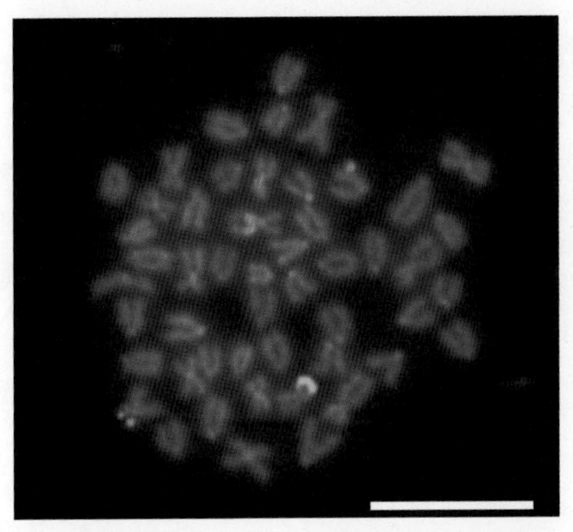

图 2-27　雌核发育二倍体泥鳅染色体荧光原位杂交

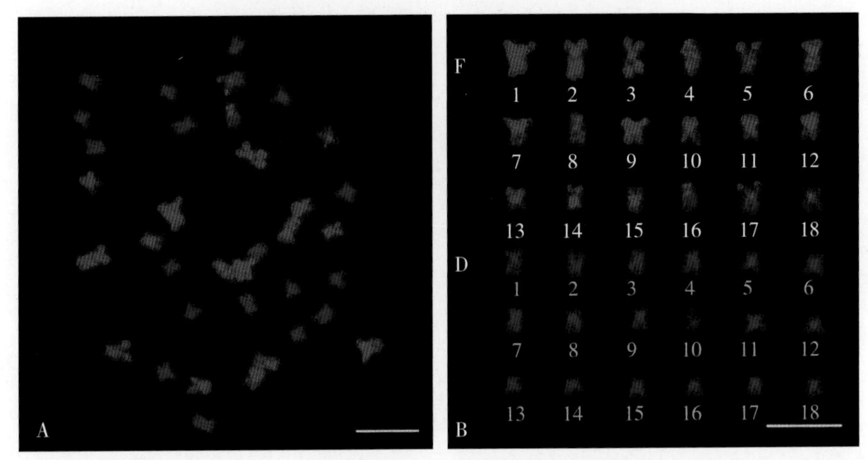

图 2-28　皱纹盘鲍雌 × 绿鲍雄的子代基于绿鲍基因组探针的 GISH 结果

A. 染色体中期分裂象　B. 核型

F. 染色体由绿鲍遗传而来　D. 染色体由皱纹盘鲍遗传而来

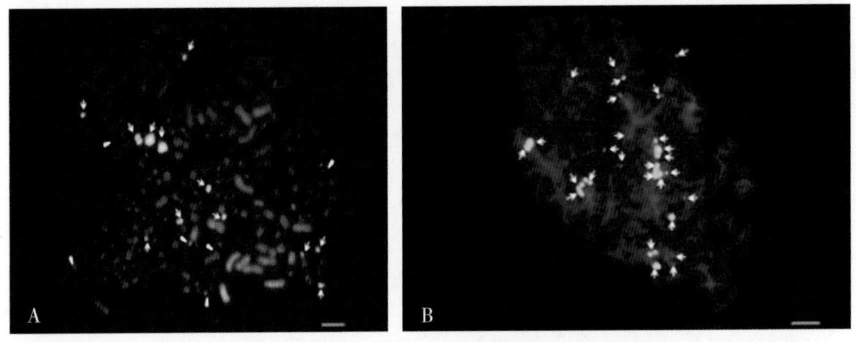

图 3-3　以人 5.8S+28S rDNA 序列检测库页岛鲟的 FISH 信号

A. 二倍体　B. 三倍体

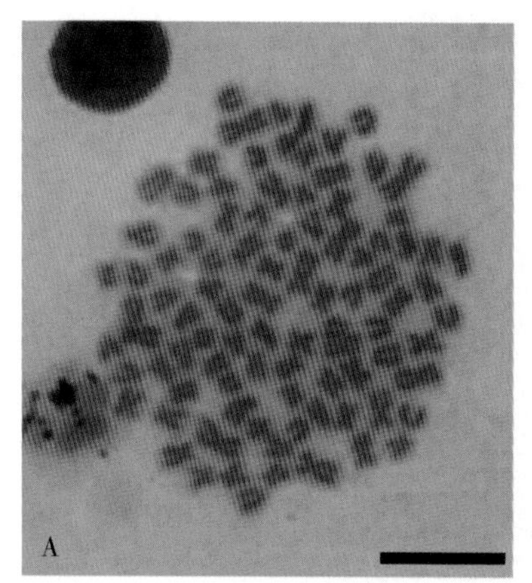

图 4-3　纳木错裸鲤染色体中期分裂象及核型

A. 染色体有丝分裂中期分裂象　B. 核型分析

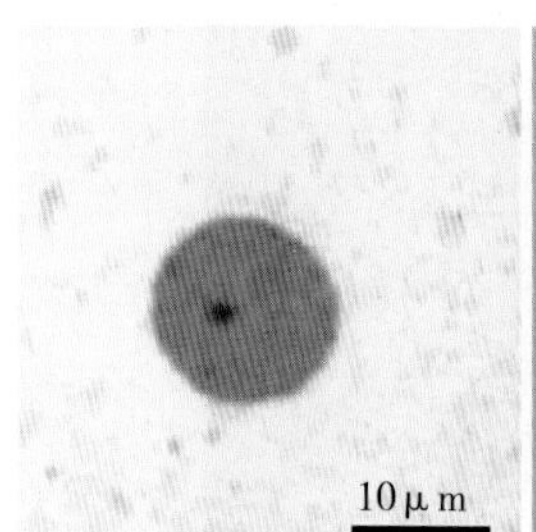

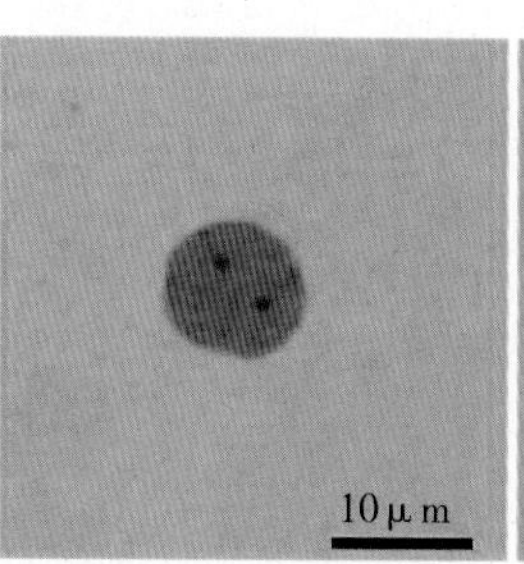

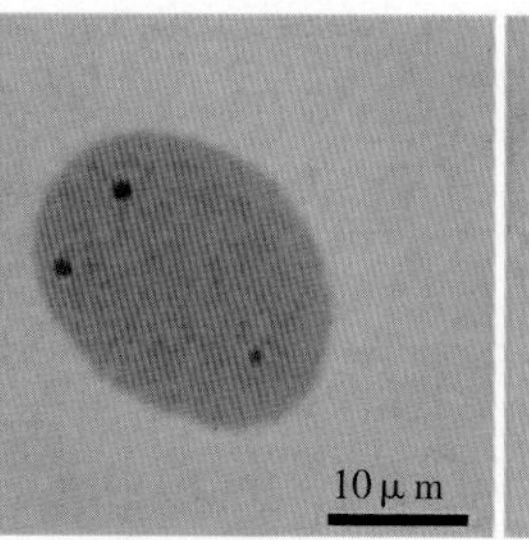

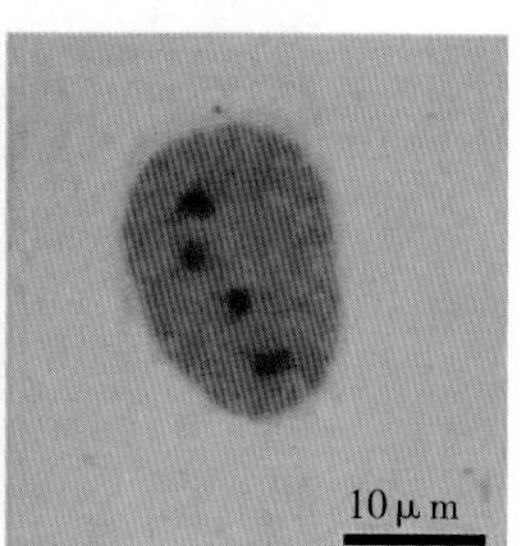

图 4-4　纳木错裸鲤间期核硝酸银染色

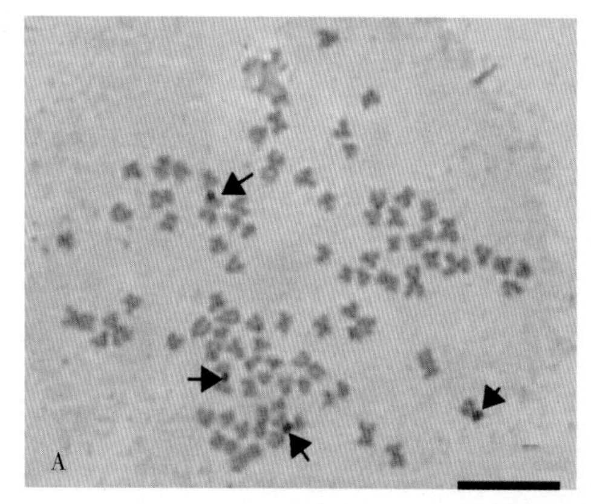

图 4-5　纳木错裸鲤染色体中期分裂象及核型

A. 染色体有丝分裂中期分裂象　B. 核型

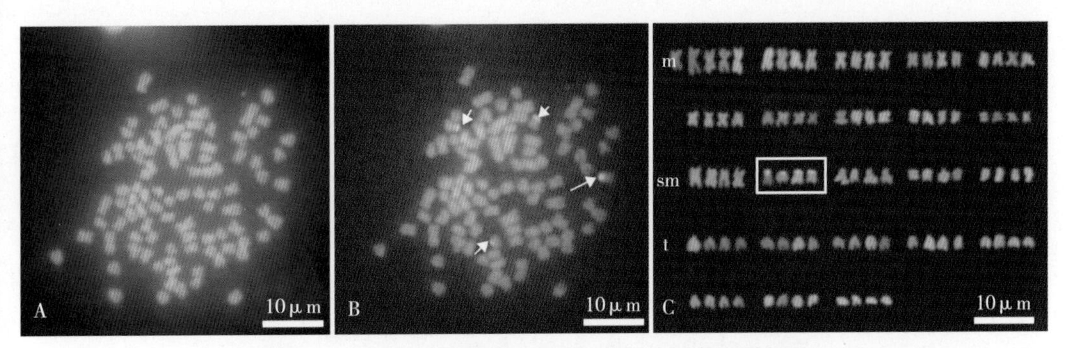

图 4-6　纳木错裸鲤染色体中期分裂象及核型

A. 染色体中期分裂象（DAPI）　B. 染色体中期分裂象（CMA_3）　C. 核型分析（CMA_3/DAPI）

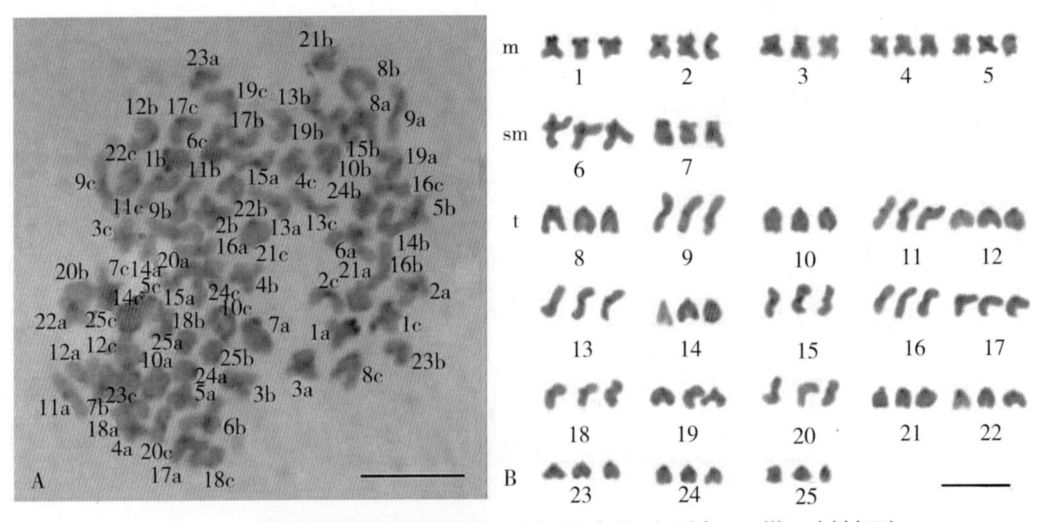

图 5-1　同源三倍体泥鳅胚胎染色体中期分裂象 C 带及其核型

A. C 带　B. 核型

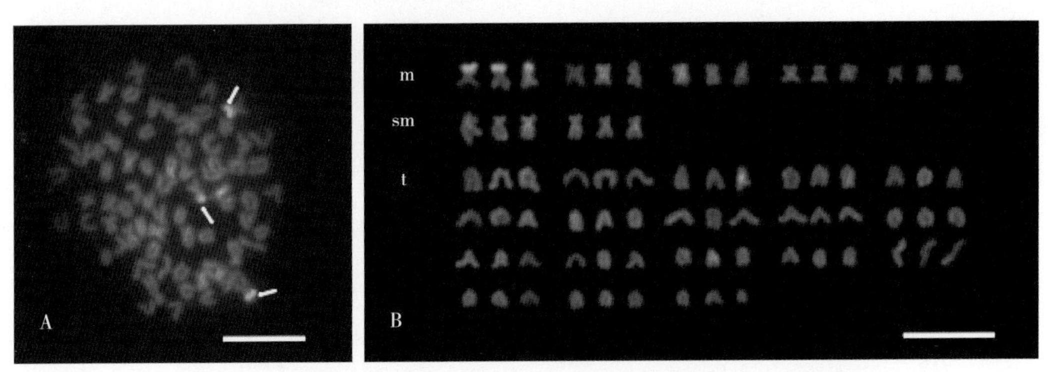

图 5-3　同源三倍体泥鳅胚胎染色体分裂象 FISH 及核型

A. 同源三倍体泥鳅胚胎染色体有丝分裂中期分裂象　B. 核型

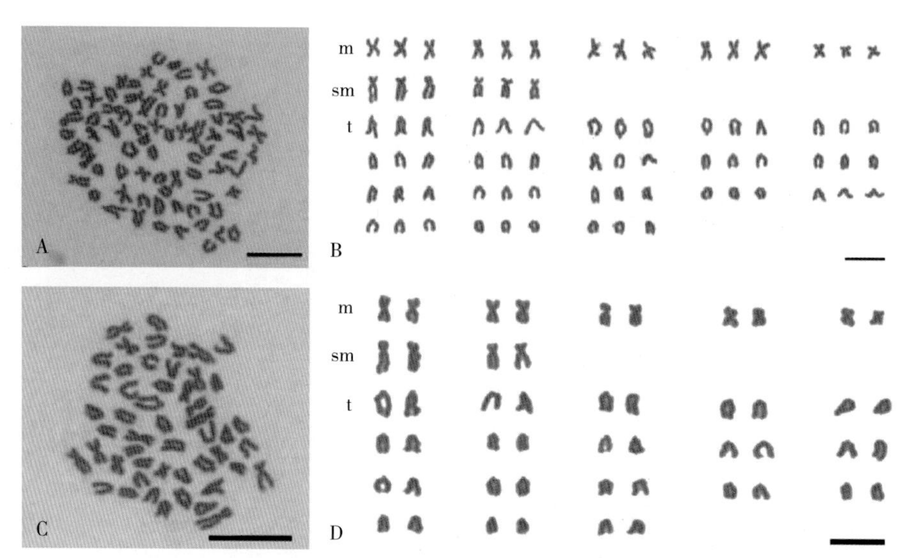

图 6-1　同源三倍体泥鳅和雄核发育二倍体泥鳅胚胎染色体分裂象及核型

A. 同源三倍体泥鳅染色体分裂象　B. 同源三倍体泥鳅染色体核型

C. 雄核发育二倍体泥鳅染色体分裂象　D. 雄核发育二倍体泥鳅染色体核型

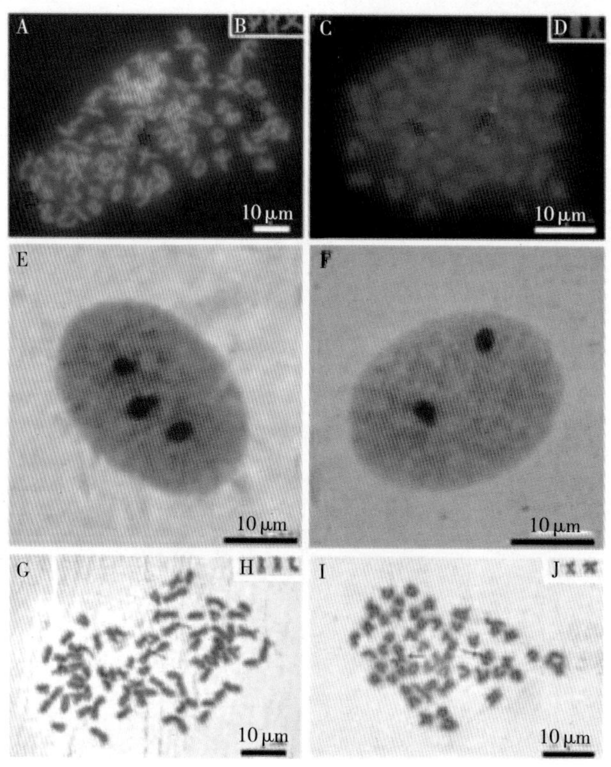

图 6-2　同源三倍体泥鳅和雄核发育二倍体泥鳅胚胎染色体分裂象 FISH 及 Ag-NORs

A、E、G. 同源三倍体泥鳅　C、F、I. 雄核发育二倍体泥鳅

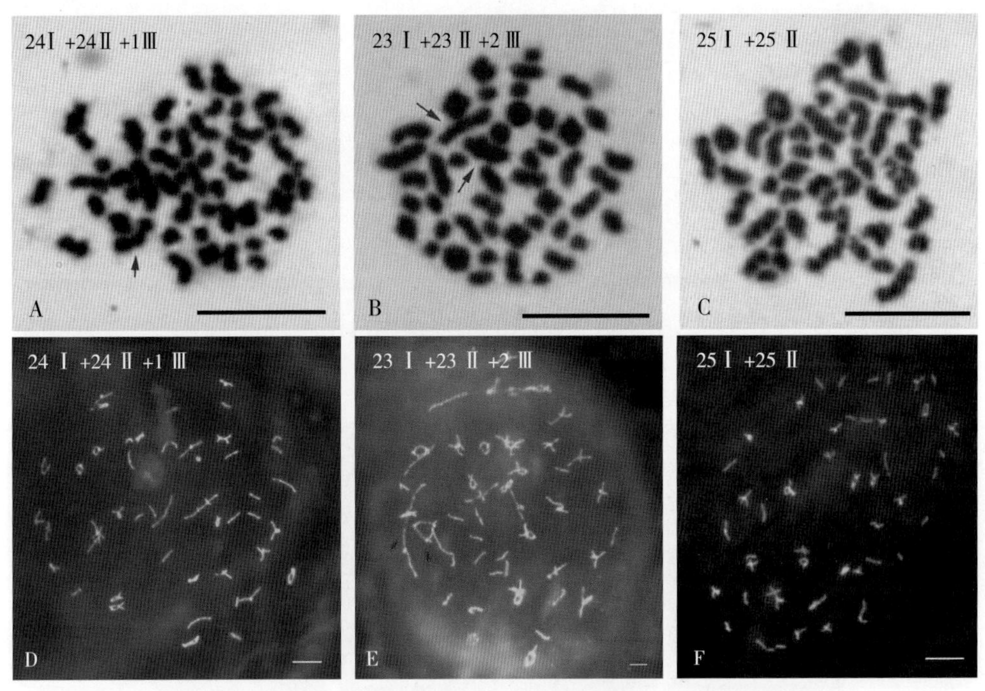

图 7-1 同源三倍体泥鳅性母细胞减数分裂染色体构型

A~C. 精母细胞 D~F. 卵母细胞

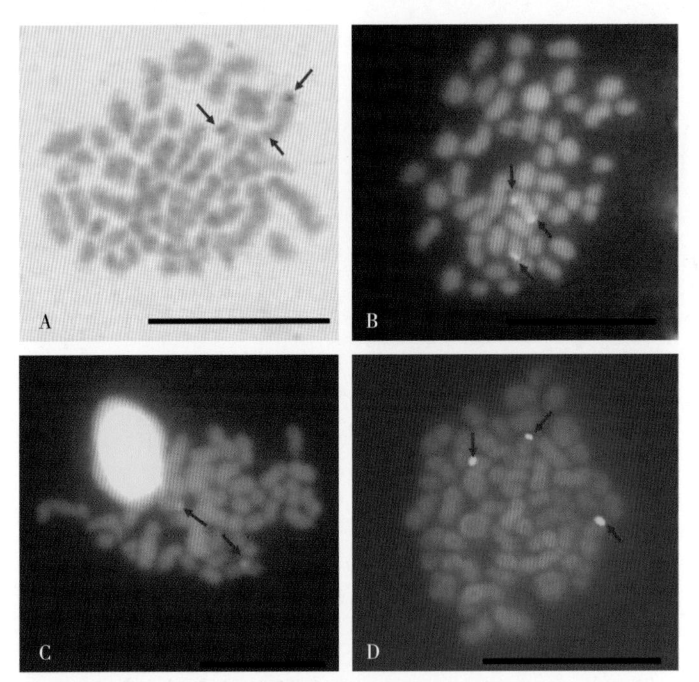

图 7-2 同源三倍体泥鳅精母细胞减数分裂染色体带型及 FISH

A. Ag-NORs B~C. CMA_3/DA/DAPI D. FISH

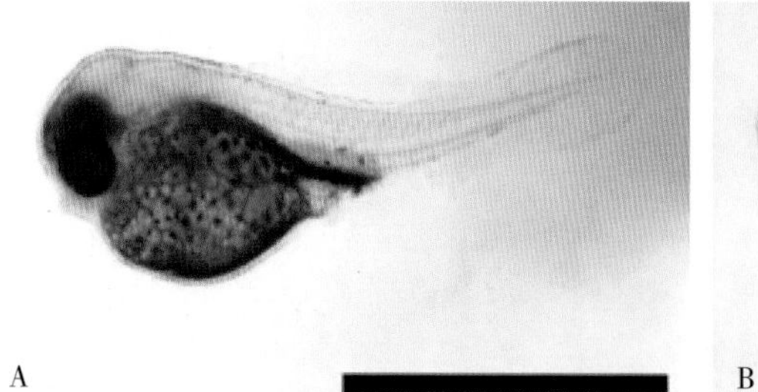

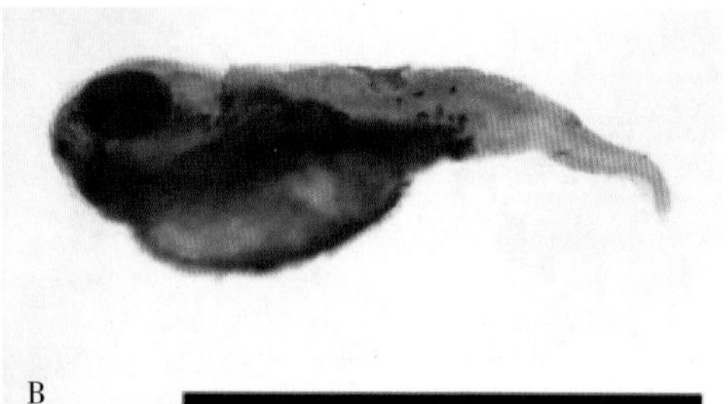

图 8-1　对照组和处理组仔鱼

A. 对照组　B. 冷休克组

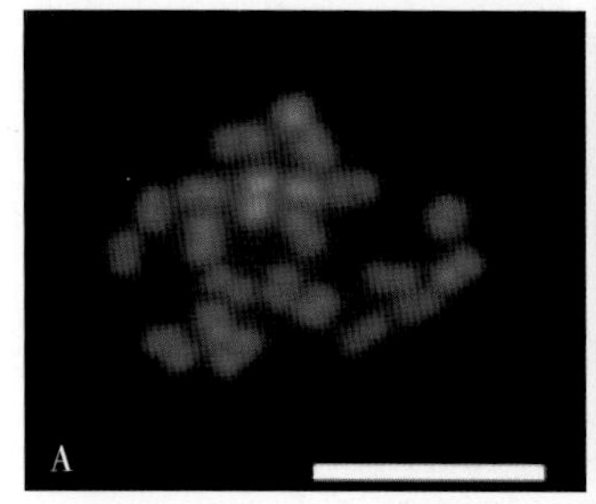

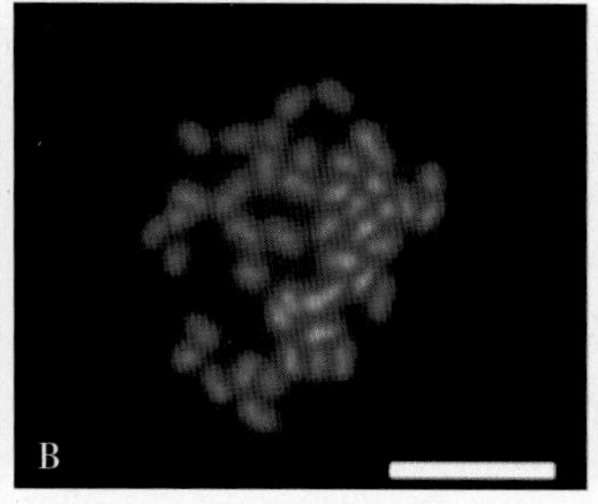

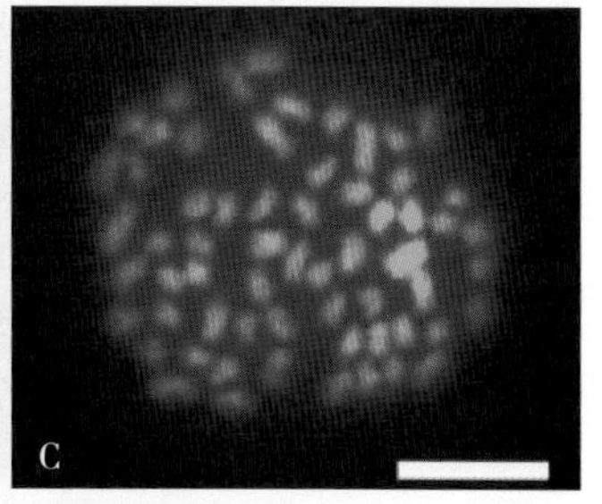

图 8-2　红鳍东方鲀中期胚胎染色体中期分裂象

A. 单倍体染色体数 n=22　B. 二倍体染色体数 2n=44　C. 三倍体染色体数 3n=66

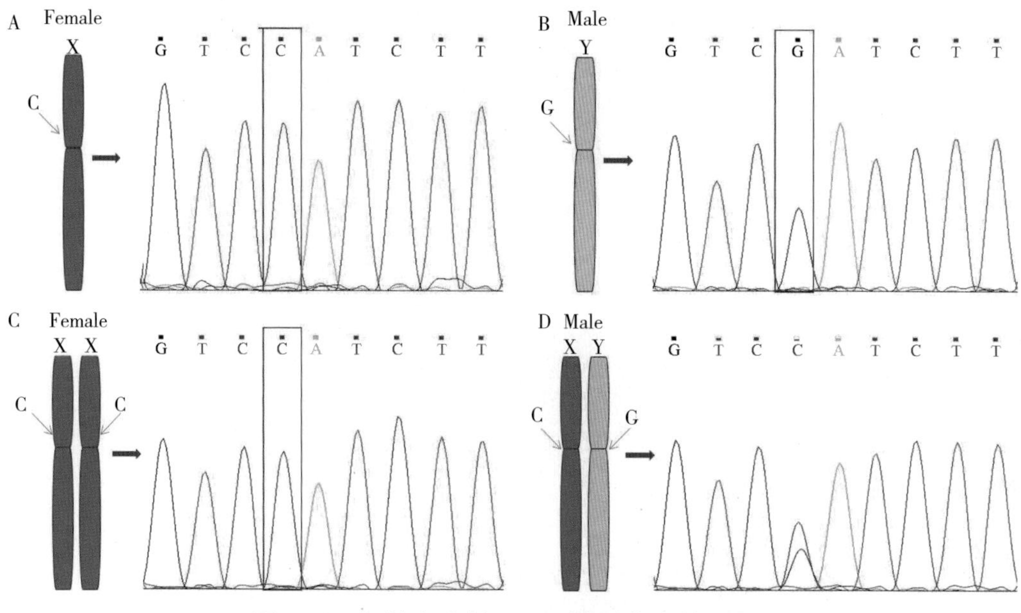

图 8-4　红鳍东方鲀 SNP 性别鉴定结果图

A. 单倍体雌 SNP 基因型 C　B. 单倍体雄 SNP 基因型 G　C. 二倍体雌 SNP 基因型 C/C　D. 二倍体雄 SNP 基因型 C/G

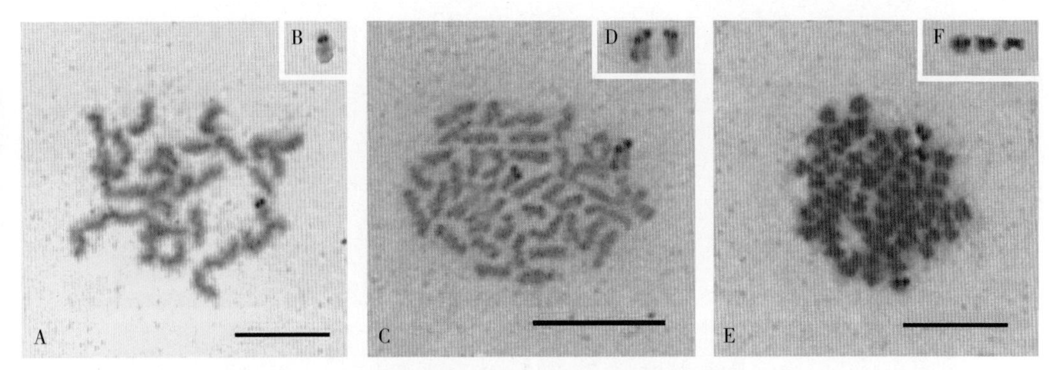

图 8-5　红鳍东方鲀胚胎染色体中期分裂象 Ag-NOR

A、B. 单倍体　C、D. 二倍体　E、F. 三倍体

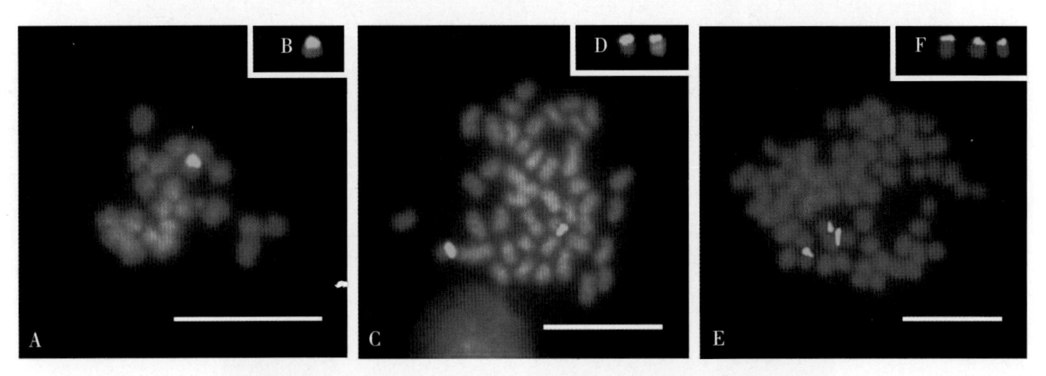

图 8-6　人的 5.8S+28S rDNA 为探针 FISH 图

A、B. 单倍体　C、D. 二倍体　E、F. 三倍体

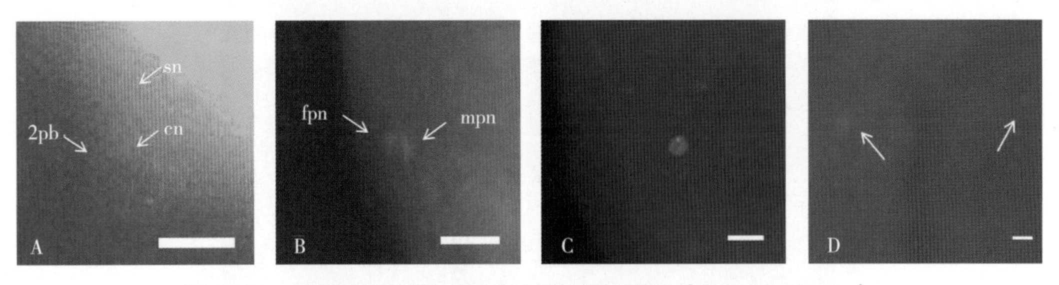

图 8-7　对照组红鳍东方鲀早期胚胎发育（标尺 =10μm）

A. 受精后 15min　B. 受精后 30min　C. 受精后 50min　D. 受精后 60min

2pb. 第二极体核　en. 卵核　sn. 精核　fpn. 雌性原核　mpn. 雄性原核

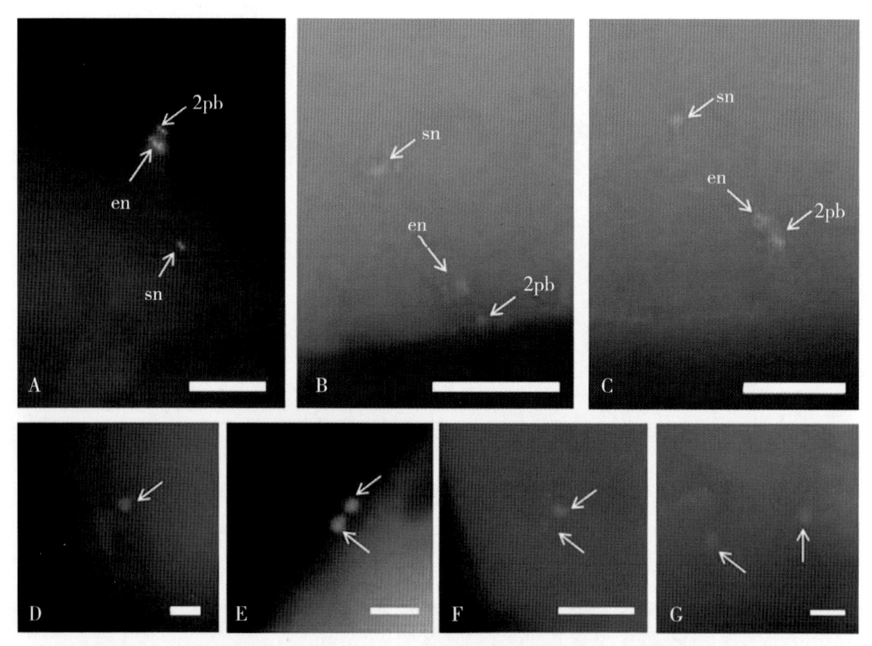

图 8-8　冷休克组红鳍东方鲀早期胚胎发育（标尺 =10 μm）

A~C. 受精后 60min　D~F. 受精后 70 ~ 90min　G. 受精后 120 min

2pb. 第二极体　en. 卵核　sn. 精子核

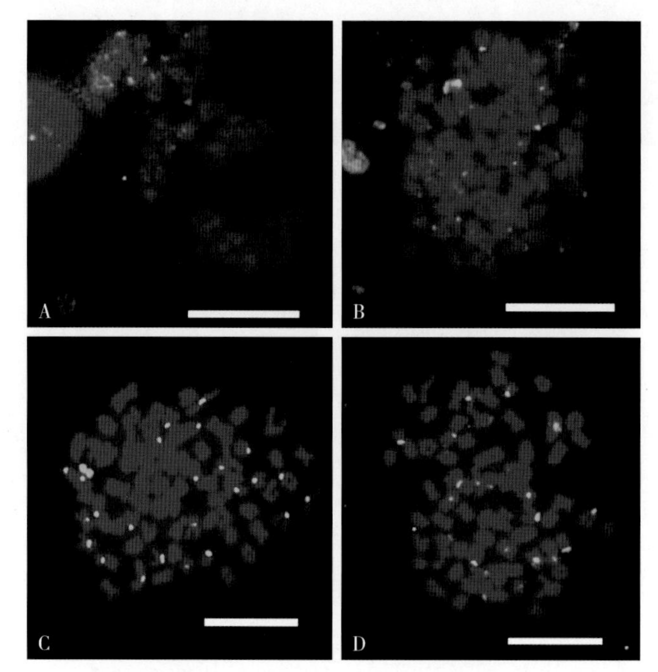

图 9-4　大鳞副泥鳅雌 × 天然四倍体泥鳅雄后代 P/B 试验结果

A. 1∶10　B. 1∶20　C. 1∶25　D.1∶50

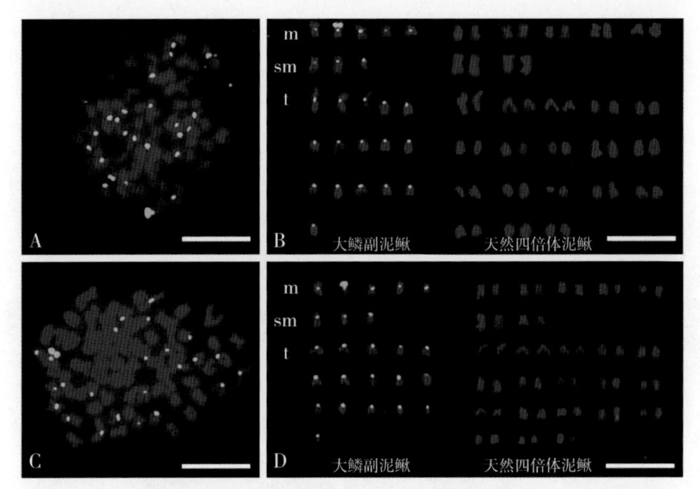

图 9-5　同源三倍体泥鳅 GISH 分析（标尺 =10μm）

A、B. 天然四倍体泥鳅雌 × 大鳞副泥鳅雄后代胚胎染色体中期分裂象及核型

C、D. 大鳞副泥鳅雌 × 天然四倍体泥鳅雄后代胚胎染色体中期分裂象及核型

m. 中部着丝粒染色体　sm. 亚中部着丝粒染色体　t. 端部着丝粒染色体

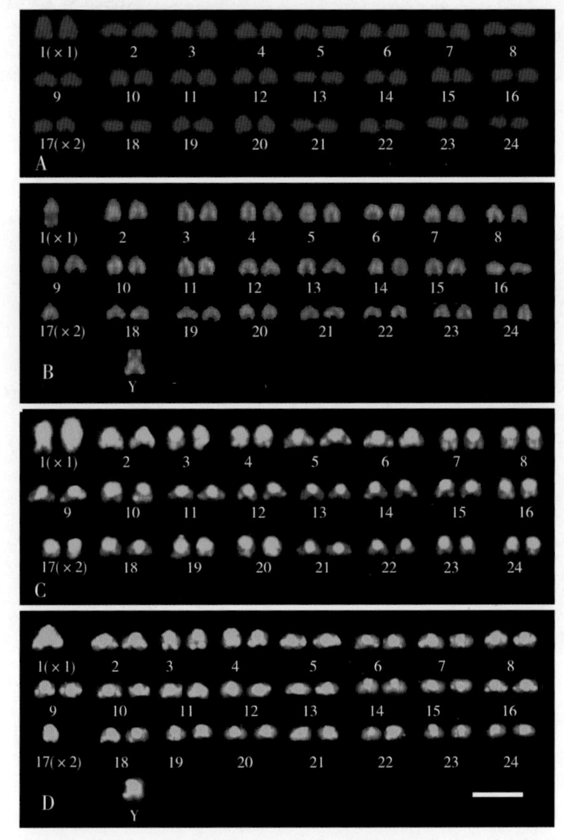

图 10-1　棘头梅童鱼染色体 DAPI 核型图及 Self-GISH 核型图

A、C. 雌　B、D. 雄

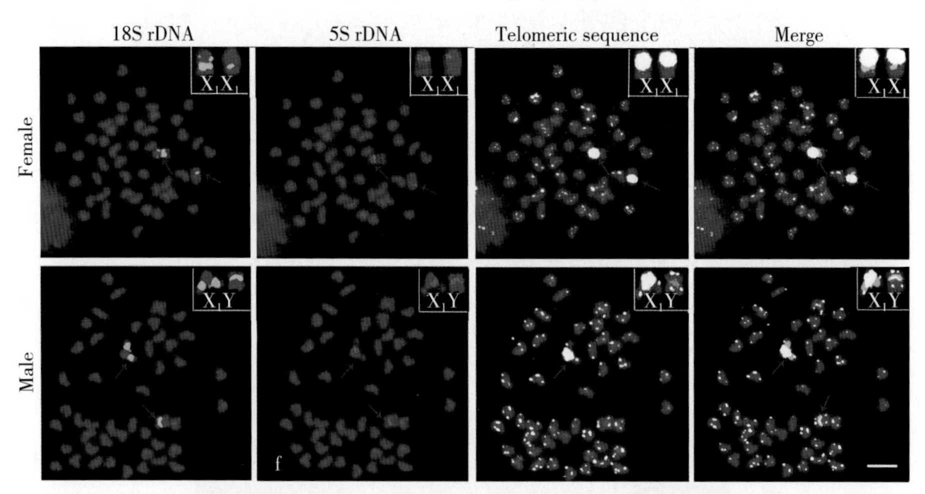

图 10-2　棘头梅童鱼 18S rDNA、5S rDNA 和端粒序列三色 FISH

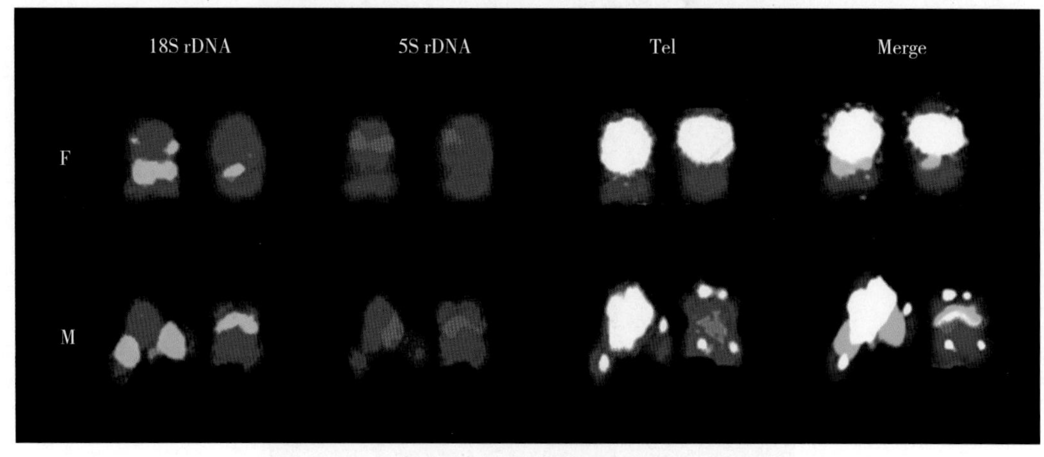

图 10-3　雌雄性棘头梅童鱼性染色体局部

F. 雌性　M. 雄性　Tel. 端粒序列　Merge. 合成图

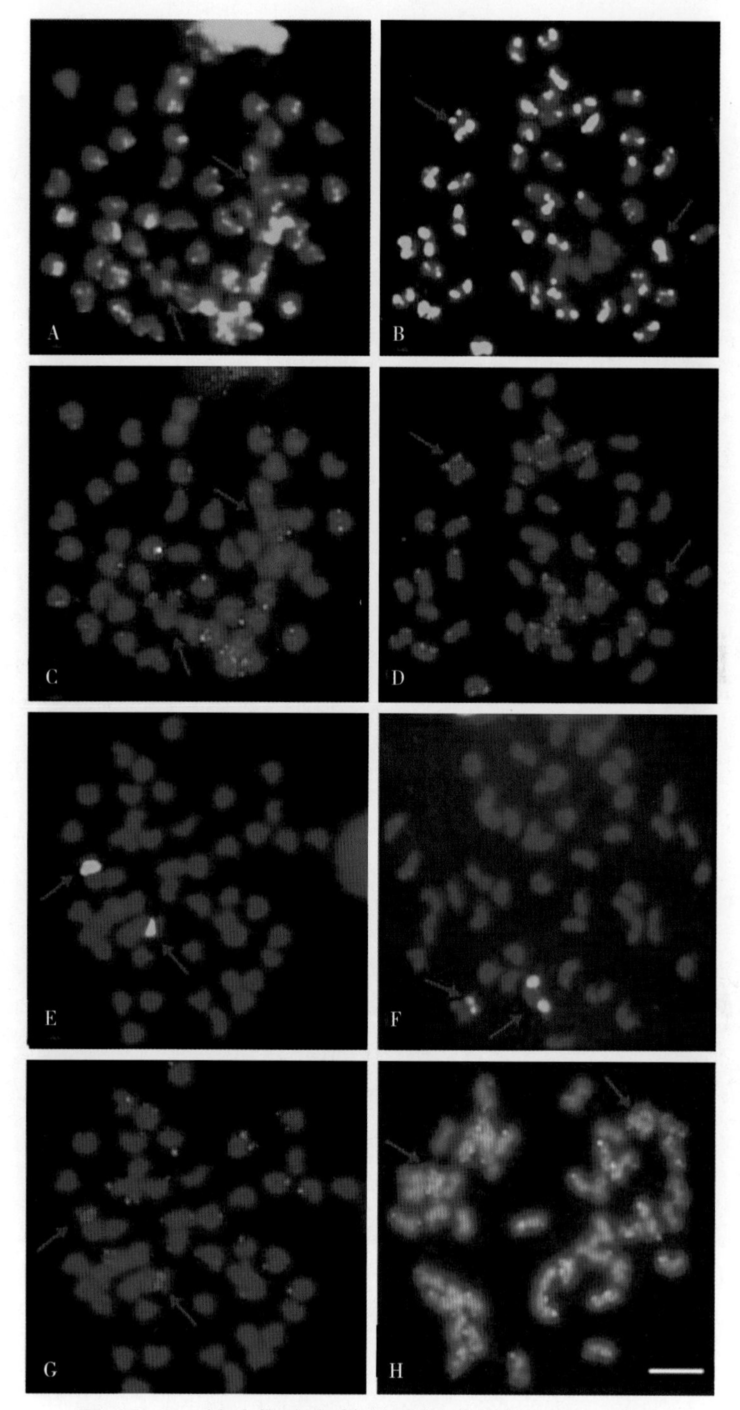

图 10-6　棘头梅童鱼简单重复序列的 FISH 定位

A. 雌鱼（CA）$_{12}$　B. 雄鱼（CA）$_{15}$　C. 雌鱼（CAA）$_{10}$　D. 雄鱼（CAA）$_{10}$
E. 雌鱼（CAG）$_{n}$　F. 雄鱼（CAG）$_{n}$　G. 雌鱼（CAT）$_{n}$　H. 雄鱼（CAT）$_{n}$

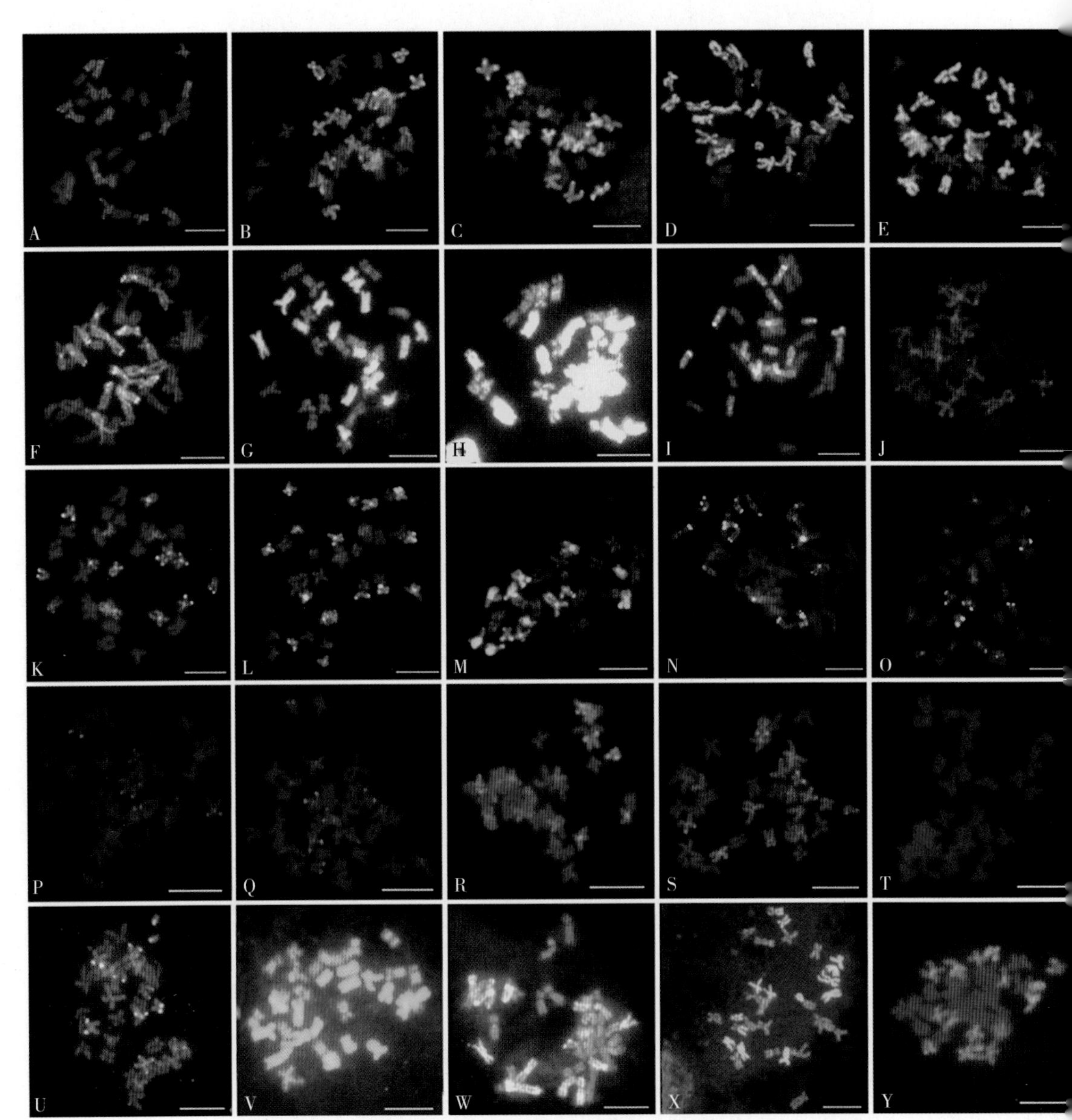

图 11-1　不同探针、封阻 DNA、去离子甲酰胺、DS 或 PEG 浓度下的 GISH 图

A~E. 1.56ng/μL、3.13ng/μL、6.25ng/μL、12.50ng/μL、25.00ng/μL 探针浓度下的 GISH 图

F~J. 0、5、10、20、40 倍鲑精 DNA 封阻浓度下 GISH 图

K~O. 10%、20%、30%、40%、50% 去离子甲酰胺浓度下 GISH 图

P~T. 2.5%、7.5%、12.5%、17.5%、25% DS 浓度下 GISH 图

U~Y. 2.5%、7.5%、12.5%、17.5%、25% PEG 浓度下 GISH 图

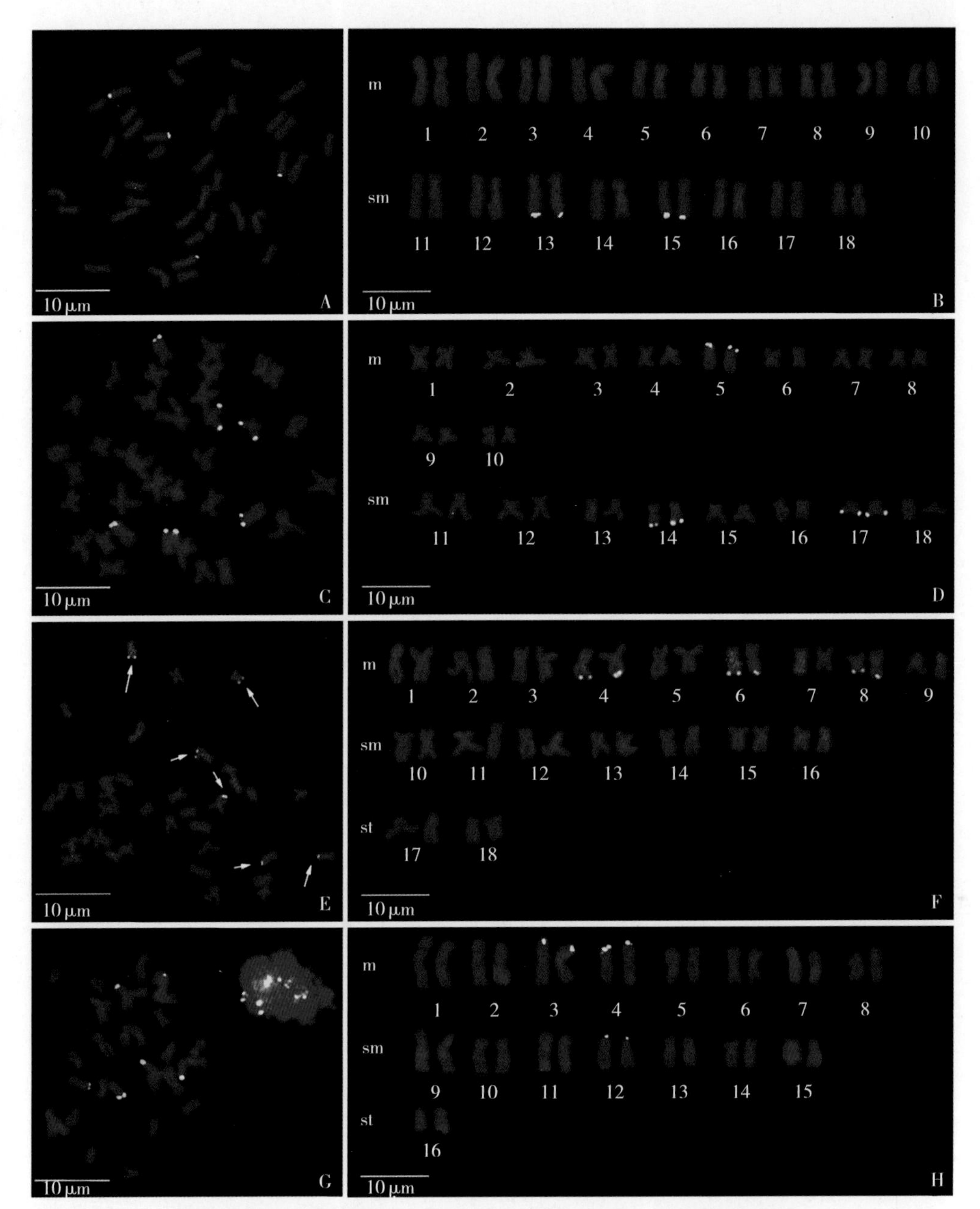

图 12-2　4 种鲍的 18S rDNA 的 FISH 及核型排列图

A. 皱纹盘鲍 18S rDNA 中期分裂象　B. 皱纹盘鲍染色体核型　C. 西氏鲍 18S rDNA 中期分裂象　D. 西氏鲍染色体核型　E. 绿鲍 18S rDNA 中期分裂象　F. 绿鲍染色体核型　G. 杂色鲍 18S rDNA 中期分裂象　H. 杂色鲍染色体核型

m. 中部着丝粒染色体　sm. 亚中部着丝粒染色体　st. 近端部着丝粒染色体　绿色信号 .18S rDNA

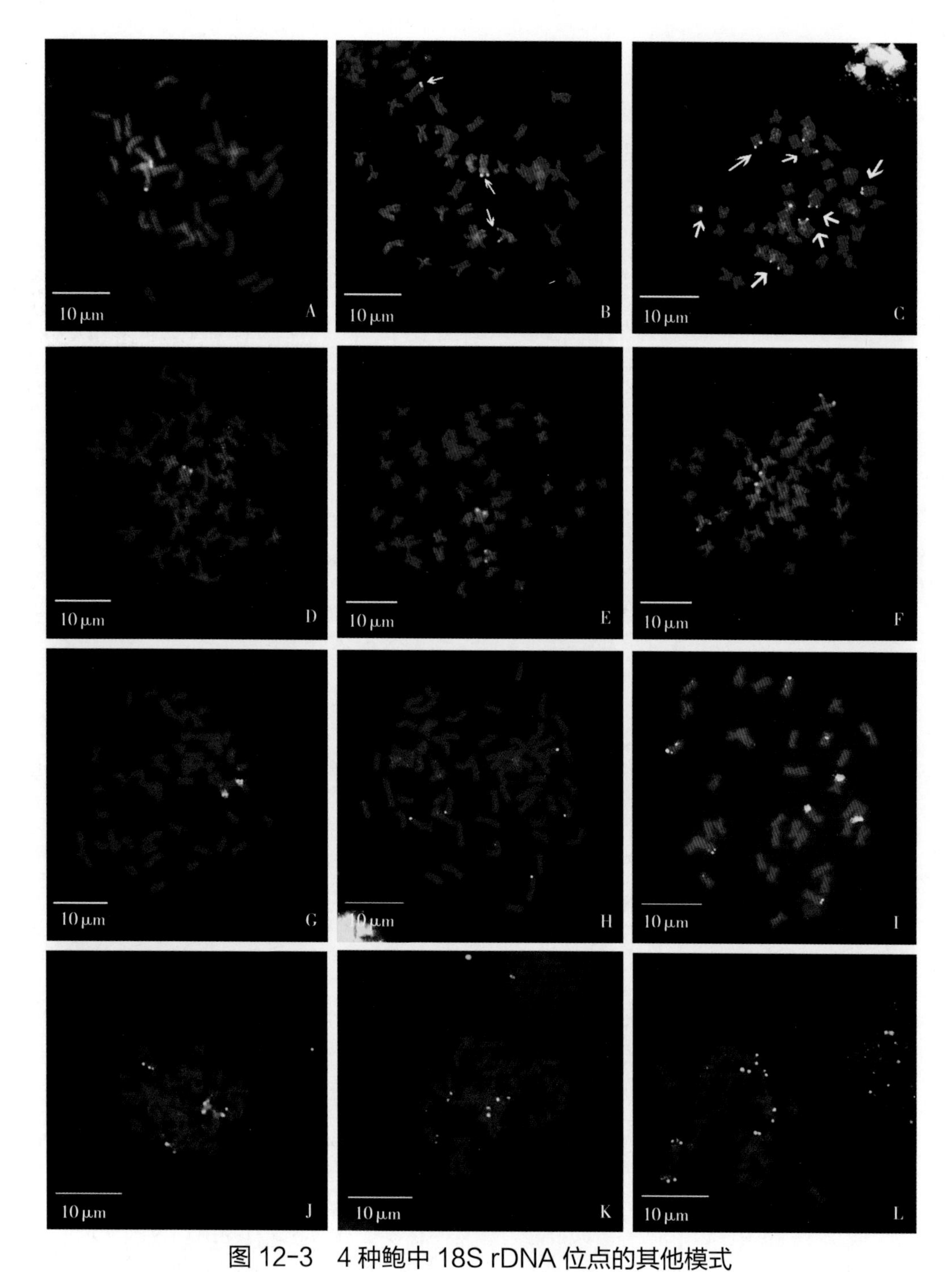

图 12-3　4 种鲍中 18S rDNA 位点的其他模式

A~C. 皱纹盘鲍 18S rDNA 中期分裂象　D~F. 西氏鲍 18S rDNA 中期分裂象

G~I. 绿鲍 18S rDNA 中期分裂象　J~L. 杂色鲍 18S rDNA 中期分裂象

绿色信号. 18S rDNA